高职高专工程造价专业系列教材

U0291821

建筑设备安装工程预算

（第 2 版）

邱晓慧　主编

中国建材工业出版社

图书在版编目(CIP)数据

建筑设备安装工程预算/邱晓慧主编.—2版.—
北京:中国建材工业出版社,2015.4 (2023.2重印)
高职高专工程造价专业系列教材
ISBN 978-7-5160-1158-4

Ⅰ.①建… Ⅱ.①邱… Ⅲ.①房屋建筑设备—建筑安
装—建筑预算定额—高等职业教育—教材 Ⅳ.①TU8

中国版本图书馆 CIP 数据核字 (2015) 第 036012 号

内 容 简 介

本书依据《建设工程工程量清单计价规范》(GB 50500—2013)、《全国统一安装工程预算定额(二、八、九、十一分册)》《高等职业教育——工程造价专业教育标准和培养方案及主干课程教学大纲》要求编写。内容主要包括安装工程预算概述,建筑安装工程费用项目构成及计算,电气设备安装工程工程量计算,给排水、采暖、燃气工程工程量计算,通风空调工程工程量计算,刷油、绝热、防腐工程工程量计算,安装工程施工图预算的编制以及安装工程设计概算的编制。

本书在阐述基本理论的同时,注重突出实际应用能力与执业能力的培养,并通过具体的工程实例演算使读者达到提高学习效果的目的。

本书通俗易懂、内容新颖、实用性强,可作为高等职业院校工程造价及其他相关专业的教材,也可作为工程造价人员的参考书。

建筑设备安装工程预算 (第2版)

邱晓慧 主编

出版发行:中国建材工业出版社
地 址:北京市海淀区三里河路 11 号
邮 编:100831
经 销:全国各地新华书店
印 刷:北京雁林吉兆印刷有限公司
开 本:787mm×1092mm 1/16
印 张:15
字 数:366 千字
版 次:2015 年 4 月第 2 版
印 次:2023 年 2 月第 2 次
定 价:49.00 元

本社网址:www.jccbs.com 微信公众号:zgjcgycbs
本书如出现印装质量问题,由我社网络直销部负责调换。联系电话:(010) 57811387

前　　言

随着我国经济建设的飞速发展，城乡建设发生了巨大变化。现代化的工业厂房、商务会馆、智能化住宅小区、大型娱乐场所等高层建筑和建筑群体大量涌现，建筑设备安装工程预算问题已经摆在了我们面前。现在供配电及动力照明系统、建筑自动消防系统、空调制冷控制系统、计算机管理系统等已经成为现代楼宇建设中的必备装备，因而使得建筑设备安装工程预算的任务越来越重，同时对安装工程预算人员提出了更高的要求。

建筑设备安装工程预算涉及知识面宽、政策性要求高、实践性强、适用性广，具有与建筑行业、工程招投标、工程预决算、安装施工紧密结合的性质，是企业发包和承包工程，实现科学化管理，提高经济效益和劳动生产力的重要保证。本书主要依据《建设工程工程量清单计价规范》（GB 50500—2013）、《全国统一安装工程预算定额（第二册）》（GYD—202—2000）、《全国统一安装工程预算定额（第八册）》（GYD—208—2000）、《全国统一安装工程预算定额（第九册）》（GYD—209—2000）、《全国统一安装工程预算定额（第十一册）》（GYD—211—2000），详细地阐述了安装工程预算定额的使用方法，并通过具体的实例演算，使学生了解并掌握安装工程预算定额在实际工作中的应用。

本系列教材体例特色鲜明，采用重点提示、正文、上岗工作要点、习题四部分进行讲解，主要特点如下：

1. 重点提示——参照教学大纲要求，主要说明要求学生熟练掌握的部分。

2. 正文——部分按照教学大纲要求、学时要求编写，在理论叙述方面以"必需、够用"为度，专业知识的编写以最新颁布的国家和行业标准、规范为依据。

3. 上岗工作要点——部分参照专业技术人员岗位要求，重点说明在工作中应知必会、熟练掌握的部分。

4. 习题——精选典型习题，辅以练习。

本书编写人员在了解工程造价人员的基本状况、工程造价人员应具备的理论知识和基本技能、专业执业能力等基础上，本着以培养职业技能型人才为目标，认真分析、仔细研究后编写了本书，希望本书的面世，对广大工程造价专业的学生及从业人员有所帮助。

由于我国工程造价的理论与实践正处于发展时期，新的内容还会不断出现，加之编者知识水平有局限，虽然在编写过程中反复推敲核实，但仍不免有疏漏之处，恳请广大读者热心指点，以便作进一步修改和完善。

编者

2015.04

目　　录

1

3

中国建材工业出版社
China Building Materials Press

我们提供

图书出版、图书广告宣传、企业/个人定向出版、设计业务、企业内刊等外包、代选代购图书、团体用书、会议、培训，其他深度合作等优质高效服务。

编辑部	宣传推广	出版咨询	图书销售	设计业务
010-88385207	010-68361706	010-68343948	010-88386906	010-68361706

邮箱：jccbs-zbs@163.com　　　网址：www.jccbs.com.cn

发展出版传媒　　服务经济建设

传播科技进步　　满足社会需求

第1章 安装工程预算概述

重 点 提 示

1. 熟悉定额的概念、性质、作用。
2. 了解定额的分类。
3. 掌握安装工程预算定额的编制步骤。
4. 熟悉安装工程人工、材料和机械台班的确定。

1.1 定额的概念、性质与作用

1.1.1 定额的概念

在安装工程中,若要完成某单位分部分项工程任务,就必须消耗一定的人工工日、材料和机械台班数量。所以,为了计量考核完成某分部分项工程消耗量和质量的标准而制定出相应的定额。所谓定额,指安装施工企业在正常的施工条件下,完成某项工程任务,也就是生产一定数量合格产品所规定消耗的人工、材料和机械台班的数量标准,即规定的额度。

在安装工程定额中,不仅仅规定了完成单位数量工程项目所需要的人工、材料、机械台班的消耗量,还规定了完成该工程项目所包含的工作内容和主要施工工序,对全部施工过程都做了综合性的考虑。此外,定额具有针对性和权威性,属于完成单位工程数量的工程项目所需的推荐性经济标准。经过必要的技术程序,在规定的适用范围内也具有法令性。由于不同的施工内容或产品都有不同的质量要求,所以不能把定额看成是单纯的数量标准关系,也就是说,定额除了规定各种资源消耗的数量标准外,还具体规定了完成合格产品的规格和工作内容以及质量标准和安全方面的要求等。所以应将定额看成是质和量的统一体。经过考察总体生产过程的各个生产因素,应对不同的定额、不同的适用范围来确定不同的编制原则。所编制的定额应该能归纳出社会平均必需的数量标准,能反映出一定时期内社会生产力的水平。

1.1.2 定额的性质

(1)定额具有法令性

定额的法令性是指定额是国家或其授权的主管部门组织编制的,定额一经国家或授权机关颁发就具有法律效力,在它的执行范围内必须严格执行和遵守,不得随意修改或变更定额内容与水平,以保证全国或某一地区范围有一个统一的核算尺度,从而使比较、进行监督管理和考核经济效果有了统一的依据。值得提出的是,在社会主义市场经济条件下,定额的法令性不应绝对化。随着我国工程造价管理制度的改革,定额将更多地体现出参考性或指导性的作用,各企业可以根据自身情况和市场的变化,编制出更符合本企业情况和更具有竞争力的企业定额，自主地调整本企业的决策行为。

（2）定额具有科学性和先进性

无论是国家或地区颁布的定额，还是施工企业内部制定的定额，它的各个工程项目定额的确定，一般要体现已成熟推广采用的新工艺、新材料、新技术；推广采用先进的科学化施工管理模式；推广采用先进的施工技术手段和生产工艺流程。因此定额所规定的人工、材料及施工机械台班消耗数量标准，是考虑在正常条件下，绝大部分施工企业经过努力能够达到的社会平均先进水平。这充分表明了定额具有科学性和先进性，是在研究客观规律的基础上，用科学的态度制定定额，采用科学的方法和可靠的数据编制定额；在制定定额的技术方法上，利用现代科学管理的成就，形成了一套行之有效、完整的方法；在定额制定与贯彻方面，定额的制定为贯彻执行定额提供了依据，科学地贯彻执行定额也是为了实行管理的目标并实现对定额的信息反馈，为科学制定定额提供了基础数据资料。定额的先进性是体现在定额水平的确定上，应该能反映先进的生产经验和操作方法，并能从实际出发，综合各种有利与不利的因素，所以定额还具有先进性和合理性，可以更好地调动企业与工人的积极性，不断改善经营管理，加强对企业工程技术人员和工人的业务技术培训，改进施工方法，提高生产率，降低施工机械台班和原材料的消耗量，降低成本，取得更好的经济效益，为国家创造更多的财富。

（3）定额具有相对稳定性和时效性

任何一种定额都是反映一定时期内社会生产力的发展水平，反映先进的生产技术、机械化程度、新材料和新工艺的应用水平。定额在一段时期内应该是稳定的。保持定额的稳定性，是定额的法令性所必需的，同时也是更有效地执行定额所必需的，如果定额处于经常修改的变动状态，势必造成执行中的困难与混乱。另外，由于定额的修改与编制是一项十分繁重的工作，它需要组织和动用大量的人力和物力，而且需要收集大量资料、数据，需要反复地研究、试验、论证等，这些工作的完成周期很长，因此也不可能经常性地修改定额。

但是，定额也不是长期不变的，随着科学技术的发展，新材料、新技术和新工艺的不断出现，必然对定额的数量和内容标准产生影响。这就要求对原定额进行补充和修改，制定和颁发新定额。也就是说，定额的稳定性是相对的，任何一种定额仅能反映一定时期内的生产力水平。因为生产力始终处于不断地发展变化之中，当生产力向前发展了，定额水平就会与之不相适应，定额就无法再发挥其作用，此时就需要有更高水平的定额问世，来适应在新生产力水平下企业生产管理的需要。所以，定额又具有时效性。

（4）定额具有灵活性和统一性

安装工程定额的灵活性，主要是指在执行定额上具有一定的灵活性。国家工程建设主管部门颁发的全国统一定额是根据全国生产力平均水平编制的，是一个综合性的定额。因为全国各地区科学技术和经济发展不平衡，国家允许各省（直辖市、自治区）级工程建设主管部门，根据本地区的实际情况，在全国统一定额的基础上制定地方定额，并以法令性文件颁发，在本地区范围内执行。因为电气安装工程具有生产的特殊性和施工条件不统一的特点，使定额在统一规定的情况下又具有必要的灵活性，以适应我国幅员辽阔，各地情况复杂的实际情况，特别是建筑行业引入国际竞争机制，建筑市场化，招标公开化，评标对投标企业进行综合数据指标化。所以，为使工程投标竞标成功，投标企业应根据工程实际和本单位的管理能力水平、施工技术力量、人力物力及财力情况，并对其他竞标单位进行考察比较，对定额做出必要的调整。另外，如果某一工程项目在定额中缺项时，亦允许套用定额中相近的项目或对相近定额进行调整、换算。若无相近项目，企业可以编制补充定额，但需经建设主管部门备案批准。可见，具有法令性的定额在某些情况下还具有较强的适应性和有限的灵活性。

对于定额的统一性，主要是由国家对经济发展有计划的宏观调控职能所决定的。为了使国家经济能按照既定的目标发展，需要借助定额，对生产进行组织、协调和控制，所以定额必须在全国或一定的区域范围内是统一的，只有这样，才能用一个统一的标准对决策与经济活动做出分析与评价，并且也提高了工程招标标底编制的透明度，为施工企业工程投标报价和编制企业定额有了统一的参考计价标准。

除此之外，定额的编制也要体现群众性，即群众是编制定额的参与者，也是定额的执行者。定额产生于生产和管理的实践中，又服务于生产，不仅符合生产的需要，而且还必须要具有广泛的群众基础。

1.1.3 定额的作用

（1）定额是编制计划的基础

建筑安装企业无论是短期计划、长期计划、综合技术经济计划、施工进度计划，或作业计划的编制，都是直接或间接地用各种定额作为计算人工、材料和机械台班等需要量的依据，所以定额是编制各种计划的重要基础和可行性研究的依据，是节约社会劳动和提高劳动生产率的重要手段，定额也是国家宏观调控的重要依据。

（2）定额是确定安装工程成本的依据

定额水平指在某一时期内定额的劳动力、材料和机械台班等消耗量的变化程度。因此，在某一时期内，任何一个工程的安装施工所消耗的劳动力、材料、机械台班的数量，都是根据定额决定的。因此定额是确定安装施工成本的主要依据，是选择最佳设计方案和确定工程造价的依据，也是工程项目预算、竣工结算的依据，又是编制建设工程概算及概算指标的基础。

（3）定额是加强企业经营管理的重要工具

定额标准具有法令性，起着一种严格的经济监督作用，它要求每一位执行定额的人，必须自觉地遵循定额的要求，确保安装工程施工中的人工、材料和施工机械使用不会超过定额规定的消耗量，提高劳动生产率，降低工程成本。所以，定额是衡量工人的劳动成果和创造经济价值多少的尺度，也是推行按劳取酬分配原则的依据。另外，对安装企业工程项目投标，在生产经营管理中要计算、平衡资源需要量，编制施工作业进度计划，组织材料供应，实行承包责任制，签发施工任务单，考核工料消耗等一系列管理工作都要以定额进行量化，作为计算和参考依据，所以定额是加强企业经营管理的重要工具和进行经济核算的依据。

（4）定额是先进生产方法的手段

定额是在先进合理的条件下，通过对生产施工过程的观察、测定、研究、分析、综合后制定的，它可严格、准确地反映出生产技术和劳动的先进合理程度，所以，我们可以用标定定额的方法作为手段，对同一操作下的不同生产施工方法进行测定、观察、分析和研究，从而得出一套比较先进、完整的生产施工方法，作为推广的范例，通过试验再在施工生产中推广应用，使劳动生产率获得普遍提高，因此定额又是推动技术革新和先进生产方法的手段，是协调和组织社会化大生产的工具，是加强企业人才培养和充分发挥其在工程建设中经济管理作用的重要保证。

1.2 定额的分类

1.2.1 按生产要素分类

如图 1-1 所示，建设工程定额按生产要素划分，可分为劳动定额、材料消耗定额和机械台班使用定额，这也是生产单位合格产品必须具备的"三要素"。其中劳动定额和机械台班使用定额又可分为时间定额和产量定额。这是最基本的定额分类方法，它直接反映生产某种单位合格产品必须具备的基本生产要素。因此，劳动定额、材料消耗定额和施工机械使用定额是其他各种定额最基本的组成部分。

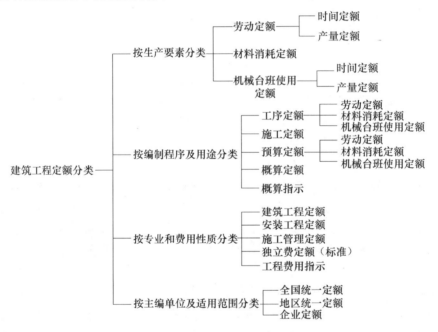

图 1-1 建设工程定额分类图

1. 劳动定额

劳动定额又称为人工工时定额，它反映人们的劳动生产率水平，表明在一定的生产技术和生产组织条件下，为生产一定数量的合格产品而规定人工工时消耗的数量标准。由于劳动定额所表现形式的不同，又分为时间定额和产量定额两种。

（1）时间定额。指某种专业、技术等级的工人班组或个人在合理的劳动组织、合理的使用材料、合理的机械配合条件下，完成单位合格产品所必需的工作时间额度。时间定额主要包括基本生产时间、人工必要的休息时间和不可避免的中断时间。基本工作时间是生产合格产品所必需的时间，其中含生产准备与结束时间和辅助生产时间。工人必要的休息时间是为了恢复体力而需要暂短休息的时间。不可避免的中断时间则是在生产施工过程中，由于组织管理、技术、材料、机械、动力等方面的原因而引起的、不可避免的中断时间。时间定额可按式（1-1）计算：

$$t_{\rm E}=\sum R/M \tag{1-1}$$

式中　$t_{\rm E}$——时间定额（工日/单位合格产品）；

　　　$\sum R$——生产合格产品所消耗的总工日，一个工日为 8h，每个星期为 5 个工作日；

　　　M——生产合格产品的总数量。

（2）产量定额。指某种专业、技术等级的工人班组或个人在合理的劳动组织、合理的使用材料、合理的机械配合条件下，在单位工日中所完成的合格产品数量额度。其计算方法如下：

$$M_{\rm E}=M/\sum R \tag{1-2}$$

式中　$M_{\rm E}$——产品产量定额（合格产品数量/单位工日）；

　　　M——生产合格产品的总数量；

　　　$\sum R$——生产合格产品所消耗的总工日。

由此可见，$t_{\rm E}=1/M$，即时间定额与产量定额是互为倒数的关系。时间定额 $t_{\rm E}$ 是以"工日/单位合格产品"为计量单位，便于综合计算某工程项目的总用工工日，所以获得普遍采用。而产量定额 $M_{\rm E}$ 是以"合格产品数量/单位工日"为计量单位，常用于考核生产效率和分配施工任务。

综上所述，劳动定额是反映在生产合格产品中劳动力消耗的数量标准，是施工定额中的重要组成部分。劳动定额也是制定施工定额、预算定额或消耗量定额的基础，是衡量工人劳动生产率、贯彻按劳分配原则的依据，是施工企业编制施工组织计划、进行经济核算的依据。

2. 材料消耗定额

材料消耗定额是指在合理施工、节约使用材料的前提下，生产单位合格产品所必须消耗的一定品种规格的原材料或成品、半成品、配件以及水、电等动力资源的数量标准。材料消耗定额中的材料消耗量包括直接消耗在工作内容中的主要材料、辅助材料和零星材料等，并计入了相应损耗。由此可知材料的消耗定额（或净耗量额度）为：

$$P_{\rm N}=P_1+\Delta P \tag{1-3}$$

式中　$P_{\rm N}$——材料净耗量，即材料消耗定额；

　　　P_1——直接用于工程的材料净用量；

　　　ΔP——材料损耗量。材料损耗量主要包括从工地仓库、现场集中堆放地点或现场加工地点到操作或安放地点的运输、施工操作和施工现场堆放等的损耗。

通常材料损耗用损耗率表示，即

$$\eta=\frac{\Delta P}{P_1+\Delta P}\times 100\%=\frac{\Delta P}{P_{\rm N}}\times 100\% \tag{1-4}$$

或

$$P_{\rm N}=P_1/(1-\eta) \tag{1-5}$$

材料损耗率 η 可从《全国统一安装工程预算定额》中查得，部分常用材料损耗率在表 1-1 中列出。

表 1-1　部分常用材料损耗率表

序号	材料名称	损耗率（%）	序号	材料名称	损耗率（%）
01	裸软导线（包括铜、铝、钢线，钢芯铝绞线）	1.3	11	照明灯具及辅助器具（成套灯具、镇流器、电容器等）	1.0
02	绝缘导线（包括橡皮或塑料、绝缘的铜、铝线、软花线）	1.8	12	荧光灯管、高压汞灯、氙气灯等灯泡	1.5
03	电力电线	1.0	13	白炽灯泡	3.0
04	控制电缆	1.5	14	开关、灯头、插座	2.0
05	硬母线（包括钢、铝、铜、带形、棒型和槽型等）	2.3	15	型钢	5.0
06	管材、管件（包括无缝焊接钢管及电线管）	3.0	16	油类	1.8
07	金具（包括耐张、悬垂、并沟、吊接等线夹及连板）	1.0	17	塑料制品（包括塑料槽板、塑料板、塑料管）	5.0
08	低压电瓷制品（包括鼓绝缘子、瓷夹板、瓷管）	3.0	18	铁壳开关	1.0
09	低压保险器、瓷闸盒、胶盖闸	1.0	19	玻璃灯罩	5.0
10	拉线材料（包括钢绞线、镀锌铁线）	1.5	20	混凝土制品（包括电杆、底盘、卡盘等）	0.5

注：1. 绝缘导线、电缆、硬母线和用于母线的裸软导线，其损耗率中不包括为连接电气设备、器具而预留的长度，也不包括因各种弯曲（弧度）而增加的长度。这些长度均应计算在工程量的基本长度中。

2. 用于 10kV 以下架空线路中的裸软导线的损耗率中已包括因弧垂及因杆位高低差而增加的长度。

3. 拉线用的镀锌铁线损耗率中不包括为制作上、中、下把所需的预留长度。计算用线量的基本长度时，应以全根拉线的展开长度为准。

材料消耗定额是施工企业确定材料需要量、储备量及施工班组签发限额领料单和考核材料使用情况的依据，是企业编制材料需要量计划和实行材料核算、推行经济责任制的重要手段，是衡量企业生产技术和管理水平的重要标志。

3. 机械台班使用定额

机械台班使用定额简称为机械台班定额，指在正常的施工条件下，采用先进合理的劳动组织和生产管理，由熟练工人班组或技术工人操纵机械设备，完成单位合格产品所必须消耗的某种施工机械的工作时间标准，或在单位时间内完成所规定的合格产品的数量标准。

机械台班定额按其表现形式不同，可分为时间定额和产品定额。

（1）时间定额。是指在规定正常条件下，生产机械生产单位合格产品所需消耗的实际标准，即：

$$t_{JE} = \sum J / M_J \tag{1-6}$$

式中　t_{JE}——时间定额（机械台班/单位合格产品）；

$\sum J$——消耗总机械台班，一台机械工作 8h 为一个台班；

M_J——合格产品总数。

（2）产量定额。是指在规定正常条件下，生产机械在单位时间内所应生产出的合格产品的数量标准，即：

$$M_{JE} = M_J / \sum J \qquad (1\text{-}7)$$

式中　M_{JE}——产品定额（合格产品数量/单位机械台班）；

　　　M_J——合格产品总数量；

　　　$\sum J$——消耗总机械台班。

由此可见，生产机械时间定额 t_{JE} 与产品定额 M_{JE} 也互为倒数关系，即 $t_{JE} = 1/M_{JE}$。机械台班定额在考核生产机械工作效率、编制施工作业计划、签发施工任务书及在合理组织施工生产和按劳分配等方面都起着非常重要的作用。

1.2.2　按编制程序和用途分类

1. 工序定额

工序是指在组织上不可分开，在工作之间相互关联，在操作上有一定步骤程序的某同一项施工过程。工序定额是以工序为测定对象，以工程施工工序为基础所标定的定额。工序定额的主要作用包括：①工序定额是形成子目（或分项）工程定额的基础；②工序定额是完成某一工序需要时间的消耗标准，是用来确定整个施工过程所需时间消耗量；③工序定额是编制施工定额的原始的基础资料，是总结和研究先进操作方法而制定出先进定额的基础，是构成一切工程定额的基本元素。工序定额多用在企业内部经济核算或某施工任务单的制定签发。

2. 施工定额

施工定额是以同一性质的施工过程为标定定额的对象，以工序定额为基础综合而成。即指建筑安装企业以《电气装置安装工程　电气设备交接试验标准》（GB 50150）、《安全操作规则》等为依据，在正常施工技术和施工组织条件下，完成某一计量单位的电气安装工程所规定的人工、材料和机械台班消耗的数量标准。施工定额是施工企业直接用于建筑工程施工管理的一种定额。

施工定额的编制应体现简明适应性和平均先进性，并贯彻以专家编制为主并具有广泛群众基础的原则。平均先进性是指在正常施工条件下，绝大多数施工班组或个人经过业务技术培训和努力能够达到或超过的定额指标。简明适用性则要求施工定额内容应简单明了，容易被人掌握使用，并且能够满足组织施工生产和计算工人劳动报酬等多方面的需要，应具有较强的适用性。此外施工定额编制应具有较强的专业技术性和政策性，因此必须由专业技术强、实践经验丰富和具有一定政策水平的专家来编制，同时还要走群众路线，广泛听取和收集群众的意见，编制出切实可行的施工定额。

施工定额通常可采用下面两种编制方法，一种是实物法。由劳动定额、材料消耗定额和机械台班定额三部分组成。另一种是单价法，由劳动定额、材料消耗定额和机械台班定额所规定的消耗量乘以相应的单价，即构成施工定额单价。其主要作用包括：①施工定额是施工企业编制施工组织计划和施工作业计划的依据；②施工定额是实行工程承包制、向施工班组签发施工任务书、计算工人劳动报酬和限额领料单的依据；③施工定额是制定安装工程单位估价表和编制工程预算定额的依据；④施工定额是提高生产率，推广先进施工技术的重要手段；⑤施工定额是编制施工预算、加强企业经济核算和管理的基础。

3. 预算定额

建筑工程预算定额是将建筑安装工程的实体分为各个分项工程作为研究对象，确定完成一定计量单位的分部分项工程或结构构件的所需消耗的物化劳动和活劳动数量的标准。即以某分部分项工程为测定对象，规定完成一定的计量单位所需人工、材料和机械台班消耗量的标准，还规定了所包括的工程内容和质量要求。预算定额的主要作用包括：①工程预算定额是编制"安装工程价目表"的依据；②是编制施工图预、结算及施工准备计划、施工作业进度计划的依据；③是确定工程预算造价和编制工程概算和概算指标的基础；④是考核企业内部各项经济技术指标，进行经济核算和评定劳动生产率的主要依据。预算定额作为确定工程产品的管理工具，必须保证预算定额的质量和便于使用。因此在编制预算定额时，应遵照价格规律的客观要求进行编制，其内容应简明、适用、准确，且技术先进和经济合理。

4. 概算定额

建筑安装工程概算定额简称概算定额。概算定额是完成一定计量单位建筑或设备安装、扩大结构、分项工程所需的人工、材料及施工机械台班消耗量的标准。概算定额以预算定额为基础，根据通用设计图或标准图等资料，通过适当综合扩大编制而成。即按主要分项工程规定的计量单位以及综合相关工序的劳动、材料及机械台班消耗的数量标准，或者说一个扩大分项工程概算定额综合了若干个分项工程预算定额。因此概算定额与预算定额比较，更加综合扩大。概算定额是国家或其授权部门为编制设计概算而编制的定额，其主要作用是：①概算定额是设计部门编制扩大初步设计概算，进行方案技术经济比较的依据；②概算定额是编制初步设计概算和修正概算，控制工程项目的投资规模的重要依据；③概算定额既是编制基本建设计划的依据，又是建设施工单位编制主要材料计划的依据，是主要材料用量的计算基础。

5. 概算指标

建筑安装工程概算指标是在建筑或设备安装工程概算定额的基础上，以主体工程项目为主，合并相关的部分进行综合、扩大而成。即以某一通用设计的标准预算为基础，以整个建筑物为依据编制人工、材料、机械台班消耗数量的定额指标。概算指标的单位是单位立方米或平方米的工程造价。概算指标是概算定额的进一步综合扩大，因此也称作扩大定额。它是以整个建筑物（或构筑物）为依据，确定其按规定计量单位所需消耗人工、材料、机械台班的数量标准，因此概算指标可作为编制初步设计概算的依据，使工程概算造价计算更为简化。

1.2.3 按定额编制管理部门和适用范围分类

1. 全国统一定额

全国统一定额是综合全国建筑安装工程的生产技术和施工组织管理的一般情况而编制的，是由国家主管部门或授权机关制定颁发的定额。

2. 地区统一定额

地区统一定额是由国家和地方政府授权的主管部门，充分考虑了本地区的自然气候、经济技术发展情况、地方物质资源及交通运输等条件的特点，并参照全国统一定额水平编制的，可在本地区范围内使用。

3. 行业统一定额

行业统一定额是考虑各行业（专业）的管理和生产技术特点，参照全国统一定额的水平而编制的，一般只在本行业范围内执行。

4. 企业定额

企业定额是建筑安装企业根据本企业的管理水平和施工技术以及施工作业对象和工艺难

易程度等，参考《全国统一安装工程预算定额》、本地区统一定额以及有关典型的工程造价文件资料等编制完成的。企业定额指在正常施工条件下，建筑安装工人完成单位合格产品所需人工、材料、机械台班消耗的数量标准。

1.3 安装工程预算定额的编制

1.3.1 安装工程预算定额概述

1.3.1.1 安装工程预算定额的概念

安装工程预算定额指由国家或授权单位组织编制并颁发执行的具有法律性的数量指标。它反映出国家对完成单位安装产品基本构造要素（即每一单位安装分项工程）所规定的人工、材料和机械台班消耗的数量额度。

1.3.1.2 全国统一安装工程预算定额的组成

《全国统一安装工程预算定额》共分十三册。包括：

第一册《机械设备安装工程》	GYD—201—2000；
第二册《电气设备安装工程》	GYD—202—2000；
第三册《热力设备安装工程》	GYD《203—2000；
第四册《炉窑砌筑工程》	GYD—204—2000；
第五册《静置设备与工艺金属结构制作、安装工程》	GYD—205—2000；
第六册《工业管道工程》	GYD—206—2000；
第七册《消防及安全防范设备安装工程》	GYD—207—2000；
第八册《给排水、采暖、燃气工程》	GYD—208—2000；
第九册《通风空调工程》	GYD—209—2000；
第十册《自动化控制仪表安装工程》	GYD—210—2000；
第十一册《刷油、防腐蚀、绝热工程》	GYD—211—2000；
第十二册《通信设备及线路工程》	GYD—212—2000；
第十三册《建筑智能化系统设备安装工程》	GYD—213—2003。

在《全国统一安装工程预算定额》中，电气安装工程主要使用以下四册定额：

第二册《电气设备安装工程》。内容分为十四章，依次是变压器，配电装置，母线、绝缘子，控制设备与低压电器，蓄电池，电机，滑触线装置，电缆，防雷及接地装置，10kV以下架空线路，电气调整试验，配管、配线，照明器具，电梯电气装置等。

第七册《消防及安全防范设备安装工程》。内容分为六章，依次是火灾自动报警系统安装，水灭火系统安装，气体灭火系统安装，泡沫灭火系统安装，消防系统调试，安全防范设备安装等。

第十册《自动化控制仪表安装工程》。内容分为九章，依次是过程检测仪表，过程控制仪表，集中检测装置及仪表，集中监视与控制装置，工业计算机安装与调试，仪表管路敷设、伴热及脱脂，工厂通讯、供电，仪表盘、箱、柜及附件安装，仪表附件制作、安装等。

第十三册《建筑智能化系统设备安装工程》。内容分为十章，依次是综合布线系统工程，通信系统设备安装工程，计算机网络系统设备安装工程，建筑设备监控系统安装工程，有线电视系统设备安装工程，扩声、背景音乐系统设备安装工程，电源与电子设备防雷接地装置安装工程，停车场管理系统设备安装工程，楼宇安全防范系统设备安装工程，住宅小区智能化系统设备安装工程等。

1.3.1.3 全国统一安装工程预算定额的内容

《全国统一安装工程预算定额》共十三册，各册定额的内容均由目录、总说明、册说明、章说明、定额项目表、附注和附录等部分组成。

（1）总说明主要概述了编制安装工程消耗量定额的基本内容、适用范围、编制依据、施工条件、工程消耗量定额的作用以及其人工、材料和机械台班等消耗量的确定条件，并明确定额中包括和不包括的内容，对定额中的有关的费用按系数计取的规定及其他有关问题的说明等。

（2）册说明是对本册定额共同性问题所作的说明。侧重介绍了本册定额的作用和适用范围，本册定额编制的主要依据和参考的有关标准、规定和规范，本册定额与其他册定额的划分界线和相互借用的规定，另外还规定了脚手架搭拆费、高层建筑增加费、安装与生产同时进行增加费、有害人身体健康环境施工增加费及工程超高增加费等项目的取费条件、取费系数和计算方法。

（3）章说明主要介绍了本章定额的适用范围，各分项工程的工程量计算规则、主要工作内容及定额中未包括的工作内容等。

（4）定额项目表以及附注定额分项工程项目表进一步说明其工作包括的主要内容，并通过表格形式列出各分项工程的定额编号、项目名称、计量单位、人工综合工日、材料消耗量、机械台班消耗量和未计价材料（主材）定额含量（或称为消耗系数）等；还可分项列出相应的定额基价以及其包括的人工费、材料费和机械费的单价，或另编制相应的定额价目表。

1.3.2 预算定额的编制原则

1. 定额水平要符合"平均合理"的原则

在现有社会生产条件下，在平均劳动强度和平均劳动熟练程度下，完成建筑安装产品所需的劳动时间，是确定预算定额水平的主要依据。作为确定建筑安装产品价格的预算定额，应该遵循价值规律的要求，按照产品生产中所消耗的社会必要劳动时间来确定其水平，也就是社会平均水平。对于采用新技术、新结构、新材料的定额项目，既要考虑提高劳动生产率水平的影响，同时也要考虑施工企业由此而付出的生产消耗。只有这样，预算定额才能是多数企业和工人经过努力能够完成或者超额完成的指标，才能给承建工程的施工企业以必要且合理的补偿，更好地调动企业与职工的积极性。

预算定额的编制基础是施工定额，但是二者是有区别的。由于预算定额包含着更多的可变因素，因此它需要保留合理的水平幅度差；另一个区别，两者的定额水平是不同的，预算定额是社会平均水平，而施工定额是平均先进水平。

2. 定额的内容形式要符合"简明适用"的原则

工程量计算是基本建设预算工作中最麻烦和工作量最大的一项工作。计算工程量的工作量大小与预算定额项目划分、定额计量单位的选择、工程量计算规则的确定等，有着密切的关系。简明适用，就是在保证定额消耗相对正确的前提下，定额粗细恰当，简单明了，定额在内容和形式上具有多方面的适应性。

贯彻简明适用的原则，有利于简化预算的编制工作，有利于简化建筑产品的计价程序，便于经济核算。第一，在保证预算定额相对准确的前提下尽量简化和综合，尽可能减少编制单位工程预算的项目。也就是要通过细算粗编的方法，把常用的主要项目、人工、材料消耗量和价值出入较大的项目，划分得细一些，价值不大的、次要的项目，尽可能地适当综合、扩大。第二，为了稳定预算定额的水平，统一考核的尺度和简化工程量计算，编制预算定额时应该尽量少留活口，减少定额的换算工作。但是，因为建筑产品自身具有不标准、复杂、变化较多的特点，为使工程造价符合工程实际，预算定额也应该有必要的灵活性，允许那些施工和设计变化较多，影响造价较大的重要因素，按照设计图纸以及施工组织设计的要求合理地进行换算。如钢筋混凝土构件中的钢筋用量，当设计用量与定额用量不同时，应当允许换算。第三，还应注意计量单位的选择，以使工程量计算合理和简化。

3. 以专业人员为主、群众路线相结合的原则

预算定额的编制是一项专业性很强的技术经济工作，也是一项政策性很强的工作，要求参加编制的工作人员要有丰富的专业技术知识和管理工作经验。同时，制定出来的定额最终还是要由广大群众去执行、去实现的。所以，编制定额必须走群众路线，能够使定额获得坚实的群众基础。

1.3.3 预算定额的编制依据

（1）原国家计委、住房和城乡建设部、中国人民建设银行等有关部门制定的有关制度及规定。

（2）现行的全国统一劳动定额和地区补充的劳动定额、材料定额、施工机械台班定额。

（3）现行的设计规范、施工及验收技术规范、安全操作规程和质量评定标准。

（4）通用的标准图集和定型设计图纸，有代表性的设计图集和图纸。

（5）已推广的新技术、新结构、新材料和先进经验资料。

（6）有关科学实验、技术测定和经验、统计资料。

（7）国家以往颁发的预算定额及本地区的现行预算定额的编制基础资料。

（8）有代表性的、质量较好的补充单位估价表。

（9）现行的工资标准、材料预算价格和机械台班单价。

以上各类编制依据是否完备，对预算定额的编制质量有着决定性影响。所以，在编制的准备工作计划中，必须将搜集编制依据的工作放在重要地位。

1.3.4 预算定额的编制步骤

编制步骤一般分为以下三个阶段：

1. 准备工作阶段

本阶段的任务就是拟订预算定额编制方案，组织有关单位参加，成立编制机构，全面搜集各项依据资料，并就一些政策性的问题，进行统一认识和学习讨论。因为编制的工作量大，政策性强，组织工作复杂，必须把拟订编制方案作为本阶段的一项主要工作。编制方案包括：

（1）明确建筑业的改革对预算定额编制的要求。

（2）明确定额的水平、作用和用途。

（3）明确定额编制原则和编制依据。

（4）确定编制范围和内容。

（5）确定人工、材料用量和机械台班使用量的计算基础和依据资料。

（6）确定编排形式，包括编排表式、计算单位及小数取位。

（7）确定编制机构和人员。

（8）安排编制工作进度。

（9）其他有关问题。

2. 编制初稿阶段

对于调查和搜集的各种规范、资料和图纸等，进行深入细致的测算和分析研究，按编制确定的有代表性的图纸和定额项目，计算工程量，确定人工、材料消耗和机械台班的使用指标，在这个基础上编制定额项目的人工、材料和机械台班计算表，拟定文字说明，最后汇总编制预算定额初稿。

3. 审查定稿阶段

（1）定额水平的测算

初稿编出后，应通过对新编定额与现行和历史的定额进行对比，测算新定额的水平，分析定额水平降低或提高的原因，并在此基础上对定额初稿进行必要修订。

定额水平是预算定额编制质量的综合反映，它表明了定额确定的人工、材料消耗量和机械台班使用量标准，是否符合多数施工企业的实际情况，是否正确反映了定额平均合理的编制原则。所以，切实掌握定额水平，并分析定额水平变化的原因，写出定额水平测算报告，作为进行定额交底和审批定额的参考的基础资料。

预算定额水平的测算方法，主要有以下两种：

1）单项定额水平测算：选择对工程造价影响较大的主要分项工程或结构构件的人工、材料消耗量和机械台班使用量进行对比测算，分析降低或提高的原因，及时进行对比修订，以确保定额水平的合理性。一种是和现行定额对比测算，以新编定额与现行定额相同项目的人工、材料消耗量和机械台班使用量直接分析对比；一种是和实际水平对比测算，把新编定额拿到施工现场与实际工料机消耗水平对比测算，征求有关人员的意见，分析定额水平是否符合正常情况下的施工。

2）定额总水平测算：是指测算因定额水平的降低或提高对工程造价的影响。测算方法是选择有代表性的单位工程，按新编和现行定额的人工、材料消耗量和机械台班使用量，用相同的工资单价、材料预算价格、机械台班单价分别编制两份工程预算，根据工程直接费进行对比分析，测算出定额水平降低或提高的比率，并且分析其原因。采用这种测算方法，一方面要正确选择常用的、有代表性的工程；另一方面要根据国家统计资料和基本建设计划，确定各类工程的比重，作为测算依据。定额总水平测算，工作量大、计算复杂、综合因素多，能够全面反映定额水平。因此，在定额编出后，应进行定额总水平测算，以考核定额水平和编制质量。还要根据测算情况，分析定额水平的升降原因，并且测算出各种因素影响的比率，分析其是否正确合理。

同时，还要进行施工现场水平的比较，即将上述测算水平进行分析比较，其分析对比的内容包括：规范变更的影响；施工方法改变的影响；材料损耗率调整的影响；材料规格对造价的影响；其他材料费变化的影响；机械台班定额和台班预算价格变化的影响；劳动定额水平变化的影响；由于定额项目变更对工程量计算的影响等。

（2）修改定稿和送审

通过定额水平测算和修订后，组织有关部门讨论，征求基层单位和职工群众意见，最后修改定稿，并且写出编制说明和送审报告，连同预算定额送审稿，报送领导机关审批。

1.4 安装工程人工、材料和机械台班

1.4.1 综合人工工日和人工单价的确定

1.4.1.1 综合人工工日的确定

预算定额中的人工消耗量（人工工日）指完成某一计量单位的分项工程或结构构件所需的各种用工量总和。《全国统一施工机械台班费用定额》中规定，定额人工工日不分工种、技术等级，一律以综合工日表示。综合工日由基本用工、超运距用工、辅助用工和人工幅差等组成，即

$$R=\sum(R_j+R_l+R_f)(1+\eta) \tag{1-8}$$

式中 R——综合人工工日；

R_j——劳动定额基本用工；

R_l——超运距用工；

R_f——辅助用工；

η——人工幅度差系数，国家现行规定取 $\eta=10\%\sim15\%$。

劳动定额基本用工指完成规定计量单位的分项工程或结构构件的最基本的主要用工量。超运距用工指定额中选定的材料、成品或半成品等运距，一般规定在 300m 以内，如超过劳动定额规定的运距时，应适当增加用工量，即称作超运距用工。辅助用工量指劳动定额中未包括的各种辅助工序用工，如加工某种材料的用工。而人工幅度差是指在劳动定额中未考虑，而在一般正常施工条件下不可避免发生，又无法计量的用工。《全国统一安装工程预算定额》各分项工程中的综合人工工日就是根据式（1-8）分析计算得到的。

1.4.1.2 人工工日单价的确定

人工费指直接从事建筑安装工程施工的生产工人完成某一计量单位的分项工程或结构构件所需开支的各项费用，即由完成设计文件规定的全部工程内容所需的综合工日数乘以工日单价计算而成的。人工工日单价反映生产工人的日工资水平，是企业支付给生产工人的基本工资和其他各项费用之和，主要包括生产工人的基本工资、工资性津贴、辅助工资、职工福利费和劳动保护费等。即

人工工日单价＝生产工人基本工资＋工资性津贴＋辅助工资＋职工福利费＋劳保福利费   (1-9)

1.4.2 材料消耗量和材料单价的确定

1.4.2.1 材料消耗量的确定

预算定额中材料消耗量的确定方法主要有观测法、试验法、统计分析法和理论计算法等。

材料消耗量包括直接消耗在安装工程内容中的未计价材料（简称主材）、辅助材料（简称辅材）和零星材料等，并且计入了相应的损耗。其内容和范围包括从工地仓库、现场集中堆放地点或现场加工地点到操作或安装地点的运输损耗、施工现场堆放损耗、施工操作损耗等。其中对"基价"影响很小、用量又很少的零星材料合并到辅助材料中，并计入材料费内，但材料费中不包括主材的价格，主材费应根据定额中规定的定额含量（消耗系数）计算主材用量。

13

1.4.2.2 材料单价的确定

预算定额中的材料单价，指完成某一计量单位分项工程所需耗费材料的总价格。这些材料、成品或非成品的单价，指其由交货地点运至工地仓库后的出库价格。各种材料从交货地点到施工现场入库以及保管的过程中，要经过订货、采购、装卸、运输、包装、保管等环节，在这个过程中发生的所有费用，构成了建筑材料的价格。可见，材料、成品或非成品材料的预算价格主要由市场价格组成，但还须考虑材料的运杂费、材料的运输损耗、材料的采购及保管等方面的费用支出，所以，建筑材料、成品及非成品的预算价格应由材料供应价（或原价）、运杂费、运输损耗费、采购及保管费等构成。即

材料价格可按式（1-10）计算：

材料价格＝[（材料供应价＋运杂费）×（1＋运输损耗率％）] ×（1＋采购保管费率％） (1-10)

而安装工程定额价目表中的材料费为已计价材料费，或称作辅助材料费，可按式（1-11）计算：

已计价材料费＝∑材料单价×相应消耗量定额子目的材料消耗量 (1-11)

未计价材料也称作主材，是指在消耗量定额表中只列出了定额含量（即消耗量），但在定额基价中未包含其价格。由于同样型号规格的材料，因为生产厂家不同，供货渠道不同，其价格也不同，所以一般要参考当地发布的建设材料信息价或通过市场询价来确定未计价材料的价格，未计价材料费可按式（1-12）计算，即：

未计价材料费＝材料信息价或市场价格×某计量单位的工程数量×定额含量 (1-12)

定额含量为某分项工程的计量单位与（1＋损耗率）的乘积，故分项工程材料费为未计价材料费与已计价材料费之和，即

分项工程材料费＝未计价材料费（主材费）＋已计价材料费（辅材费） (1-13)

1.4.3 机械台班消耗量及其单价的确定

1.4.3.1 机械台班消耗量的确定

预算定额中的机械台班消耗量指在合理使用机械和合理的施工组织条件下，按机械正常使用生产单位合格产品所必需消耗的机械台班数量标准。这个标准是在施工定额或劳动定额中相应项目的机械台班消耗量指标基础上编制的，并增加了一定的机械幅度差。机械幅度差是指在劳动定额或施工定额中所规定的范围内没有包括，而在实际施工中又不可避免产生的、影响机械效率或使机械停歇的时间。

施工机械台班消耗量是根据正常的机械配备和大多数施工企业的机械化装备程度综合取定的。

1.4.3.2 机械台班单价的确定

施工机械台班预算单价又称机械台班使用费，简称为机械费，是指某种施工机械在一个台班内，为了正常运转所必须支出和分摊的各项费用之和。其内容包括机械设备折旧费、经常修理费、大修费、安拆费及场外运输费、燃料动力费、驾驶人员的工资、年检费用、年车船使用税及保险费和年运输机械养路费等。编制预算时，机械费可按式（1-14）计算：

分项工程机械费＝机械费单价×相应消耗量定额子目的工程数量 (1-14)

以上介绍的人工费、材料费（包括主材费和辅材费）、机械费分别计算后求和，称为直接工程费，即：

分项工程直接工程费＝分项工程人工费＋分项工程材料费＋分项工程机械费 （1-15）

上岗工作要点

1. 熟悉定额的概念、性质与作用。
2. 了解定额的分类。
3. 熟悉安装工程预算定额的概念、编制原则、编制依据。
4. 掌握安装工程预算定额的编制步骤，能够独立完成安装工程预算定额的编制工作。
5. 熟悉综合人工工日和人工单价的确定。
6. 熟悉材料消耗量和材料单价的确定。
7. 熟悉机械台班消耗量及其单价的确定。

思 考 题

1-1 建筑工程定额按生产要素划分，可分为哪些？

1-2 简述预算定额的编制步骤。

1-3 定额的作用有哪些？

1-4 人工工日单价如何确定？

1-5 材料单价如何确定？

第2章 建筑安装工程费用项目构成及计算

重 点 提 示

1. 熟悉建筑安装工程费用内容及费用项目组成。
2. 了解建筑安装工程费用参考计算方法。
3. 了解建筑安装工程计价程序。

2.1 建筑安装工程费用项目组成

我国现行建筑安装工程费用项目组成，按住房和城乡建设部、财政部共同颁发的建标［2013］44 号文件规定如下。

2.1.1 按费用构成要素划分

建筑安装工程费按照费用构成要素划分，由人工费、材料（包含工程设备，下同）费、施工机具使用费、企业管理费、利润、规费和税金组成。其中人工费、材料费、施工机具使用费、企业管理费和利润包含在分部分项工程费、措施项目费、其他项目费中，具体如图 2-1 所示。

（1）人工费：是指按工资总额构成规定，支付给从事建筑安装工程施工的生产工人和附属生产单位工人的各项费用。内容包括：

① 计时工资或计件工资。是指按计时工资标准和工作时间或对已做工作按计件单价支付给个人的劳动报酬。

② 奖金。是指对超额劳动和增收节支支付给个人的劳动报酬。如节约奖、劳动竞赛奖等。

③ 津贴补贴。是指为了补偿职工特殊或额外的劳动消耗和因其他特殊原因支付给个人的津贴，以及为了保证职工工资水平不受物价影响支付给个人的物价补贴。如流动施工津贴、特殊地区施工津贴、高温（寒）作业临时津贴、高空津贴等。

④ 加班加点工资。是指按规定支付的在法定节假日工作的加班工资和在法定日工作时间外延时工作的加点工资。

⑤ 特殊情况下支付的工资。是指根据国家法律、法规和政策规定，因病、工伤、产假、计划生育假、婚丧假、事假、探亲假、定期休假、停工学习、执行国家或社会义务等原因按计时工资标准或计时工资标准的一定比例支付的工资。

（2）材料费：是指施工过程中耗费的原材料、辅助材料、构配件、零件、半成品或成品、工程设备的费用。内容包括：

① 材料原价。是指材料、工程设备的出厂价格或商家供应价格。

② 运杂费。是指材料、工程设备自来源地运至工地仓库或指定堆放地点所发生的全部费用。

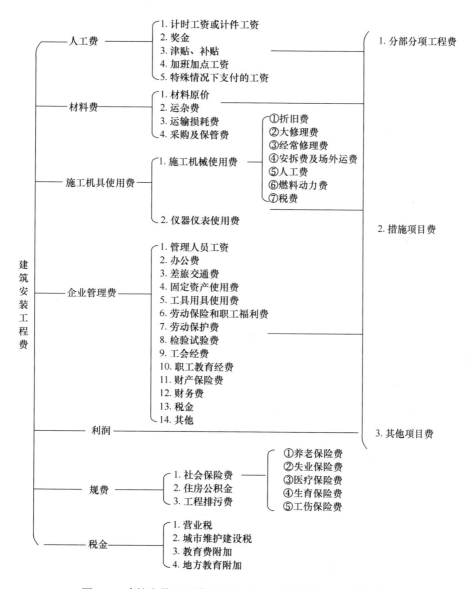

图 2-1　建筑安装工程费用项目组成（按费用构成要素划分）

③ 运输损耗费。是指材料在运输装卸过程中不可避免的损耗。

④ 采购及保管费。是指为组织采购、供应和保管材料、工程设备的过程中所需要的各项费用。包括采购费、仓储费、工地保管费、仓储损耗。

工程设备是指构成或计划构成永久工程一部分的机电设备、金属结构设备、仪器装置及其他类似的设备和装置。

（3）施工机具使用费：是指施工作业所发生的施工机械、仪器仪表使用费或其租赁费。

① 施工机械使用费。以施工机械台班耗用量乘以施工机械台班单价表示，施工机械台班单价应由下列七项费用组成：

a. 折旧费。指施工机械在规定的使用年限内，陆续收回其原值的费用。

b. 大修理费。指施工机械按规定的大修理间隔台班进行必要的大修理，以恢复其正常功能所需的费用。

c. 经常修理费。指施工机械除大修理以外的各级保养和临时故障排除所需的费用。包括为保障机械正常运转所需替换设备与随机配备工具附具的摊销和维护费用，机械运转中日常保养所需润滑与擦拭的材料费用及机械停滞期间的维护和保养费用等。

d. 安拆费及场外运费。安拆费指施工机械（大型机械除外）在现场进行安装与拆卸所需的人工、材料、机械和试运转费用以及机械辅助设施的折旧、搭设、拆除等费用；场外运费指施工机械整体或分体自停放地点运至施工现场或由一施工地点运至另一施工地点的运输、装卸、辅助材料及架线等费用。

e. 人工费。指机上司机（司炉）和其他操作人员的人工费。

f. 燃料动力费。指施工机械在运转作业中所消耗的各种燃料及水、电等费用。

g. 税费。指施工机械按照国家规定应缴纳的车船使用税、保险费及年检费等。

② 仪器仪表使用费。是指工程施工所需使用的仪器仪表的摊销及维修费用。

（4）企业管理费：是指建筑安装企业组织施工生产和经营管理所需的费用。内容包括：

① 管理人员工资。是指按规定支付给管理人员的计时工资、奖金、津贴补贴、加班加点工资及特殊情况下支付的工资等。

② 办公费。是指企业管理办公用的文具、纸张、帐表、印刷、邮电、书报、办公软件、现场监控、会议、水电、烧水和集体取暖降温（包括现场临时宿舍取暖降温）等费用。

③ 差旅交通费。是指职工因公出差、调动工作的差旅费、住勤补助费、市内交通费和误餐补助费，职工探亲路费，劳动力招募费，职工退休、退职一次性路费，工伤人员就医路费，工地转移费以及管理部门使用的交通工具的油料、燃料等费用。

④ 固定资产使用费。是指管理和试验部门及附属生产单位使用的属于固定资产的房屋、设备、仪器等的折旧、大修、维修或租赁费。

⑤ 工具用具使用费。是指企业施工生产和管理使用的不属于固定资产的工具、器具、家具、交通工具和检验、试验、测绘、消防用具等的购置、维修和摊销费。

⑥ 劳动保险和职工福利费。是指由企业支付的职工退职金、按规定支付给离休干部的经费，集体福利费、夏季防暑降温、冬季取暖补贴、上下班交通补贴等。

⑦ 劳动保护费。是企业按规定发放的劳动保护用品的支出。如工作服、手套、防暑降温饮料以及在有碍身体健康的环境中施工的保健费用等。

⑧ 检验试验费。是指施工企业按照有关标准规定，对建筑以及材料、构件和建筑安装物进行一般鉴定、检查所发生的费用，包括自设试验室进行试验所耗用的材料等费用。不包括新结构、新材料的试验费，对构件做破坏性试验及其他特殊要求检验试验的费用和建设单位委托检测机构进行检测的费用，对此类检测发生的费用，由建设单位在工程建设其他费用中列支。但对施工企业提供的具有合格证明的材料进行检测不合格的，该检测费用由施工企业支付。

⑨ 工会经费。是指企业按《工会法》规定的全部职工工资总额比例计提的工会经费。

⑩ 职工教育经费。是指按职工工资总额的规定比例计提，企业为职工进行专业技术和职业技能培训，专业技术人员继续教育、职工职业技能鉴定、职业资格认定以及根据需要对职工进行各类文化教育所发生的费用。

⑪ 财产保险费。是指施工管理用财产、车辆等的保险费用。

⑫ 财务费。是指企业为施工生产筹集资金或提供预付款担保、履约担保、职工工资支付担保等所发生的各种费用。

⑬ 税金。是指企业按规定缴纳的房产税、车船使用税、土地使用税、印花税等。

⑭ 其他。包括技术转让费、技术开发费、投标费、业务招待费、绿化费、广告费、公证费、法律顾问费、审计费、咨询费、保险费等。

（5）利润：是指施工企业完成所承包工程获得的盈利。

（6）规费：是指按国家法律、法规规定，由省级政府和省级有关权力部门规定必须缴纳或计取的费用。包括：

① 社会保险费。

a. 养老保险费。是指企业按照规定标准为职工缴纳的基本养老保险费。

b. 失业保险费。是指企业按照规定标准为职工缴纳的失业保险费。

c. 医疗保险费。是指企业按照规定标准为职工缴纳的基本医疗保险费。

d. 生育保险费。是指企业按照规定标准为职工缴纳的生育保险费。

e. 工伤保险费。是指企业按照规定标准为职工缴纳的工伤保险费。

② 住房公积金。是指企业按规定标准为职工缴纳的住房公积金。

③ 工程排污费。是指按规定缴纳的施工现场工程排污费。

其他应列而未列入的规费，按实际发生计取。

（7）税金：是指国家税法规定的应计入建筑安装工程造价内的营业税、城市维护建设税、教育费附加以及地方教育附加。

2.1.2 按造价形成划分

建筑安装工程费按照工程造价形成划分，由分部分项工程费、措施项目费、其他项目费、规费、税金组成，分部分项工程费、措施项目费、其他项目费包含人工费、材料费、施工机具使用费、企业管理费和利润（图 2-2）。

（1）分部分项工程费：是指各专业工程的分部分项工程应予列支的各项费用。

① 专业工程。是指按现行国家计量规范划分的房屋建筑与装饰工程、仿古建筑工程、通用安装工程、市政工程、园林绿化工程、矿山工程、构筑物工程、城市轨道交通工程、爆破工程等各类工程。

② 分部分项工程。指按现行国家计量规范对各专业工程划分的项目。如房屋建筑与装饰工程划分的土石方工程、地基处理与桩基工程、砌筑工程、钢筋及钢筋混凝土工程等。

各类专业工程的分部分项工程划分见现行国家或行业计量规范。

（2）措施项目费：是指为完成建设工程施工，发生于该工程施工前和施工过程中的技术、生活、安全、环境保护等方面的费用。内容包括：

① 安全文明施工费。

a. 环境保护费。是指施工现场为达到环保部门要求所需要的各项费用。

b. 文明施工费。是指施工现场文明施工所需要的各项费用。

c. 安全施工费。是指施工现场安全施工所需要的各项费用。

d. 临时设施费。是指施工企业为进行建设工程施工所必须搭设的生活和生产用的临时建筑物、构筑物和其他临时设施费用。包括临时设施的搭设、维修、拆除、清理费或摊销费等。

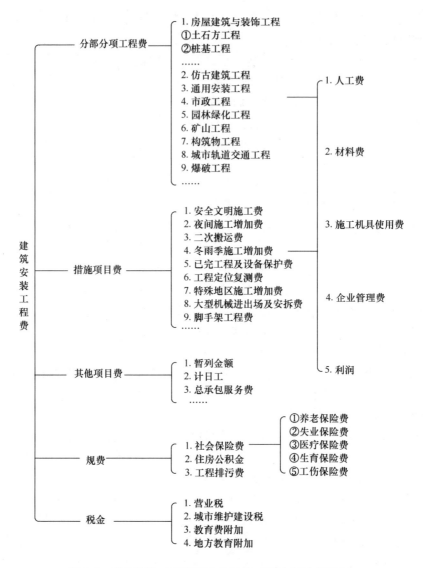

图 2-2　建筑安装工程费用项目组成（按造价形成划分）

② 夜间施工增加费。是指因夜间施工所发生的夜班补助费、夜间施工降效、夜间施工照明设备摊销及照明用电等费用。

③ 二次搬运费。是指因施工场地条件限制而发生的材料、构配件、半成品等一次运输不能到达堆放地点，必须进行二次或多次搬运所发生的费用。

④ 冬雨季施工增加费。是指在冬季或雨季施工需增加的临时设施、防滑、排除雨雪、人工及施工机械效率降低等费用。

⑤ 已完工程及设备保护费。是指竣工验收前，对已完工程及设备采取的必要保护措施所发生的费用。

⑥ 工程定位复测费。是指工程施工过程中进行全部施工测量放线和复测工作的费用。

⑦ 特殊地区施工增加费。是指工程在沙漠或其边缘地区、高海拔、高寒、原始森林等特殊地区施工增加的费用。

⑧ 大型机械设备进出场及安拆费。是指机械整体或分体自停放场地运至施工现场或由一个施工地点运至另一个施工地点，所发生的机械进出场运输及转移费用及机械在施工现场进行安装、拆卸所需的人工费、材料费、机械费、试运转费和安装所需的辅助设施的费用。

⑨ 脚手架工程费。是指施工需要的各种脚手架搭、拆、运输费用以及脚手架购置费的摊销（或租赁）费用。

措施项目及其包含的内容详见各类专业工程的现行国家或行业计量规范。

(3) 其他项目费

① 暂列金额。是指建设单位在工程量清单中暂定并包括在工程合同价款中的一笔款项。用于施工合同签订时尚未确定或者不可预见的所需材料、工程设备、服务的采购，施工中可能发生的工程变更、合同约定调整因素出现时的工程价款调整以及发生的索赔、现场签证确认等的费用。

② 计日工。是指在施工过程中，施工企业完成建设单位提出的施工图纸以外的零星项目或工作所需的费用。

③ 总承包服务费。是指总承包人为配合、协调建设单位进行的专业工程发包，对建设单位自行采购的材料、工程设备等进行保管以及施工现场管理、竣工资料汇总整理等服务所需的费用。

(4) 规费：定义同 2.1.1 按费用构成要素划分中的规费。

(5) 税金：定义同 2.1.1 按费用构成要素划分中的税金。

2.2 建筑安装工程费用参考计算方法

1. 各费用构成要素参考计算方法如下：

(1) 人工费

$$人工费 = \sum(工日消耗量 \times 日工资单价) \tag{2-1}$$

$$日工资单价 = \frac{生产工人平均月工资(计时/计价) + 平均月(奖金 + 津贴补贴 + 特殊情况下支付的工资)}{年平均每月法定工作日} \tag{2-2}$$

注：式（2-1）、式（2-2）主要适用于施工企业投标报价时自主确定人工费，也是工程造价管理机构编制计价定额确定定额人工单价或发布人工成本信息的参考依据。

$$人工费 = \sum(工程工日消耗量 \times 日工资单价) \tag{2-3}$$

其中，日工资单价是指施工企业平均技术熟练程度的生产工人在每工作日（国家法定工作时间内）按规定从事施工作业应得的日工资总额。

工程造价管理机构确定日工资单价应通过市场调查，根据工程项目的技术要求，参考实物工程量人工单价综合分析确定，最低日工资单价不得低于工程所在地人力资源和社会保障部门所发布的最低工资标准的：普工 1.3 倍、一般技工 2 倍、高级技工 3 倍。

工程计价定额不可只列一个综合工日单价，应根据工程项目技术要求和工种差别适当划分多种日人工单价，确保各分部工程人工费的合理构成。

注：式（2-3）适用于工程造价管理机构编制计价定额时确定定额人工费，是施工企业投标报价的参考依据。

（2）材料费

① 材料费。

$$材料费＝\sum（材料消耗量×材料单价） \tag{2-4}$$

$$材料单价＝\left[（材料原价＋运杂费）×（1＋运输损耗率\%）\right]×（1＋采购保管费率\%） \tag{2-5}$$

② 工程设备费。

$$工程设备费＝\sum（工程设备量×工程设备单价） \tag{2-6}$$

$$工程设备单价＝（设备原价＋运杂费）×（1＋采购保管费率\%） \tag{2-7}$$

（3）施工机具使用费

① 施工机械使用费。

$$施工机械使用费＝\sum（施工机械台班消耗量×机械台班单价） \tag{2-8}$$

$$机械台班单价＝台班折旧费＋台班大修费＋台班经常修理费＋台班安拆费及场外运费$$
$$＋台班人工费＋台班燃料动力费＋台班车船税 \tag{2-9}$$

注：工程造价管理机构在确定计价定额中的施工机械使用费时，应根据《建筑施工机械台班费用计算规则》结合市场调查编制施工机械台班单价。施工企业可以参考工程造价管理机构发布的台班单价，自主确定施工机械使用费的报价，如租赁施工机械，公式为：施工机械使用费＝$\sum$（施工机械台班消耗量×机械台班租赁单价）。

② 仪器仪表使用费。

$$仪器仪表使用费＝工程使用的仪器仪表摊销费＋维修费 \tag{2-10}$$

（4）企业管理费费率

① 以分部分项工程费为计算基础。

$$企业管理费费率（\%）＝\frac{生产工人年平均管理费}{年有效施工天数×人工单价}×人工费占分部分项工程费比例（\%） \tag{2-11}$$

② 以人工费和机械费合计为计算基础。

$$企业管理费费率（\%）＝\frac{生产工人年平均管理费}{年有效施工天数×（人工单价＋每一工日机械使用费）}×100\% \tag{2-12}$$

③ 以人工费为计算基础。

$$企业管理费费率（\%）＝\frac{生产工人年平均管理费}{年有效施工天数×人工单价}×100\% \tag{2-13}$$

注：上述公式适用于施工企业投标报价时自主确定管理费，是工程造价管理机构编制计价定额确定企业管理费的参考依据。

工程造价管理机构在确定计价定额中企业管理费时，应以定额人工费或（定额人工费＋定额机械费）作为计算基数，其费率根据历年工程造价积累的资料，辅以调查数据确定，列入分部分项工程和措施项目中。

（5）利润

① 施工企业根据企业自身需求并结合建筑市场实际自主确定，列入报价中。

② 工程造价管理机构在确定计价定额中利润时，应以定额人工费或（定额人工费＋定额机械费）作为计算基数，其费率根据历年工程造价积累的资料，并结合建筑市场实际确定，以单位（单项）工程测算，利润在税前建筑安装工程费的比重可按不低于5％且不高于

7%的费率计算。利润应列入分部分项工程和措施项目中。

（6）规费

① 社会保险费和住房公积金。

社会保险费和住房公积金应以定额人工费为计算基础，根据工程所在地省、自治区、直辖市或行业建设主管部门规定费率计算。

$$社会保险费和住房公积金＝\sum(工程定额人工费×社会保险费和住房公积金费率)$$

$$(2\text{-}14)$$

式中：社会保险费和住房公积金费率可以每万元发承包价的生产工人人工费和管理人员工资含量与工程所在地规定的缴纳标准综合分析取定。

② 工程排污费。

工程排污费等其他应列而未列入的规费应按工程所在地环境保护等部门规定的标准缴纳，按实计取列入。

（7）税金

税金计算公式：

$$税金＝税前造价×综合税率（\%）\qquad (2\text{-}15)$$

综合税率：

① 纳税地点在市区的企业

$$综合税率(\%)=\frac{1}{1-3\%-(3\%×7\%)-(3\%×3\%)-(3\%×2\%)}-1 \quad (2\text{-}16)$$

② 纳税地点在县城、镇的企业

$$综合税率(\%)=\frac{1}{1-3\%-(3\%×5\%)-(3\%×3\%)-(3\%×2\%)}-1 \quad (2\text{-}17)$$

③ 纳税地点不在市区、县城、镇的企业

$$综合税率(\%)=\frac{1}{1-3\%-(3\%×1\%)-(3\%×3\%)-(3\%×2\%)}-1 \quad (2\text{-}18)$$

④ 实行营业税改增值税的，按纳税地点现行税率计算。

2. 建筑安装工程计价参考公式如下

（1）分部分项工程费

$$分部分项工程费＝\sum(分部分项工程量×综合单价)\qquad (2\text{-}19)$$

式中：综合单价包括人工费、材料费、施工机具使用费、企业管理费和利润以及一定范围的风险费用（下同）。

（2）措施项目费

① 国家计量规范规定应予计量的措施项目，其计算公式为：

$$措施项目费＝\sum(措施项目工程量×综合单价)\qquad (2\text{-}20)$$

② 国家计量规范规定不宜计量的措施项目计算方法如下：

a. 安全文明施工费

$$安全文明施工费＝计算基数×安全文明施工费费率（\%）\qquad(2-21)$$

计算基数应为定额基价（定额分部分项工程费＋定额中可以计量的措施项目费）、定额人工费或（定额人工费＋定额机械费），其费率由工程造价管理机构根据各专业工程的特点综合确定。

b. 夜间施工增加费

$$夜间施工增加费＝计算基数×夜间施工增加费费率（\%）\qquad(2-22)$$

c. 二次搬运费

$$二次搬运费＝计算基数×二次搬运费费率（\%）\qquad(2-23)$$

d. 冬雨季施工增加费

$$冬雨季施工增加费＝计算基数×冬雨季施工增加费费率（\%）\qquad(2-24)$$

e. 已完工程及设备保护费

$$已完工程及设备保护费＝计算基数×已完工程及设备保护费费率（\%）\qquad(2-25)$$

上述 b～e 项措施项目的计费基数应为定额人工费或（定额人工费＋定额机械费），其费率由工程造价管理机构根据各专业工程特点和调查资料综合分析后确定。

（3）其他项目费

① 暂列金额由建设单位根据工程特点，按有关计价规定估算，施工过程中由建设单位掌握使用、扣除合同价款调整后如有余额，归建设单位。

② 计日工由建设单位和施工企业按施工过程中的签证计价。

③ 总承包服务费由建设单位在招标控制价中根据总包服务范围和有关计价规定编制，施工企业投标时自主报价，施工过程中按签约合同价执行。

（4）规费和税金

建设单位和施工企业均应按照省、自治区、直辖市或行业建设主管部门发布标准计算规费和税金，不得作为竞争性费用。

3. 相关问题的说明

① 各专业工程计价定额的编制及其计价程序，均按本通知实施。

② 各专业工程计价定额的使用周期原则上为 5 年。

③ 工程造价管理机构在定额使用周期内，应及时发布人工、材料、机械台班价格信息，实行工程造价动态管理，如遇国家法律、法规、规章或相关政策变化以及建筑市场物价波动较大时，应适时调整定额人工费、定额机械费以及定额基价或规费费率，使建筑安装工程费能反映建筑市场实际。

④ 建设单位在编制招标控制价时，应按照各专业工程的计量规范和计价定额以及工程造价信息编制。

⑤ 施工企业在使用计价定额时除不可竞争费用外，其余仅作参考，由施工企业投标时自主报价。

2.3　建筑安装工程计价程序

建筑安装工程计价程序见表 2-1～表 2-3。

表 2-1　建设单位工程招标控制价计价程序

工程名称：　　　　　　　　　标段：　　　　　　　　第　页　共　页

序号	内　　容	计算方法	金额/元
1	分部分项工程费	按计价规定计算	
1.1			
1.2			
1.3			
1.4			
1.5			
2	措施项目费	按计价规定计算	
2.1	其中：安全文明施工费	按规定标准计算	
3	其他项目费		
3.1	其中：暂列金额	按计价规定估算	
3.2	其中：专业工程暂估价	按计价规定估算	
3.3	其中：计日工	按计价规定估算	
3.4	其中：总承包服务费	按计价规定估算	
4	规费	按规定标准计算	
5	税金（扣除不列入计税范围的工程设备金额）	（1＋2＋3＋4）×规定税率	

招标控制价合计＝1＋2＋3＋4＋5

表 2-2 施工企业工程投标报价计价程序

工程名称： 　　　　　　　标段： 　　　　　　　第 　页 共 　页

序号	内　容	计算方法	金　额/元
1	分部分项工程费	自主报价	
1.1			
1.2			
1.3			
1.4			
1.5			
2	措施项目费	自主报价	
2.1	其中：安全文明施工费	按规定标准计算	
3	其他项目费		
3.1	其中：暂列金额	按招标文件提供金额计列	
3.2	其中：专业工程暂估价	按招标文件提供金额计列	
3.3	其中：计日工	自主报价	
3.4	其中：总承包服务费	自主报价	
4	规费	按规定标准计算	
5	税金（扣除不列入计税范围的工程设备金额）	（1＋2＋3＋4）×规定税率	

投标报价合计＝1＋2＋3＋4＋5

表 2-3 竣工结算计价程序

工程名称：　　　　　　　　　　标段：　　　　　　　　　第　页　共　页

序号	汇总内容	计算方法	金　额/元
1	分部分项工程费	按合同约定计算	
1.1			
1.2			
1.3			
1.4			
1.5			
2	措施项目	按合同约定计算	
2.1	其中：安全文明施工费	按规定标准计算	
3	其他项目		
3.1	其中：专业工程结算价	按合同约定计算	
3.2	其中：计日工	按计日工签证计算	
3.3	其中：总承包服务费	按合同约定计算	
3.4	索赔与现场签证	按发承包双方确认数额计算	
4	规费	按规定标准计算	
5	税金（扣除不列入计税范围的工程设备金额）	（1＋2＋3＋4）×规定税率	

竣工结算总价合计＝1＋2＋3＋4＋5

上岗工作要点

1. 熟悉建筑安装工程费用内容及费用项目组成。

2. 了解建筑安装工程费用参考计算方法，在实际工作中能够熟练使用。

3. 了解建筑安装工程计价程序，在实际工作中顺利完成计价工作。

思 考 题

2-1 按费用构成要素划分，建筑安装工程费用由哪些项目组成？

2-2 按造价形成划分，建筑安装工程费用项目由哪些项目组成？

2-3 冬雨季施工增加费如何计算？

2-4 什么是规费？包括哪些内容？

2-5 什么是暂列金额？

2-6 建筑安装工程税金包括哪些？具体如何计算？

第3章 电气设备安装工程工程量计算

> **重 点 提 示**
>
> 1. 熟悉电气设备安装工程定额组成及清单项目设置。
> 2. 了解变压器安装，配电装置安装，母线安装，控制设备及低压电器安装，蓄电池安装，防雷及接地装置安装，10kV以下架空配电线路安装，配管、配线安装，照明器具安装，电气调整试验的定额说明。
> 3. 掌握变压器安装，配电装置安装，母线安装，控制设备及低压电器安装，蓄电池安装，防雷及接地装置安装，10kV以下架空配电线路安装，配管、配线安装，照明器具安装及附属工程、电气调整试验的工程量计算规则。

3.1 电气设备安装工程定额组成

3.1.1 变压器安装

变压器分部共分为5个分项工程。

（1）油浸电力变压器安装。工作内容包括开箱检查，器身检查，本体就位，套管、油枕及散热器清洗，风扇油泵电机解体检查接线，油柱试验，附件安装，垫铁、止轮器制作、安装，补充注油及安装后整体密封试验，接地，补漆，配合电气试验。

（2）干式变压器安装。工作内容包括开箱检查，垫铁、止轮器制作安装，本体就位，附件安装，接地，补漆，配合电气试验。

（3）消弧线圈安装。工作内容包括开箱检查，器身检查，本体就位，垫铁、止轮器制作安装，补充注油及安装后整体密封试验，附件安装，接地，补漆，配合电气试验。

（4）电力变压器安装。工作内容包括准备，干燥及维护、检查，清扫，记录整理，收尾及注油。

（5）变压器油过滤。工作内容包括过滤前准备及过滤后清理、取油样、油过滤、配合试验。

3.1.2 配电装置安装

配电装置分部共分12个分项工程。

（1）油断路器安装。工作内容包括开箱、组合、安装及调整、解体检查、传动装置安装调整、动作检查、消弧室干燥、注油、接地。

（2）真空断路器、SF_6断路器安装。工作内容包括开箱、组合、安装及调整、解体检查、传动装置安装调整、动作检查、消弧室干燥、注油、接地。

（3）大型空气断路器、真空接触器安装。工作内容包括开箱检查、安装固定、划线、传动机构及接点调整、接地、绝缘柱杆组装。

（4）隔离开关、负荷开关安装。工作内容包括开箱检查，调整，安装固定，拉杆配置和安装，操作机构联锁装置及信号装置接头检查、接地、安装。

（5）互感器安装。工作内容包括开箱检查、安装固定、打眼、接地。

（6）熔断器、避雷器安装。工作内容包括开箱检查、安装固定、打眼、接地。

（7）电抗器安装。工作内容包括安装固定、开箱检查、接地。

（8）电抗器干燥。工作内容包括准备、通电干燥、维护值班、记录、测量、清理。

（9）电力电容器安装。工作内容包括开箱检查、安装固定、接地。

（10）并联补偿电容器组架及交流滤波装置安装。工作内容包括开箱检查、安装固定、接地、接线。

（11）高压成套配电柜安装。工作内容包括开箱检查、安装固定、放注油、附件拆装、导电接触面的检查、接地。

（12）组合型成套箱式变电站安装。工作内容包括开箱检查、安装固定、接线、接地。

3.1.3 母线、绝缘子安装

母线、绝缘子分部共分 15 个分项工程。

（1）绝缘子安装。工作内容包括开箱检查、清扫、组合安装、测绝缘、固定、接地、刷漆。

（2）穿墙套管安装。工作内容包括开箱检查、清扫、安装、接地、固定、刷漆。

（3）软母线安装。工作内容包括检查、下料、压接、悬挂、组装、调整弧度、紧固、配合绝缘子测试。

（4）软母线引下线、跳线及设备连线。工作内容包括测量、下料、安装连接、压接、调整弧度。

（5）组合软母线安装。工作内容包括检查、下料、组装、压接、悬挂紧固、调整弧度、横联装置安装。

（6）带形母线干燥。含带形铝母线、带形铜母线，工作内容包括平直、下料、母线安装、接头、煨弯、刷分相漆。

（7）带形母线引下线安装。有带形铝母线引下线、带形铜母线引下线，工作内容包括平直、下料、钻眼、煨弯、安装固定、刷相色漆。

（8）带形母线用伸缩节头及铜过渡板安装。有带形铜母线用伸缩节头及铜过渡板、带形铝母线用伸缩节头，工作内容包括钻眼、挂锡、锉面、安装。

（9）槽型母线安装。工作内容包括平直、下料、锯头、煨弯、钻孔、对口、焊接、安装固定、刷分相漆。

（10）槽型母线与设备连接。分为与变压器、发电机连接，与断路器、隔离开关连接，工作内容包括平直、下料、钻孔、煨弯、锉面、连接固定。

（11）共箱母线安装。工作内容包括配合基础铁件安装、清点检查、安装、连接固定（包括母线连接）、调整箱体、接地、刷漆、配合试验。

（12）低压封闭式插接母线槽安装。有封闭母线槽进出分线箱和低压封闭式插接母线槽两项，工作内容包括开箱检查、接头清洗处理、吊装就位、绝缘测试、线槽连接、固定、接地。

（13）重型母线安装。工作内容包括平直、下料、钻孔、煨弯、接触面搪锡、焊接、组合、安装。

（14）重型母线伸缩器以及导板制作、安装。工作内容包括加工制作、焊接、安装、组装。

（15）重型铝母线接触面加工。工作内容为接触面加工。

3.1.4 控制设备及低压电器安装

控制设备及低压电器分部共分 24 个分项工程。

（1）控制、继电、模拟以及配电屏安装。工作内容包括开箱检查，安装，电器、表计以及继电器等附件的拆装、送交试验，盘内整理及一次校线，接线。

（2）硅整流柜安装。工作内容包括开箱检查、安装、一次接线、接地。

（3）可控硅柜安装。工作内容包括开箱检查、安装、一次接线、接地。

（4）直流屏以及其他电气屏（柜）安装。工作内容包括开箱检查，安装，电器、表计以及继电器等附件的拆装、送交试验，盘内整理及一次校线，接线。

（5）控制台、控制箱安装。工作内容包括开箱检查，安装，电器、表计以及继电器等附件的拆装、送交试验，盘内整理，接线。

（6）成套配电箱安装。工作内容包括开箱检查、安装、查校线、接地。

（7）控制开关安装。工作内容包括开箱检查、安装、接线、接地。

（8）熔断器、限位开关安装。工作内容包括开箱检查、安装、接线、接地。

（9）控制器、接触器、起动器、电磁铁、快速自动开关安装。工作内容包括开箱检查、安装、注油、触头调整、接线、接地。

（10）电阻器、变阻器安装。工作内容包括开箱检查、安装、注油、触头调整、接线、接地。

（11）按钮、电笛、电铃安装。工作内容包括开箱检查、安装、接线、接地。

（12）水位电气信号装置。工作内容包括测位、安装、划线、配管、穿线、接线、刷油。

（13）仪表、电器、小母线安装。工作内容包括开箱检查、盘上划线、钻眼、写字编号、安装固定、下料布线、上卡子。

（14）分流器安装。工作内容包括接触面加工、连接、钻眼、固定。

（15）盘柜配线。工作内容包括放线、下料、包绝缘带、卡线、排线、校线、接线。

（16）端子箱、端子板安装及端子板外部接线。工作内容包括开箱检查、安装、表计拆装、校线、试验、套绝缘管、压焊端子、接线。

（17）焊铜接线端子。工作内容包括削线头、焊接头、套绝缘管、包缠绝缘带。

（18）压铜接线端子。工作内容包括削线头、压接头、套绝缘管、包缠绝缘带。

（19）压铝接线端子。工作内容包括削线头、压线头、套绝缘管、包缠绝缘带。

（20）穿通板制作、安装。工作内容包括平直、下料、制作、打洞、焊接、安装、接地、油漆。

（21）基础槽钢、角钢安装。工作内容包括平直、下料、安装、钻孔、接地、油漆。

（22）铁构件制作、安装及箱盒制作。工作内容包括平直、划线、钻孔、下料、刷油、组对、焊接、安装、补油漆。

（23）木配电箱制作。工作内容包括选料、下料、净面、制榫、拼缝、拼装、砂光、油漆。

（24）配电板制作、安装。工作内容包括下料、制榫、钻孔、拼缝、拼装、砂光、油漆、包钉铁皮、安装、接线、接地。

3.1.5 蓄电池安装

蓄电池分部共分 5 个分项工程。

（1）蓄电池防震支架安装。工作内容包括打眼、组装、固定、焊接。

（2）碱性蓄电池安装。工作内容包括检查测试、安装固定、补充注液、极柱连接。

（3）固定密闭式铅酸蓄电池安装。工作内容包括搬运、开箱检查、安装、连接线、配注电解液、标志标号。

（4）免维护铅酸蓄电池安装。工作内容包括搬运、开箱检查、支架固定、电池就位、连接与接线、整理检查、护罩安装、标志标号。

（5）蓄电池充放电。工作内容包括直流回路检查、放电设施准备、初充电、放电、再充电、测量记录数据。

3.1.6 电机及滑触线安装

（1）电机分部共有 11 个分项工程。

1）发电机及调相机检查接线。工作内容包括检查定子、转子，研磨电刷和滑环，安装电刷，配合密封试验，测量轴承绝缘，接地，干燥，整修整流子及清理。

2）小型直流电动机检查接线。工作内容包括检查转子、定子和轴承，吹扫，测量空气间隙，调整和研磨电刷，手动盘车检查电动机转动情况，接地，空载试运转。

3）小型交流异步电机检查接线。工作内容包括检查转子、定子和轴承，吹扫、手动盘车检查电机转动情况，测量空气间隙，接地，空载试运转。

4）小型交流同步电机检查接线。工作内容包括检查转子、定子和轴承，吹扫、调整和研磨电刷，测量空气间隙，手动盘车检查电机转动情况，接地，空载试运转。

5）小型防爆式电机检查接线。工作内容包括检查转子、定子和轴承，吹扫、手动盘车检查电机转动情况，测量空气间隙，接地，空载试运转。

6）小型立式电机检查接线。工作内容包括检查转子、定子和轴承，吹扫、手动盘车检查电机转动情况，测量空气间隙，接地，空载试运转。

7）大中型电机检查接线。工作内容包括检查转子、定子和轴承，吹扫、测量空气间隙，调整和研磨电刷，用机械盘车检查电机转动情况，接地，空载试运转。

8）微型电机、变频机组检查接线。工作内容包括检查转子、定子和轴承，手动盘车检查电机转动情况，测量空气间隙，接地，空载试运转。

9）电磁调速电动机检查接线。工作内容包括检查转子、定子和轴承，手动盘车检查电机转动情况，测量空气间隙，接地，空载试运转。

10）小型电机干燥。工作内容包括接电源以及干燥前准备，安装加热装置及保温设施，加温干燥及值班，检查绝缘情况，拆除清理。

11）大中型电机干燥。工作内容包括接电源以及干燥前准备，安装加热装置及保温设施，加温干燥及值班，检查绝缘情况，拆除清理。

（2）滑触线装置分部共分 6 个分项工程。

1）轻型滑触线的安装。工作内容包括平直、刷油、除锈、支架、滑触线、补偿器安装。

2）安全节能型滑触线的安装。工作内容包括开箱检查、组装、测位划线、调直、固定、安装导电器及滑触线。

3）角钢、扁钢、圆钢、工字钢滑触线的安装。工作内容包括平直、下料、刷漆、除锈、安装、连接伸缩器、装拉紧装置。

4）滑触线支架的安装。工作内容包括测位、放线、支架及支持器安装、底板钻眼、指示灯安装。

5）滑触线拉紧装置及挂式支持器的制作、安装。工作内容包括划线、下料、刷油、钻孔、绝缘子灌注螺栓、组装、固定、拉紧装置组装成套、安装。

6）移动软电缆安装。工作内容包括配钢索、吊挂、装拉紧装置、滑轮及托架、电缆敷设、接线。

3.1.7 电缆安装

电缆分部共分 16 个分项工程。

（1）电缆沟挖填、人工开挖路面。工作内容包括测位、划线、挖电缆沟、回填土、夯实、清理现场、开挖路面。

（2）电缆沟铺砂、盖砖及移动盖板。工作内容包括调整电缆间距、盖砖（或保护板）、铺砂、埋设标桩、揭（盖）盖板。

（3）电缆保护管敷设及顶管：

1）电缆保护管敷设。工作内容包括测位、敷设、锯管、打喇叭口。

2）顶管。工作内容包括测位、安装机具、接管、顶管、清理。

（4）桥架安装：

1）钢制桥架、玻璃钢桥架、铝合金桥架。工作内容包括组对、螺栓固定或焊接、弯头、三通或四通、盖板、隔板、附件的安装。

2）组合式桥架及桥架支撑架。工作内容包括桥架组对、螺栓连接、安装固定，立柱、托臂膨胀螺栓或焊接固定、螺栓固定在支架立柱上。

（5）塑料电缆槽、混凝土电缆槽安装。工作内容包括测位、安装、划线、接口。

（6）电缆防火涂料、堵洞、隔板及阻燃盒槽安装。工作内容包括清扫、堵洞、涂防火材料、安装防火隔板（阻燃槽盒）、清理。

（7）电缆防腐、缠石棉绳、刷漆、剥皮。工作内容包括配料、加垫、灌防腐材料、铺砖、管道（电缆）刷色漆、缠石棉绳、电缆剥皮。

（8）铝芯、铜芯电力电缆敷设。工作内容包括开盘、检查、架盘、敷设、锯断、排列、固定、整理、收盘、临时封头、挂牌。

（9）户内干包式电力电缆头制作、安装。工作内容包括定位、量尺寸、锯断、剥保护层及绝缘层、清洗、压连接管及接线端子、包缠绝缘、安装、接线。

（10）户内浇注式电力电缆终端头制作、安装。工作内容包括定位、量尺寸、锯断、内屏蔽层处理、剥切清洗、包缠绝缘、压扎锁管及接线端子、装终端盒、配料浇注、安装接线。

（11）户内热缩式电力电缆终端头制作、安装。工作内容包括定位、量尺寸、锯断、剥切清洗、焊接地线、内屏蔽层处理、压扎锁管及接线端子、装热缩管、加热成形、安装、接线。

（12）户外电力电缆终端头制作、安装。工作内容包括定位、锯断、量尺寸、剥切清洗、内屏蔽层处理、装热缩管、焊接地线、压接线端子、装终端盒、配料浇注、安装、接线。

（13）浇注式电力电缆中间头制作、安装。工作内容包括定位、量尺寸、锯断、剥切清洗、内屏蔽层处理、压接线端子、焊接地线、装中间盒、配料浇注、安装。

（14）热缩式电力电缆中间头制作、安装。工作内容包括定位、量尺寸、锯断、剥切清洗、焊接地线、内屏蔽层处理、装热缩管、压接线端子、加热成形、安装。

（15）控制电缆敷设。工作内容包括开盘、检查、架盘、锯断、敷设、排列、整理、固定、临时封头、收盘、挂牌。

（16）控制电缆头制作、安装。工作内容包括定位、量尺寸、剥切、锯断、安装、包缠绝缘、校接线。

3.1.8　防雷及接地装置

防雷及接地装置分部共分 7 个分项工程。

（1）接地极（板）制作、安装。工作内容包括尖端及加固帽加工、接地极打入地下及埋设、加工、下料、焊接。

（2）接地母线敷设。工作内容包括挖地沟、接地线平直、测位、下料、打眼、埋卡子、敷设、煨弯、焊接、回填土夯实、刷漆。

（3）接地跨接线安装。工作内容包括：下料、钻孔、挖填土、煨弯、固定、刷漆。

（4）避雷针制作、安装：

1）避雷针制作。工作内容包括下料、针尖针体加工、校正、挂锡、组焊、刷漆等（不含底座加工）。

2）避雷针安装。工作内容包括：预埋铁件、螺栓或支架、安装固定、补漆等。

3）独立避雷针安装。工作内容包括：组装、焊接、找正、吊装、固定、补漆。

（5）半导体少长针消雷装置安装。工作内容包括：组装、找正、吊装、固定、补漆。

（6）避雷引下线敷设。工作内容包括：平直、测位、下料、打眼、埋卡子、焊接、固定、刷漆。

（7）避雷网安装。工作内容包括：平直、测位、下料、打眼、埋卡子、焊接、固定、刷漆。

3.1.9　10kV 以下架空配电线路

10kV 以下架空配电线路分部共分 9 个分项工程。

（1）工地运输。工作内容包括：线路器材外观检查、绑扎、抬运到指定地点、返回；绑扎、装车、支垫、运至指定地点，人工卸车，返回。

（2）土石方工程。工作内容包括：复测、分坑、修整、挖方、操平、排水、装拆挡水板、岩石打眼、爆破、回填。

（3）底盘、拉盘、卡盘安装及电杆防腐。工作内容包括：基坑整理、移运、盘安装、操平、找正、工器具转移、卡盘螺栓紧固、木杆根部烧焦涂防腐油。

（4）电杆组立：

1）单杆。工作内容包括：立杆、找正、根部刷油、绑地横木、工器具转移。

2）接腿杆。工作内容包括：木杆加工、接腿、立杆、找正、根部刷油、绑地横木、工器具转移。

3）撑杆及钢圈焊接。工作内容包括：木杆加工、立杆、根部刷油、装包箍、焊缝间隙轻微调整、挖焊接操作坑、钢圈防腐处理、焊接、工器具转移。

（5）横杆安装：

1）10kV以下横担。工作内容包括：量尺寸定位，上抱箍，装横担、支撑以及杆顶支座，安装绝缘子。

2）1kV以下横担。工作内容包括：量尺寸，定位，上抱箍，横担、装支架、支撑及杆顶支座，安装瓷瓶。

3）进户线横担。工作内容包括：测位划线、横担安装、打眼钻孔、装瓷瓶及防水弯头。

（6）拉线制作安装。工作内容包括：拉线长度实测、装金具、放线截割、拉线安装、紧线调节、工器具转移。

（7）导线架设。工作内容包括：线材外观检查、架线盘、放线、直线接头连接紧线、弛度观测、绑扎、耐张终端头制作、跳线安装。

（8）导线跨越及进户线架设：

1）导线跨越。工作内容包括：跨越架搭拆、架线中的监护转移。

2）进户线架设。工作内容包括：放线、紧线、瓷瓶绑扎、压接包头。

（9）杆上变配电设备安装。工作内容包括：支架、横担、撑铁的安装，设备的安装固定、检查、调整，油开关注油，配线，接线，接地。

3.1.10 电气调整试验

电气调整试验分部共分18个分项工程。

（1）发电机、调相机系统调试。工作内容包括：发电机、励磁机、调相机、隔离开关、断路器、保护装置和一、二次回路的调整试验。

（2）电力变压器系统调试。工作内容包括：变压器、互感器、断路器、隔离开关、风冷以及油循环冷却系统电气装置、常规保护装置等一、二次回路的调试及空投试验。

（3）送配电装置系统调试。工作内容包括：自动开关或断路器、隔离开关、电测量仪表、常规保护装置、电力电缆等一、二次回路系统的调试。

（4）特殊保护装置系统调试。工作内容包括：保护装置本体以及二次回路的调整试验。

（5）自动投入装置调试。工作内容包括：自动装置、继电器以及控制回路的调整试验。

（6）中央信号装置、事故照明切换装置、不间断电源调试。工作内容包括：装置本体以及控制回路的调整试验。

（7）母线、避雷器、电容器、接地装置调试。工作内容包括：母线耐压试验，接触电阻测量，避雷器、母线绝缘监视装置、电测量仪表以及一、二次回路调试，接地电阻测试。

（8）电抗器、消弧线圈、电除尘器调试。工作内容包括：电抗器、消弧圈的直流电阻测试、耐压试验，高压静电除尘装置本体以及一、二次回路的调试。

（9）硅整流设备、可控硅整流装置调试。工作内容包括：开关、调压设备、整流变压器、硅整流设备以及一、二次回路的调试，可控硅控制系统调试。

（10）普通小型直流电动机调试。工作内容包括：直流电动机（励磁机）、隔离开关、控制开关、电缆、保护装置以及一、二次回路的调试。

（11）晶闸管调速直流电动机系统调试：

1）一般晶闸管调速电动机。工作内容包括控制调节器的闭环、开环调试，可控硅整流装置调试，直流电动机及整组试验，快速开关、电缆以及一、二次回路的调试。

2）全数字式控制晶闸管调速电机。工作内容包括：微型计算机配合电气系统调试，晶闸管整流装置调试，直流电机及整组试验，快速开关、电缆以及一、二次回路的调试。

（12）普通交流同步电动机调试。工作内容包括：电动机、断路器、励磁机、保护装置、启动设备和一、二次回路的调试。

（13）低压交流异步电动机调试。工作内容包括：电动机、保护装置、开关、电缆等一、二次回路的调试。

（14）高压交流异步电动机调试。工作内容包括：电动机、断路器、互感器、保护装置、电缆等一、二次回路的调试。

（15）交流变频调速电动机（AC-AC、AC-DC-AC）调试：

1）交流同步电动机变频调速。工作内容包括：变频装置本体、变频母线、电动机、断路器、励磁机、互感器、电力电缆、保护装置等一、二次回路的调试。

2）交流异步电动机变频调速。工作内容包括：变频装置本体、变频母线、电动机、电力电缆、互感器、保护装置等一、二次回路的调试。

（16）微型电机、电加热器调试。工作内容包括：微型电动机、电加热器微型电动机、开关、电加热器、保护装置及一、二次回路的调试。

（17）电动机组及联锁装置调试。工作内容包括：电动机组、开关控制回路的调试，电机联锁装置调试。

（18）绝缘子、套管、绝缘油、电缆试验。工作内容包括准备、取样、耐压试验，电缆临时固定、试验，电缆故障测试。

3.1.11 配管、配线安装

配管、配线分部共分 22 个分项工程。

（1）电线管敷设：

1）砖、混凝土结构明暗配。工作内容包括：测位、打眼、划线、埋螺栓、锯管、配管、套螺纹、煨弯、接地、刷漆。

2）钢结构支架、钢索配管。工作内容包括：测位、打眼、划线、上卡子、安装支架、锯管、配管、套螺纹、煨弯、接地、刷漆。

（2）钢管敷设：

1）砖、混凝土结构明暗配。工作内容包括：测位、打眼、划线、上卡子、安装支架、锯管、配管、套螺纹、煨弯、接地、刷漆。

2）钢模板暗配。工作内容包括：测位、划线、套螺纹、钻孔、锯管、煨弯、配管、接地、刷漆。

3）钢结构支架配管。工作内容包括：测位、打眼、划线、上卡子、锯管、套螺纹、配管、煨弯、接地、刷漆。

4）钢索配管。工作内容包括：测位、划线、套螺纹、锯管、煨弯、上卡子、配管、接地、刷漆。

（3）防爆钢管敷设：

1）砖、混凝土结构明暗配。工作内容包括：测位、划线、埋螺栓、打眼、锯管、套螺纹、煨弯、配管、接地、气密性试验、刷漆。

2）钢结构支架配管。工作内容包括：测位、划线、打眼、安装支架、锯管、套螺纹、配管、煨弯、接地、试压、刷漆。

3）塔器照明配管。工作内容包括：测位、划线、套螺纹、锯管、煨弯、配管、支架制作安装、试压、补焊口漆。

（4）可挠金属套管敷设：

1）砖、混凝土结构明暗配。工作内容包括：测位、刨沟、划线、断管、配管、固定、接地、清理、填补。

2）吊棚内暗敷设。工作内容包括：测位、划线、断管、固定、配管、接地。

（5）塑料管敷设：

1）硬质聚氯乙烯管敷设分砖、混凝土结构暗配、明配，钢索配管。工作内容包括：测位、划线、打眼、煨弯、埋螺栓、锯管、接管、配管。

2）刚性阻燃管敷设分砖、混凝土结构暗配、明配、吊棚内敷设。工作内容包括：测位、划线、打眼、下胀管、配管、连接管件、安螺钉、切割空心墙体、刨沟、抹砂浆保护层。

3）半硬质阻燃管暗敷设。工作内容包括：测位、划线、打眼、敷设、刨沟、抹砂浆保护层。

4）半硬质阻燃管埋地敷设。工作内容包括：测位、划线、挖土、敷设、填实土方。

（6）金属软管敷设。工作内容包括：量尺寸、断管、钻眼、连接接头、攻螺纹、固定。

（7）管内穿线。工作内容包括：穿引线、扫管、穿线、涂滑石粉、编号、接焊包头。

（8）瓷夹板配线。按敷设部位分为木结构、砖混结构、砖混结构粘接三种情况，工作内容包括：测位划线、打眼、埋螺栓、上瓷夹（配料粘瓷夹）、下过墙管、配线、焊接包头。

（9）塑料夹板配线。工作内容包括：测位划线、打眼、上瓷夹（配料粘瓷夹）、下过墙管、配线、焊接包头。

（10）鼓形绝缘子配线：

1）在木结构、顶棚内及砖混结构敷设。工作内容包括：测位划线、打眼、埋螺钉、钉木楞、上绝缘子、下过墙管、配线、焊接包头。

2）沿钢支架及钢索敷设。工作内容包括：测位划线、打眼、下过墙管、安装支架、吊架、配线、上绝缘子、焊接包头。

（11）针式绝缘子配线。分沿屋架、梁、柱、墙敷设和跨屋架、梁、柱敷设，工作内容包括：测位划线、打眼、下过墙管、安装支架、上绝缘子、配线、焊接包头。

（12）蝶式绝缘子配线。分沿屋架、梁、柱敷设和跨屋架、梁、柱敷设，工作内容包括：测位划线、打眼、下过墙管、安装支架、上绝缘子、配线、焊接包头。

（13）木槽板配线。分在木结构和砖混结构敷设两种情况，工作内容包括：测位划线、打眼、下过墙管、做角弯、断料、装盒子、配线、焊接包头。

（14）塑料槽板配线。工作内容包括：测位划线、打眼、埋螺钉、下过墙管、断料、装盒子、做角弯、配线、焊接包头。

（15）塑料护套线明敷设。分在木结构、砖混结构、沿钢索敷设，工作内容包括：测位划线、打眼、埋螺钉（配料粘底板）、上卡子、下过墙管、装盒子、配线、焊接包头。

（16）线槽配线。工作内容包括：清扫线槽、放线、对号、编号、接焊包头。

（17）钢索架设。工作内容包括：测位、断料、架设、调直、绑扎、拉紧、刷漆。

（18）母线拉紧装置及钢索拉紧装置制作、安装。工作内容包括：下料、钻眼、煨弯、组装、打眼、测位、埋螺栓、连接固定、刷漆防腐。

（19）车间带形母线安装。分沿屋架、梁、柱、墙敷设和跨屋架、梁、柱敷设，工作内容包括：打眼，支架安装，绝缘子灌注、安装，母线平直、钻孔、煨弯、连接架设、拉紧装置、木夹板、夹具的制作安装，刷分相漆。

（20）动力配管混凝土地面刨沟。工作内容包括：测位、刨沟、划线、清理、填补。

（21）接线箱安装。工作内容包括：测位打眼、箱了开孔、埋螺栓、刷漆、固定。

（22）接线盒安装。工作内容包括：固定、测定、修孔。

3.1.12 照明器具安装

照明器具分部共分 10 个分项工程。

（1）普通灯具的安装：

1）吸顶灯具。工作内容包括：测定划线、装木台、打眼埋螺栓、灯具安装、接线、焊接包头。

2）其他普通灯具。工作内容包括：测定划线、打眼埋螺栓、上木台、支架安装、灯具组装、上绝缘子、保险器、吊链加工、接线、焊接包头。

（2）装饰灯具的安装。工作内容包括：荧光艺术装饰灯具，吊式、吸顶式艺术装饰灯具，几何形状组合艺术灯具，标志、水下装饰灯具，诱导装饰灯具，点光源装饰灯具，草坪灯具，歌舞厅灯具。工作内容包括：开箱检查，测定划线，打眼埋螺栓，支架制作、安装，灯具挂装饰部件、拼装固定，接焊线包头等。

（3）荧光灯具的安装。包括组装型和成套型，工作内容包括：测定划线、打眼埋螺栓、灯具组装（安装）、上木台、吊管、吊链加工、接线、焊接包头。

（4）工厂灯及防水防尘灯的安装。工作内容包括：测定划线，打眼埋螺栓，上木台，吊管、吊链的加工，灯具组装，接线，焊接包头。

（5）工厂其他灯具的安装。工作内容包括：测定划线、上木台、打眼埋螺栓、吊管加工、灯具安装、接线、接焊包头。

（6）医院灯具的安装：

1）碘钨灯、投光灯。工作内容包括：测定划线、打眼埋螺栓、支架安装、灯具组装、接线、焊接包头。

2）混光灯。工作内容包括：测定划线、打眼埋螺栓、支架的制作安装、灯具及镇流器组装、接线、接地、接焊包头。

3）烟囱、水塔、独立式塔架标志灯。工作内容包括：测定划线、打眼埋螺栓、灯具安装、接线、接焊包头。

4）密闭灯具。工作内容包括：测定划线，打眼埋螺栓，上底台、支架的安装，灯具安装，接线，接焊包头。

（7）路灯安装。工作内容包括：测定划线、打眼埋螺栓、支架安装、灯具安装、接线、接焊包头。

（8）开关、按钮、插座安装。工作内容包括：测定划线，打眼埋螺栓，清扫盒子，上木台，缠钢丝弹簧垫，装开关、按钮和插座，接线，装盖。

（9）安全变压器、电铃、风扇安装：

1）安全变压器。工作内容包括：开箱检查和清扫；测位划线和打眼，支架安装、固定变压器、接线、接地。

2）电铃。工作内容包括：测位划线和打眼、埋木砖，上木底板，安电铃，接焊包头。

3）门铃。工作内容包括：测位划线和打眼、埋塑料胀管、上螺钉、接线、安装。

4）风扇。工作内容包括：测位划线、打眼、固定吊钩、安装调速开关、接焊包头、接地。

（10）盘管风机开关、请勿打扰灯、须刨插座、钥匙取电器安装。工作内容包括：开箱检查、测位划线、清扫盒子、缠钢丝弹簧垫、接线、焊接包头、安装、调速等。

3.2 电气设备安装工程清单项目设置

3.2.1 概况

电气设备安装工程工程量清单共设置了 15 节 148 个清单项目。包括变压器、配电装置、母线、控制设备及低压电器、蓄电池、电机检查接线与调试、滑触线装置、电缆、防雷及接地装置、10kV 以下架空及配电线路、电气调整试验、配管及配线、照明器具（包括路灯）等安装工程。适用于工业与民用建设工程中 10kV 以下变配电设备及线路安装工程量清单编制与计量。

3.2.2 变压器安装

变压器适用于油浸电力变压器、干式变压器、自耦式变压器、有载调压变压器、电炉变压器、整流变压器及消弧线圈安装的工程量清单项目的编制和计量。

（1）清单项目的设置与表述：根据《建设工程工程量清单计价规范》（GB 50500—2013）（以下简称《工程量清单计价规范》）中变压器安装的工程量清单项目设置及工程计算规则，应按表 3-1 的规定执行。

表 3-1　变压器安装（编码：030401）

项目编码	项目名称	项目特征	计量单位	工程量计算规则	工作内容
030401001	油浸电力变压器	1. 名称 2. 型号 3. 容量（kV·A） 4. 电压（kV） 5. 油过滤要求 6. 干燥要求 7. 基础型钢形式、规格 8. 网门、保护门材质、规格 9. 温控箱型号、规格	台	按设计图示数量计算	1. 本体安装 2. 基础型钢制作、安装 3. 油过滤 4. 干燥 5. 接地 6. 网门、保护门制作、安装 7. 补（刷）喷油漆
030401002	干式变压器				1. 本体安装 2. 基础型钢制作、安装 3. 温控箱安装 4. 接地 5. 网门、保护门制作、安装 6. 补刷（喷）油漆

从表 3-1 看，030401001、030401002 都是变压器安装项目，所以设置清单项目时，首先要区别所要安装的变压器的种类，即名称、型号，再按其容量来设置项目。名称、型号、容量等完全一样的，数量相加后，设置一个项目即可。型号、容量不一样的，应分别设置项目，分别编码。

39

举例说明：某工程的设计图示，需要安装四台变压器，其中：

一台油浸式电力变压器 SL_1-1000kV·A/10kV

一台油浸式电力变压器 SL_1-500kV·A/10kV

两台干式变压器 SG-100kV·A/10-0.4kV

SL_1-1000kV·A/10kV 需做干燥处理，其绝缘油要过滤。根据《工程量清单计价规范》的规定，上例中的项目特征为：①名称；②型号；③容量。

该清单项目名称可以这样表述（表3-2）：

表3-2　工程量清单项目特征

第一组特征（名称）	第二组特征（型号）	第三组特征（容量）
油浸式电力变压器	SL_1-	1000kV·A/10kV
油浸式电力变压器	SL_1-	500kV·A/10kV
干式变压器	SG-	100kV·A/10-0.4kV

依据《工程量清单计价规范》的规定，后三位数字由编制人设置，依次按顺序排列在清单项目表中，并按设计要求和《工程量清单计价规范》附录中项目特征，对该项目进行描述（表3-3）。

表3-3　分部分项工程量清单与计价表

序号	项目编码	项目名称	项目特征描述	计量单位	工程量	金额（元）		
						综合单价	合价	其中 暂估价
1	030401001001	油浸式电力变压器	油浸式电力变压器安装 SL_1-1000kV·A/10kV （1）变压器需作干燥处理 （2）绝缘油需过滤 （3）基础型钢制作安装	台	1			
2	030401001002	油浸式电力变压器	油浸式电力变压器安装 SL_1-500kV·A/10kV 基础型钢制作、安装	台	1			
3	030401002001	干式变压器	干式变压器安装 SG-100kV·A/10-0.4kV 基础型钢制作、安装	台	2			

（2）清单项目的计量：

1）根据表3-1的规定，变压器安装工程计量单位为"台"。

2）计算规则：按设计图示数量，区别不同容量以"台"计算。

工程量清单项目的计量，均指形成实体部分的计量，而且只规定了该部分的计量单位和计算规则。关于需在综合单价中考虑的"工作内容"中的项目，因为它不体现在清单项目表上，其计量单位和计算规则不作具体规定。在计价时，其数量应与该清单项目的实体量相匹配，可参照《消耗量定额》及其计算规则计算在综合单价中。

（3）工程量清单的编制。根据《工程量清单计价规范》的规定，工程量清单应由分部分项工程量清单、措施项目清单、其他项目清单、规费项目清单和税金项目清单组成。现就分部分项工程量清单的编制做以下说明。

1）编制的规则：《工程量清单计价规范》规定，分部分项工程量清单应根据规范附录规定的项目编码、项目名称、计量单位和工程量计算规则进行编制。

2）工程量清单编制依据：主要依据是设计施工图或扩初设计文件和有关施工验收规范，招标文件、合同条件及拟采用的施工方案可作为参考依据。

（4）工程量清单计价：工程量清单计价主要是指投标标底计算或投标报价的计算。

根据《工程量清单计价规范》的规定，单位工程造价由分部分项清单费、措施项目清单费、其他项目清单费、规费和税金组成。

其中分部分项清单费是由各清单项目的工程量乘以其综合单价后的总和，即：∑清单项目的工程量×综合单价。

综合单价的构成在《工程量清单计价规范》中明确规定：即完成一个规定计量单位工程所需的人工费、材料费、机械费、管理费和利润，并考虑风险因素。

它的编制依据是投标文件、合同条件、工程量清单及定额。特别要注意清单对项目内容的描述，必须按描述的内容计算，这就是所谓的"包括完成该项目的全部内容"。

3.2.3 配电装置安装

（1）配电装置安装的内容：包括各种断路器、真空接触器、隔离开关、负荷开关、互感器、电抗器、电容器、滤液装置、高压成套配电柜及组合型成套箱式变电站等安装。

（2）适用范围：各配电装置的工程量清单项目设置与计量。

（3）清单项目的设置与计量：依据施工图所示的工作内容（指各项工程实体），按照《工程量清单计价规范》附录的项目特征：名称、型号、容量等设置具体清单项目名称，按对应的项目编码编好后三位码。

配电装置安装大部分项目以"台"为计量单位，少部分以"组"、"个"为计量单位。计算规则均是按设计图图示数量计算。

（4）相关说明：

1）配电装置安装包括了各种配电设备安装工程的清单项目，但其项目特征大部分是一样的，即设备名称、型号、规格（容量），它们的组合就是该清单项目的名称，但在项目特征中，有一特征为"质量"，该"质量"是规范对"重量"的规范用语，它不是表示设备质量的优或合格，而指设备的重量，如电抗器、电容器安装时，均以重量划类区别，所以其项目特征栏中就有"质量"二字。

2）油断路器 SF_6 断路器等清单项目描述时，一定要说明绝缘油、SF_6 气体是否设备带有，以便计价时确定是否计算此部分费用。

3）配电装置安装中的设备如有地脚螺栓者，清单中应注明是由土建预埋还是由安装者浇筑，以便确定是否计算二次灌浆费用（包括抹面）。

4）绝缘油过滤的描述和过滤油量的计算参照上节的绝缘油过滤的相关内容。

5）配电装置安装高压设备的安装没有综合绝缘台安装。如果设计有此要求，其内容一定要表述清楚，避免漏项。

3.2.4　母线安装

（1）母线安装的内容：包括软母线、组合软母线、带形母线、槽形母线、共箱母线、低压封闭插接母线、重型母线安装等。

（2）适用范围：适用于以上各种母线安装工程工程量清单项目设置与计量。

（3）清单项目的设置与计量：依据施工图所示的工作内容（指各项工程实体），按照《工程量清单计价规范》附录的项目特征：名称、型号、规格等设置具体项目名称，并按对应的项目编码编好后三位码。

母线安装除重型母线外的各项计量单位均为"m"，重型母线的计量单位为"t"，始端箱、分线箱的计量单位为"台"。计算规则均为按设计图示尺寸以单线长度计算，而重型母线按设计图示尺寸以质量计算，始端箱、分线箱按设计图示数量计算。

（4）其他相关说明：

1）母线安装有关预留长度，在做清单项目综合单价时，按设计要求或施工及验收规范的规定长度一并考虑。

2）清单的工程量为实体的净值，其损耗量由报价人根据自身情况而定。中介在做标底时，可参考定额的消耗量，无论是报价还是做标底，在参考定额时，要注意主要材料及辅材的消耗量在定额中的有关规定。如母线安装定额中就没有包括主辅材的消耗量。

3.2.5　控制设备及低压电器安装

（1）控制设备及低压电器安装的内容：控制设备包括各种控制屏、继电信号屏、模拟屏、配电屏、整流柜、电气屏（柜）、成套配电箱、控制箱等；低压电器包括各种控制开关、控制器、接触器、启动器等。控制设备及低压电器安装，还包括现在大量使用的集装箱式配电室。

（2）适用范围：上述控制设备及低压电器的安装工程工程量清单项目设置计量。

（3）清单项目的设置与计量：控制设备及低压电器安装清单项目的特征大多为名称、型号、规格（容量）及接线端子材质、规格等，而且特征中的名称即实体的名称，所以设备名称就是项目的名称，只需表述其型号和规格就可以确定其具体编码。因此项目名称的设置很直观、简单。

控制设备及低压电器安装除集装箱式配电室的计量单位按"t"外，大部分以"台"计量，个别以"套"、"个"计量。计算规则均按设计图示数量计算。

（4）其他相关说明：

1）清单项目描述时，对各种铁构件如需镀锌、镀锡、喷塑等，需予以描述，以便计价。

2）凡导线进出屏、柜、箱、低压电器的，该清单项目描述时均应描述是否要焊（压）接线端子。而电缆进出屏、柜、箱、低压电器的，可不描述焊（压）接线端子，因为已综合在电缆敷设的清单项目中。

3）凡需做盘（屏、柜）配线的清单项目必须予以描述。

4）盘、柜、屏、箱等进出线的预留量（按设计要求或施工及验收规范规定的长度）均不作为实物量，但必须在综合单价中体现。

3.2.6　蓄电池安装

（1）蓄电池的内容：蓄电池安装工程量清单项目包括碱性蓄电池、固定密闭式铅酸蓄电池和免维护铅酸蓄电池安装，新版规范增加了"太阳能安装"。

（2）适用范围：适用于以各种蓄电池安装工程量清单项目设置与计量。

（3）清单项目的设置与计量：依据施工图所示的工作内容（指各项工程实体），对应《工程量清单计价规范》附录的项目特征：名称、型号、容量规格、安装方式等，设置具体清单项目名称，并按对应的项目编号编好后三位编码。

蓄电池的各项计量单位为"个"或"组"。免维护铅酸蓄电池的表现形式为"组件"，因此也可称多少个组件。计算规则按设计图示数量计算。

（4）其他相关说明：

1）如果设计要求蓄电池抽头连接用电缆及电缆保护管时，应在清单项目中予以描述，以便计价。

2）蓄电池电解液如需承包方提供，亦应描述。

3）蓄电池充放电费用综合在安装单价中，按"组"充放电，但需摊到每一个蓄电池的安装综合单价中报价。

3.2.7 电机检查接线及调试

（1）电机检查接线及调试的内容：电机检查接线调试工程量清单项目包括交直流电动机和发电机的检查接线及调试。

（2）适用范围：适用于发电机、调相机、普通小型直流电动机、可控硅调速直流电动机、普通交流同步电动机、低压交流异步电动机、高压交流异步电动机、交流变频调速电动机、微型电机、电加热器、电动机组的检查接线及调试的清单项目设置与计量。

（3）清单项目的设置与计量：电机检查接线及调试的清单项目特征除共同的基本特征（如名称、型号、规格）外，还有表示其调试的特殊个性。这个特性直接影响到其接线调试费用，所以必须在项目名称中表述清楚。如：

1）普通交流同步电动机的检查接线及调试项目，要注明启动方式：直接启动还是降压启动。

2）低压交流异步电动机的检查接线及调试项目，要注明控制保护类型：刀开关控制、电磁控制、非电量联锁、过流保护、速断过流保护及时限过流保护。

3）电动机组检查接线调试项目，要表述机组的台数，如有联锁装置应注明联锁的台数。

电机检查接线及调试除电动机组清单项目以"组"为单位计量外，其他所有清单项目的计量单位均为"台"。计算规则按设计图示数量计算。

（4）相关说明：

1）电机是否需要干燥应在项目中予以描述。

2）电机接线如需焊（压）接线端子亦应描述。

3）按规范要求，从管口到电机接线盒间要有软管保护，项目应描述软管的材质和长度，报价时考虑在综合单价中。

4）工作内容中应描述"接地"要求，如接地线的材质、防腐处理等。

5）电机检查接线及调试在检查接线项目中，按电机的名称、型号、规格（即容量）列出。而《全国统一安装工程预算定额（第2册）》按中大型列项，以单台质量在3t以下的为小型；单台质量在3~30t者为中型；单台质量30t以上者为大型。在报价时，如果参考《全国统一安装工程预算定额》，就按电机铭牌上或产品说明书上的质量对应定额项目即可。

3.2.8 滑触线装置安装

（1）滑触线装置安装的内容：滑触线装置安装工程量清单项目包括轻型、安全节能型滑触线及扁钢、角钢、圆钢、工字钢滑触线及移动软电缆安装。

（2）适用范围：适用于以上各种滑触线安装工程量清单项目的设置与计量。

（3）清单项目的设置与计量：滑触线装置安装的清单项目特征均为名称，型号，规格，材质，支架形式、材质，移动软电缆材质、规格、安装部位等。而特征中的名称既为实体名称，亦为项目名称，直观简单。但是规格却不然，如节能型滑触线的规格是用电流（A）来表述；角钢滑触线的规格是角钢的边长×厚度；扁钢滑触线的规格是扁钢截面长×宽；圆钢滑触线的规格是圆钢的直径；工字钢、轻轨滑触线的规格是以每米质量（kg/m）表述。

滑触线装置安装各清单项目的计量单位均为"m"。计算规则是按设计图示以单根长度计算（含预留长度）。

（4）其他相关说明：

1）清单项目应描述支架的基础铁件及螺栓是否浇注需说明。

2）沿轨道敷设软电缆清单项目，要说明是否包括轨道安装和滑轮制作的内容，以便报价。

3）滑触线安装的预留长度不作为实物量计量，按设计要求或规范规定长度，在综合单价中考虑。

3.2.9 电缆安装

（1）电缆安装的内容：电缆敷设工程量清单项目包括电力电缆和控制电缆的敷设，电缆桥架安装，电缆阻燃槽盒安装，电缆保护管敷设等。

（2）适用范围：适用于以上电缆敷设及相关工程的工程量清单项目的设置和计量。其中电缆保护管敷设项目指埋地暗敷设或非埋地的明敷设两种；不适用于过路或过基础的保护管敷设。

（3）清单项目设置与计量：电缆安装的各项目特征基本为型号、规格、材质等，但各有其表述法。如：电缆敷设项目的规格指电缆截面；电缆保护管敷设项目的规格指管径。

清单项目的计量单位均为"m"。电缆敷设计量规则均为按设计图示单根尺寸计算，桥架按图示中心线长度计算。

清单项目设置的方法：依据设计图示的工作内容（电缆敷设的方式、位置等）对应《工程量清单计价规范》附录的项目特征，列出清单项目名称、编码。

（4）相关说明：

1）电缆沟土方工程量清单按《工程量清单计价规范》附录设置编码。项目表述时，要表明沟的平均深度、土质和铺砂盖砖的要求。

2）电缆敷设中所有预留量，应按设计要求或规范规定的长度，考虑在综合单价中，而不作为实物量。

3）电缆敷设需要综合的项目很多，一定要描述清楚。如工作内容一栏所示：揭（盖）盖板；保护管敷设；槽盒安装；电力电缆头制作、电力电缆头安装接地等。

3.2.10 防雷及接地装置

（1）防雷及接地装置的内容：包括接地装置和避雷装置的安装。接地装置包括生产、生活用的安全接地、防静电接地、保护接地等一切接地装置的安装。避雷装置包括建筑物、构筑物、金属塔器等防雷装置，由受雷体、引下线、接地干线、接地极组成一个系统。

（2）适用范围：适用于上述接地装置和防雷装置的工程量清单的设置与计量。

（3）清单项目的设置与计量：依据设计图关于接地或防雷装置的内容，对应《工程量清单计价规范》附录的项目特征，表述其项目名称，并有相对应的编码、计量单位和计算规则。根据"工作内容"一栏的提示，描述该项目的工作内容。如避雷引下线，其特征有：

1）名称。

2）材质。

3）规格。

4）安装部位。

5）安装形式。

6）断接卡子、箱材质、规格。

（4）相关说明：

1）利用桩基础作接地极时，应描述桩台下桩的根数，每桩几根柱筋需焊接。其工程量可计入柱引下线的工程量中一并计算。

2）利用柱筋作引下线的，一定要描述是几根柱筋焊接作为引下线。

3）利用圈梁筋作均压环的，需描述圈梁筋焊接根数。

4）"项"的单价，要包括特征和"工作内容"中所有的各项费用之和。

3.2.11　10kV以下架空配电线路

（1）10kV以下架空配电线路的内容：10kV以下架空配电线路工程量清单项目包括电杆组立、导线架设、横担组装、杆上设备。

（2）适用范围：适用于上述工程的工程量清单项目的设置与计量。

（3）清单项目的设置与计量：依据设计图示的工作内容（指电杆组立或线路架设），对应《工程量清单计价规范》附录电杆组立的项目特征：材质、规格、类型、地形等。材质指电杆的材质，即木电杆还是混凝土杆；规格指杆长；类型指单杆、接腿杆、撑杆。

以上内容必须对项目表述清楚。

电杆组立的计量单位是"根"，按图示数量计。

在设置项目时，一定要按项目特征表述该清单项目名称。对其应综合的辅助项目（工作内容），也要描述到位。如电杆组立要发生的项目：工地运输；土（石）方挖填；底、拉、卡盘安装；木电杆防腐；电杆组立；横担安装；拉线制作、安装。

横担组装的项目特征为：名称、材质、规格、类型、电压等级等。

横担组装的工作内容描述为：横担安装、瓷瓶、金具组装。

横担组装的计量单位为"组"，按设计图示数量计算。

导线架设的项目特征为：名称、型号、规格、地形、跨越类型等，导线的型号表示了材质，是铝线还是铜导线。规格是指导线的截面。

导线架设的工作内容描述为：导线架设；导线跨越及进户线架设；工地运输。

导线架设的计量单位为"km"，按设计图示尺寸，以单根长度计算。

在设置清单项目时，对同一型号、同一材质，但规格不同的架空线路要分别设置项目，分别编码（最后三位码）。

杆上设备的项目特征为：名称、型号、规格、电压等级等。

杆上设备的工作内容描述为：支撑架安装，本体安装，焊压接线端子、接线等。

杆上设备的计量单位为：按设计图示数量计算。

（4）相关说明：

1）杆坑挖填土清单项目按《工程量清单计价规范》附录的规定设置、编码。

2）杆上变配电设备项目按《工程量清单计价规范》附录的规定度量与计量。

3）在需要时，对杆坑的土质情况、沿途地形予以描述。

4）架空线路的各种预留长度，按设计要求或施工及验收规范规定的长度计算在综合单价内。

3.2.12 配管、配线

（1）配管、配线的内容：电气工程的配管、配线、线槽、桥架等工程量清单项目。配管包括电线管敷设，钢管及防爆钢管敷设，可挠金属管敷设，塑料管（硬质聚氯乙烯管、刚性阻燃管、半硬质阻燃管）敷设。配线包括管内穿线，瓷夹板配线，塑料夹板配线，鼓型、针式、蝶式绝缘子配线，木槽板、塑料槽板配线，塑料护套线敷设，线槽配线。

（2）适用范围：适用于上述配管、配线工程量清单项目的设置与计量。

（3）清单项目的设置与计量：依据设计图示工作内容（指配管、配线），按照《工程量清单计价规范》附录的项目特征，如配管特征：名称，材质，规格，配置形式，接地要求，钢索材质、规格，和对应的编码，编好后三位码。

1）在配管清单项目中，名称和材质有时是一体的，如钢管敷设，"钢管"既是名称，又代表了材质，它就是项目的名称。而规格指管的直径，如 $\phi25$。配置形式在这里表示明配或暗配（明、暗敷设）。部位表示敷设位置：①砖、混凝土结构上；②钢结构支架上；③钢索上；④钢模板内；⑤吊棚内；⑥埋地敷设。

配管、线槽、桥架、配线的计量单位均为"m"。计算规则：按设计图示尺寸以长度（单线长度）计算，配管、线槽不扣除管路中间的接线箱（盒）、灯位盒、开关盒所占长度。

根据计算规则，将数量填到"工程数量"一栏内就完成了该项目的清单编制。

2）在配线工程中，清单项目名称要紧紧与配线形式连在一起，因为配线的方式会决定选用什么样的导线，因此对配线形式的表述更显得重要。

配线形式有：①管内穿线；②瓷夹板或塑料夹板配线；③鼓型、针式、蝶式绝缘子配线；④木槽板或塑料槽板配线；⑤塑料护套线明敷设；⑥线槽配线。

电气配线项目特征中的"敷设部位或线制"也很重要。

敷设部位一般指：①木结构上；②砖、混凝土结构；③顶棚内；④支架或钢索上；⑤沿屋架、梁、柱；⑥跨屋架、梁、柱。

在不同的部位上，工艺不一样，单价就不一样。

线制主要在夹板和槽板配线中要注明，因为同样长度的线路，由于两线制与三线制所用主材导线的量就差30%多。辅材也有差别，因此要描述线制。

计量单位均为"m"，计算规则按设计图示尺寸以单线长度计算。所谓"单线"指两线制或三线制，不是以线路延长米计，而是线路长度乘以线制，即两线制乘以2，三线制乘以3。管内穿线也同样，如穿三根线，则以管长度乘以3即可。

对清单项目工作内容的描述要求同配管一样，参照《工程量清单计价规范》附录的工作内容。

（4）相关说明：

1）金属软管敷设不单设清单项目，在相关设备安装或电机核查接线清单项目的综合单价中考虑。

2）在配线工程中，所有的预留量（指与设备连接）均应依据设计要求或施工及验收规范规定的长度考虑在综合单价中，而不作为实物量计算。

3）根据配管工艺的需要和计量的连续性，规范的接线箱（盒）、拉线盒、灯位盒综合在配管工程中，关于接线盒、拉线盒的设置按施工及验收规范的规定执行。

配线保护管遇到下列情况之一时，中间应增设接线盒和拉线盒，且接线盒或拉线盒的位置应便于穿线：①管长度每超过30m，无弯曲；②管长度每超过20m有1个弯曲；③管长度每超过15m有2个弯曲；④管长度每超过8m有3个弯曲。

垂直敷设的电线保护管遇下列情况之一时，应增设固定导线用的拉线盒：①管内导线截面为50mm² 及以下，长度每超过30m；②管内导线截面为70～95mm²，长度每超过20m；③管内导线截面为120～240mm²，长度每超过18m。

在配管清单项目计量时，设计无要求时则上述规定可以作为计量接线箱（盒）、拉线盒的依据。

3.2.13 照明器具安装

（1）照明器具安装的内容：各种照明灯具、开关、插座、门铃等工程量清单项目。包括普通吸顶灯及其他灯具、工厂灯及其他灯具、装饰灯具、荧光灯具、医疗专用灯具、一般路灯、广场灯、高杆灯、桥栏杆灯、地道涵洞灯等安装。

（2）适用范围：适用于工业与民用建筑（含公用设施）及市政设施的照明器具的清单项目的设置与计量。

下列清单项目适用的灯具如下：

① 普通灯具（030412001）。包括圆球吸顶灯、半圆球吸顶灯、方形吸顶灯、软线吊灯、座灯头、吊链灯、防水吊灯、壁灯。

② 工厂灯（030412002）。包括工厂罩灯、防水灯、防尘灯、碘钨灯、投光灯、泛光灯、混光灯、密闭灯等。

③ 高度标志（障碍）灯（030412003）。包括烟囱标志灯、高塔标志灯、高层建筑屋顶障碍指示灯等。

④ 装饰灯（030412004）。包括吊式艺术装饰灯、吸顶式艺术装饰灯、荧光艺术装饰灯、几何型组合艺术装饰灯、标志灯、诱导装饰灯、水下（上）艺术装饰灯、点光源艺术灯、歌舞厅灯具、草坪灯具等。

⑤ 医疗专用灯（030412006）。包括病房指示灯、病房暗脚灯、紫外线杀菌灯、无影灯等。

⑥ 中杆灯（030412008）。是指安装在高度小于或等于19m的灯杆上的照明器具。

⑦ 高杆灯（030412009）。是指安装在高度大于19m的灯杆上的照明器具。

（3）清单项目的设置与计量：依据设计图示工作内容（灯具）对应《工程量清单计价规范》附录的项目特征，表述项目名称即可。照明器具安装项目的基本特征（名称、型号、规格）大致一样，所以实体的名称就是项目名称，但要说明型号、规格，而市政路灯要说明杆高、灯杆材质、灯架形式及臂长，以便区别其安装单价。

照明器具安装各清单项目的计量单位为"套"，计算规则按图示数量计算。

（4）相关说明：灯具没带引导线的，应予说明，提供报价依据。

3.2.14 附属工程

附属工程为新增加的工程，项目包括铁构件、凿（压）槽、打洞（孔）、管道包封、人（手）孔砌筑等。其中铁构件适用于电气工程的各种支架、铁构件的制作安装。

3.2.15 电气调整试验

（1）电气调整试验的内容：电气调整试验清单项目包括电力变压器系统、送配电装置系统、特殊保护装置、自动投入装置、中央信号装置等。

（2）适用范围：适用于上述各系统的电气设备的本体试验和主要设备分系统调试的工程量清单项目设置与计量。

（3）清单项目的设置与计量：电气调整试验的项目特征基本上是以系统名称或保护装置及设备本体名称来设置的。如变压器系统调试就以变压器的名称、型号、容量来设置。

供电系统的项目设置：1kV 以下和直流供电系统均以电压来设置，而 10kV 以下的交流供电系统则以供电用的负荷隔离开关、断路器和带电抗器分别设置。

特殊保护装置调试的清单项目按其保护名称设置，其他均按需要调试的装置或设备的名称来设置。

计量单位多为"系统"，也有"台"、"套"、"组"，按设计图示数量（或系统）计算。

（4）相关说明：功率大于 10kW 电动机及发电机的启动调试用的蒸汽、电力和其他动力能源消耗及变压器空载试运转的电力消耗及设备，需烘干处理应说明。

3.3 变压器安装

3.3.1 定额说明

（1）油浸电力变压器安装定额同样适用于自耦式变压器、带负荷调压变压器及并联电抗器的安装。电炉变压器按同容量电力变压器定额乘以系数 2.0，整流变压器执行同容量电力变压器定额乘以系数 1.60。

（2）变压器的器身检查：1000kV·A 以下是按吊芯检查考虑，4000kV·A 以上是按吊钟罩考虑；如果 4000kV·A 以上的变压器需吊芯检查时，定额机械乘以系数 2.0。

（3）干式变压器如果带有保护外罩时，人工和机械乘以系数 1.2。

（4）整流变压器、消弧线圈、并联电抗器的干燥，执行同容量变压器干燥定额。电炉变压器执行同容量变压器干燥定额乘以系数 2.0。

（5）变压器油是按设备带来考虑的，但施工中变压器油的过滤损耗及操作损耗已包括在有关定额中。

（6）变压器安装过程中放注油、油过滤所使用的油罐，已摊入油过滤定额中。

（7）定额中不包括的工作内容：

1）变压器干燥棚的搭拆工作，若发生时可按实计算。

2）变压器铁梯及母线铁构件的制作、安装，另执行铁构件制作、安装定额。

3）瓦斯继电器的检查及试验已列入变压器系统调整试验定额内。

4）端子箱、控制箱的制作、安装，执行相应定额。

5）二次喷漆发生时按相应定额执行。

3.3.2 定额工程量计算规则

（1）变压器安装，按不同容量以"台"为计量单位。

（2）干式变压器如果带有保护罩时，其定额人工和机械乘以系数2.0。

（3）变压器通过试验，判定绝缘受潮时才需进行干燥，所以只有需要干燥的变压器才能计取此项费用（编制施工图预算时可列此项，工程结算时根据实际情况再作处理），以"台"为计量单位。

（4）消弧线圈的干燥按同容量电力变压器干燥定额执行，以"台"为计量单位。

（5）变压器油过滤不论过滤多少次，直到过滤合格为止，以"t"为计量单位，其具体计算方法如下：

1）变压器安装定额未包括绝缘油的过滤，需要过滤时，可按制造厂提供的油量计算。

2）油断路器及其他充油设备的绝缘油过滤，可按制造厂规定的充油量计算。

3.3.3 清单工程量计算规则

工程量清单项目设置及工程量计算规则，应按表3-4的规定执行。

表3-4 变压器安装（编码：030401）

项目编码	项目名称	项目特征	计量单位	工程量计算规则	工程内容
030401001	油浸电力变压器	1. 名称 2. 型号 3. 容量（kV·A） 4. 电压（kV） 5. 油过滤要求 6. 干燥要求 7. 基础型钢形式、规格 8. 网门、保护门材质、规格 9. 温控箱型号、规格	台	按设计图示数量计算	1. 本体安装 2. 基础型钢制作、安装 3. 油过滤 4. 干燥 5. 接地 6. 网门、保护门制作、安装 7. 补刷（喷）油漆
030401002	干式变压器				1. 本体安装 2. 基础型钢制作、安装 3. 温控箱安装 4. 接地 5. 网门、保护门制作、安装 6. 补刷（喷）油漆
030401003	整流变压器	1. 名称 2. 型号 3. 容量（kV·A） 4. 电压（kV） 5. 油过滤要求 6. 干燥要求 7. 基础型钢形式、规格 8. 网门、保护门材质、规格			1. 本体安装 2. 基础型钢制作、安装 3. 油过滤 4. 干燥 5. 网门、保护门制作、安装 6. 补刷（喷）油漆
030401004	自耦变压器				
030401005	有载调压变压器				

项目编码	项目名称	项目特征	计量单位	工程量计算规则	工程内容
030401006	电炉变压器	1. 名称 2. 型号 3. 容量（kV·A） 4. 电压（kV） 5. 基础型钢形式、规格 6. 网门、保护门材质、规格	台	按设计图示数量计算	1. 本体安装 2. 基础型钢制作、安装 3. 网门、保护门制作、安装 4. 补刷（喷）油漆
030401007	消弧线圈	1. 名称 2. 型号 3. 容量（kV·A） 4. 电压（kV） 5. 油过滤要求 6. 干燥要求 7. 基础型钢形式、规格			1. 本体安装 2. 基础型钢制作、安装 3. 油过滤 4. 干燥 5. 补刷（喷）油漆

【例 3-1】 某工程需要安装三台变压器，其中：一台油浸式电力变压器 SL$_1$-1000kV·A/10kV；两台干式变压器 SG-100kV·A/10-0.4kV。SL$_1$-1000kV·A/10kV 需做干燥处理，其绝缘油要过滤。试编制变压器的工程量清单。

【解】 变压器的工程量清单见表 3-5。

表 3-5 分部分项工程量清单

工程名称：××工程 　　　　　　　　　　　　　　　　　　　第 页 共 页

序号	项目编码	项目名称	项目特征描述	计量单位	工程数量
1	030401001001	油浸式电力变压器安装	SL$_1$-1000kV·A/10kV：包括变压器干燥处理；绝缘油要过滤；基础型钢制作、安装	台	1
2	030401002001	干式变压器安装	SG-100kV·A/10-0.4kV：包括基础型钢制作、安装	台	2

【例 3-2】 某工厂食堂配有 1 台整流变压器和 1 台发电机，试计算其工程量。

【解】 （1）基本工程量：整流变压器：1 台；发电机：1 台

（2）清单工程量：

表 3-6 清单工程量计算表

序号	项目编码	项目名称	项目特征描述	计量单位	工程量
1	030401003	整流变压器	容量 100kV·A 以下	台	1
2	030406001	发电机	空冷式发电机，容量 1500kW 以下	台	1

(3) 定额工程量：

1) 整流变压器：

①人工费：174.61 元

②材料费：111.75 元

③机械费：62.18 元

2) 发电机：

①人工费：1235.77 元

②材料费：397.75 元

③机械费：1701.34 元

3.4 配电装置安装

3.4.1 定额说明

(1) 设备本体所需的绝缘油、六氟化硫气体、液压油等均按设备带有考虑。

(2)《全国统一安装工程预算定额 第二册》（GYD—202—2000）第二章配电装置的设备安装定额不包括下列工作内容，另执行下列相应定额：

1) 端子箱安装。

2) 设备支架制作及安装。

3) 绝缘油过滤。

4) 基础槽（角）钢安装。

(3) 设备安装所需的地脚螺栓按土建预埋考虑，不包括二次灌浆。

(4) 互感器安装定额系按单相考虑，不包括抽芯及绝缘油过滤。特殊情况另作处理。

(5) 电抗器安装定额系按三相叠放、三相平放和二叠一平的安装方式综合考虑，不论何种安装方式，均不作换算，一律执行本定额。干式电抗器安装定额适用于混凝土电抗器、铁芯干式电抗器和空心电抗器等干式电抗器的安装。

(6) 高压成套配电柜安装定额系综合考虑的，不分容量大小，也不包括母线配制及设备干燥。

(7) 低压无功补偿电容器屏（柜）安装列入《全国统一安装工程预算定额 第二册》（GYD—202—2000）的控制设备及低压电器中。

(8) 组合型成套箱式变电站主要是指 10kV 以下的箱式变电站，一般布置形式为变压器在箱的中间，箱的一端为高压开关位置，另一端为低压开关位置。组合型低压成套配电装置，外形像一个大型集装箱，内装 6～24 台低压配电箱（屏），箱的两端开门，中间为通道，称为集装箱式低压配电室。该内容列入《全国统一安装工程预算定额 第二册》（GYD—202—2000）的控制设备及低压电器中。

3.4.2 定额工程量计算规则

(1) 断路器、电流互感器、电压互感器、油浸电抗器、电力电容器及电容器柜的安装，以"台（个）"为计量单位。

(2) 隔离开关、负荷开关、熔断器、避雷器、干式电抗器的安装，以"组"为计量单位，每组按三相计算。

(3) 交流滤波装置的安装以"台"为计量单位。每套滤波装置包括三台组架安装，不包括设备本身及铜母线的安装，其工程量应按相应定额另行计算。

（4）高压设备安装定额内均不包括绝缘台的安装，其工程量应按施工图设计执行相应定额。

（5）高压成套配电柜和箱式变电站的安装以"台"为计量单位，均未包括基础槽钢、母线及引下线的配置安装。

（6）配电设备安装的支架、抱箍及延长轴、轴套、间隔板等，按施工图设计的需要量计算，执行《全国统一安装工程预算定额　第二册》（GYD—202—2000）第四章铁构件制作安装定额或成品价。

（7）绝缘油、六氟化硫气体、液压油等均按设备带有考虑。电气设备以外的加压设备和附属管道的安装应按相应定额另行计算。

（8）配电设备的端子板外部接线，应按相应定额另行计算。

（9）设备安装用的地脚螺栓按土建预埋考虑，不包括二次灌浆。

3.4.3　清单工程量计算规则

工程量清单项目设置及工程量计算规则，应按表3-7的规定执行。

表3-7　配电装置安装（编码：030402）

项目编码	项目名称	项目特征	计量单位	工程量计算规则	工作内容
030402001	油断路器	1. 名称 2. 型号 3. 容量（A） 4. 电压等级（kV） 5. 安装条件 6. 操作机构名称及型号 7. 基础型钢规格 8. 接线材质、规格 9. 安装部位 10. 油过滤要求	台	按设计图示数量计算	1. 本体安装、调试 2. 基础型钢制作、安装 3. 油过滤 4. 补刷（喷）油漆 5. 接地
030402002	真空断路器				1. 本体安装、调试 2. 基础型钢制作、安装 3. 补刷（喷）油漆 4. 接地
030402003	SF$_6$断路器				
030402004	空气断路器	1. 名称 2. 型号 3. 容量（A） 4. 电压等级（kV） 5. 安装条件 6. 操作机构名称及型号 7. 接线材质、规格 8. 安装部位	台		1. 本体安装、调试 2. 基础型钢制作、安装 3. 补刷（喷）油漆 4. 接地
030402005	真空接触器				
030402006	隔离开关		组		1. 本体安装、调试 2. 补刷（喷）油漆 3. 接地
030402007	负荷开关				

项目编码	项目名称	项目特征	计量单位	工程量计算规则	工作内容
030402008	互感器	1. 名称 2. 型号 3. 规格 4. 类型 5. 油过滤要求	台		1. 本体安装、调试 2. 干燥 3. 油过滤 4. 接地
030402009	高压熔断器	1. 名称 2. 型号 3. 规格 4. 安装部位			1. 本体安装、调试 2. 接地
030402010	避雷器	1. 名称 2. 型号 3. 规格 4. 电压等级 5. 安装部位	组	按设计图示数量计算	1. 本体安装 2. 接地
030402011	干式电抗器	1. 名称 2. 型号 3. 规格 4. 质量 5. 安装部位 6. 干燥要求			1. 本体安装 2. 干燥
030402012	油浸电抗器	1. 名称 2. 型号 3. 规格 4. 容量（kV·A） 5. 油过滤要求 6. 干燥要求	台		1. 本体安装 2. 油过滤 3. 干燥
030402013	移相及 串联电容器	1. 名称 2. 型号 3. 规格 4. 质量 5. 安装部位	个		1. 本体安装 2. 接地
030402014	集合式 并联电容器				

项目编码	项目名称	项目特征	计量单位	工程量计算规则	工作内容
030402015	并联补偿电容器组架	1. 名称 2. 型号 3. 规格 4. 结构形式	台	按设计图示数量计算	1. 本体安装 2. 接地
030402016	交流滤波装置组架	1. 名称 2. 型号 3. 规格			
030402017	高压成套配电柜	1. 名称 2. 型号 3. 规格 4. 母线配置方式 5. 种类 6. 基础型钢形式、规格			1. 本体安装 2. 基础型钢制作、安装 3. 补刷（喷）油漆 4. 接地
030402018	组合型成套箱式变电站	1. 名称 2. 型号 3. 容量（kV·A） 4. 电压（kV） 5. 组合形式 6. 基础规格、浇筑材质			1. 本体安装 2. 基础浇筑 3. 进箱母线安装 4. 补刷（喷）油漆 5. 接地

【例 3-3】 如图 3-1 所示一配电工程，层高 2.8m，配电箱安装高度 1.8m，求管线工程。

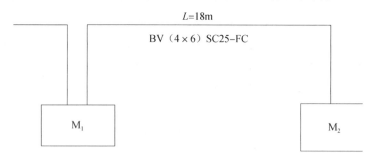

图 3-1　配线工程图

【解】（1）基本工程量：配电箱 M_1 有进出两根立管，所以垂直部分有 3 根管，层高 2.8m，配电箱为 1.8m，所以垂直部分为 2.8－1.8＝1（m）

$$[18＋(2.8－1.8)×3]＝21（m）$$

$$BV6＝21×4＝84（m）$$

（2）清单工程量：

表 3-8　清单工程量计算表

项目编码	项目名称	项目特征描述	计量单位	工程量
030404017001	配电箱	安装高度 1.8m	台	2
030411004001	电气配线	BV(4×6)SC25-FC	m	84

（3）定额工程量：配电箱：2 台

①人工费：$2×41.8=83.6$（元）

②材料费：$2×34.39=68.78$（元）

【例 3-4】　某工程设计动力配电箱三台，其中：一台挂墙安装，型号为 XLX（箱高 0.5m、宽 0.4m、深 0.2m），电源进线为 VV22-1KV4×25（G50），出线为 BV-5×10（G32），共三个回路；另两台落地安装，型号为 XL（F）-15（箱高 1.7m、宽 0.8m、深 0.6m），电源进线为电源进线为 VV22-1KV4×95（G80），出线为 BV-5×16（G32），共四个回路。配电箱基础采用 10 号槽钢制作。试计算工程量并列出工程量清单。

【解】　（1）基本工程量：

1）基础槽钢制作、安装（10 号）：$(0.8+0.6)×2=2.8$（m）

2）压铜接线端子（10mm²）：$5×3=15$（个）

3）压铜接线端子（16mm²）：$5×4×2=40$（个）

（2）清单工程量：

表 3-9　清单工程量计算表

序号	项目编码	项目名称	项目特征描述	计量单位	工程数量
1	030404017001	动力配电箱	型号：XLX，规格：高 0.5m，宽 0.4m，深 0.2m；箱体安装；压铜接线端子	台	1
2	030404017002	动力配电箱	型号：XL（F）-15，规格：高 1.7m，宽 0.8m，深 0.6m；基础槽钢（10 号）制作、安装；箱体安装；压铜接线端子	台	2

（3）定额工程量：

1）基础槽钢制作安装：0.28（10m）

2）压铜接线端子（10mm²）：1.5（10 个）

3）压铜接线端子（16mm²）：2.0（10 个）

4）配电箱安装（XLX）：1 台

5）配电箱安装 [XL（F）-15]：2 台

3.5　母线安装

3.5.1　定额说明

（1）母线安装定额不包括支架、铁构件的制作、安装，发生时执行相应定额。

（2）软母线、带形母线、槽型母线的安装定额内不包括母线、金具、绝缘子等主材，具体可按设计数量加损耗计算。

（3）组合软导线安装定额不包括两端铁构件制作、安装和支持瓷瓶、带形母线的安装，发生时应执行相应定额。其跨距是按标准跨距综合考虑的，如实际跨距与定额不符时不作换算。

（4）软母线安装定额是按单串绝缘子考虑的，如设计为双串绝缘子，其定额人工乘以系数 1.08。

（5）软母线的引下线、跳线、设备连线均按导线截面分别执行定额。不区分引下线、跳线和设备连线。

（6）带形钢母线安装执行铜母线安装定额。

（7）带形母线伸缩节头和铜过渡板均按成品考虑，定额只考虑安装。

（8）高压共箱母线和低压封闭式插接母线槽均按制造厂供应的成品考虑，定额只包含现场安装。封闭式插接母线槽在竖井内安装时，人工和机械乘以系数 2.0。

3.5.2 定额工程量计算规则

（1）悬垂绝缘子串安装，指垂直或 V 形安装的提挂导线、跳线、引下线、设备连接线或设备等所用的绝缘子串安装，按单、双串分别以"串"为计量单位。耐张绝缘子串的安装，已包括在软母线安装定额内。

（2）支持绝缘子安装分别按安装在户内、户外、单孔、双孔、四孔固定，以"个"为计量单位。

（3）穿墙套管安装不分水平、垂直安装，均以"个"为计量单位。

（4）软母线安装，指直接由耐张绝缘子串悬挂部分，按软母线截面大小分别以"跨/三相"为计量单位。设计跨距不同时，不得调整。导线、绝缘子、线夹、弛度调节金具等均按施工图设计用量加定额规定的损耗率计算。

（5）软母线引下线，指由 T 形线夹或并沟线夹从软母线引向设备的连接线，以"组"为计量单位，每三相为一组；软母线经终端耐张线夹引下（不经 T 形线夹或并沟线夹引下）与设备连接的部分均执行引下线定额，不得换算。

（6）两跨软母线间的跳引线安装，以"组"为计量单位，每三相为一组。不论两端的耐张线夹是螺栓式或压接式，均执行软母线跳线定额，不得换算。

（7）设备连接线安装，指两设备间的连接部分。不论引下线、跳线、设备连接线，均应分别按导线截面、三相为一组计算工程量。

（8）组合软母线安装，按三相为一组计算，跨距（包括水平悬挂部分和两端引下部分之和）系以 45m 以内考虑，跨度的长与短不得调整。导线、绝缘子、线夹、金具按施工图设计用量加定额规定的损耗率计算。

（9）软母线安装预留长度按表 3-10 计算。

表 3-10　软母线安装预留长度　　　　　　　　　　　单位：m/根

项目	耐张	跳线	引下线、设备连接线
预留长度	2.5	0.8	0.6

（10）带形母线安装及带形母线引下线安装包括铜排、铝排，分别以不同截面和片数以"m/单相"为计量单位。母线和固定母线的金具均按设计量加损耗率计算。

（11）钢带形母线安装，按同规格的铜母线定额执行，不得换算。

（12）母线伸缩接头及铜过渡板安装，均以"个"为计量单位。

（13）槽形母线安装以"m/单相"为计量单位。槽形母线与设备连接，分别以连接不同的设备以"台"为计量单位。槽形母线及固定槽形母线的金具按设计用量加损耗率计算。壳的大小尺寸以"m"为计量单位，长度按设计共箱母线的轴线长度计算。

（14）低压（指380V以下）封闭式插接母线槽安装，分别按导体的额定电流大小以"m"为计量单位，长度按设计母线的轴线长度计算，分线箱以"台"为计量单位，分别以电流大小按设计数量计算。

（15）重型母线安装包括铜母线、铝母线，分别按截面大小以母线的成品质量以"t"为计量单位。

（16）重型铝母线接触面加工指铸造件需加工接触面时，可以按其接触面大小，分别以"片/单相"为计量单位。

（17）硬母线配置安装预留长度按表3-11的规定计算。

表 3-11　硬母线配置安装预留长度　　　　　　　　　　　单位：m/根

序号	项目	预留长度	说明
1	带形、槽形母线终端	0.3	从最后一个支持点算起
2	带形、槽形母线与分支线连接	0.5	分支线预留
3	带形母线与设备连接	0.5	从设备端子接口算起
4	多片重型母线与设备连接	1.0	从设备端子接口算起
5	槽形母线与设备连接	0.5	从设备端子接口算起

（18）带形母线、槽形母线安装均不包括支持瓷瓶安装和钢构件配置安装，其工程量应分别按设计成品数量执行相应定额。

3.5.3　清单工程量计算规则

工程量清单项目设置及工程量计算规则，应按表3-12的规定执行。

表 3-12　母线安装（编码：030403）

项目编码	项目名称	项目特征	计量单位	工程量计算规则	工作内容
030403001	软母线	1. 名称 2. 材质 3. 型号 4. 规格 5. 绝缘子类型、规格			1. 母线安装 2. 绝缘子耐压试验 3. 跳线安装 4. 绝缘子安装
030403002	组合软母线				
030403003	带形母线	1. 名称 2. 型号 3. 规格 4. 材质 5. 绝缘子类型、规格 6. 穿墙套管材质、规格 7. 穿通板材质、规格 8. 母线桥材质、规格 9. 引下线材质、规格 10. 伸缩节、过渡板材质、规格 11. 分相漆品种	m	按设计图示尺寸以单相长度计算（含预留长度）	1. 母线安装 2. 穿通板制作、安装 3. 支撑绝缘子、穿墙套管的耐压试验、安装 4. 引下线安装 5. 伸缩节安装 6. 过渡板安装 7. 刷分相漆

项目编码	项目名称	项目特征	计量单位	工程量计算规则	工作内容
030403004	槽形母线	1. 名称 2. 型号 3. 规格 4. 材质 5. 连接设备名称、规格 6. 分相漆品种	m	按设计图示尺寸以单相长度计算（含预留长度）	1. 母线制作、安装 2. 与发电机、变压器连接 3. 与断路器、隔离开关连接 4. 刷分相漆
030403005	共箱母线	1. 名称 2. 型号 3. 规格 4. 材质		按设计图示尺寸以中心线长度计算	1. 母线安装 2. 补刷（喷）油漆
030403006	低压封闭式插接母线槽	1. 名称 2. 型号 3. 规格 4. 容量（A） 5. 线制 6. 安装部位			
030403007	始端箱、分线箱	1. 名称 2. 型号 3. 规格 4. 容量（A）	台	按设计图示数量计算	1. 本体安装 2. 补刷（喷）油漆
030403008	重型母线	1. 名称 2. 型号 3. 规格 4. 容量（A） 5. 材质 6. 绝缘子类型、规格 7. 伸缩器及导板规格	t	按设计图示尺寸以质量计算	1. 母线制作、安装 2. 伸缩器及导板制作、安装 3. 支持绝缘子安装 4. 补刷（喷）油漆

【例3-5】 某工程设计要求工程信号盘2块，直流盘4块，共计6块，盘宽900mm，安装小母线，共18根，试计算小母线安装总长度。

【解】 总长度：$6 \times 0.9 \times 18 + 18 \times 6 \times 0.05 = 102.6$（m）

工程量：$102.6 \div 10 = 10.26$（m）

3.6 控制设备及低压电器安装

3.6.1 定额说明

（1）定额包括电气控制设备、低压电器的安装，盘、柜配线，焊（压）接线端子，穿通板制作、安装，基础槽、角钢及各种铁构件、支架制作、安装。

（2）控制设备安装，除限位开关及水位电气信号装置外，其他均未包括支架制作、安装，发生时可执行相应定额。

（3）控制设备安装未包括的工作内容：

1）二次喷漆及喷字。

2）电器及设备干燥。

3）焊（压）接线端子。

4）端子板外部（二次）接线。

（4）屏上辅助设备安装，包括标签框、光字牌、信号灯、附加电阻、连接片等，但不包括屏上开孔工作。

（5）设备的补充油按设备考虑。

（6）各种铁构件制作，均不包括镀锌、镀锡、镀铬、喷塑等其他金属防护费用，发生时应另行计算。

（7）轻型铁构件系指结构厚度在 3mm 以内的构件。

（8）铁构件制作、安装定额适用于定额范围内的各种支架、构件的制作、安装。

3.6.2 定额工程量计算规则

（1）控制设备及低压电器安装均以"台"为计量单位。以上设备安装均未包括基础槽钢、角钢的制作安装，其工程量应按相应定额另行计算。

（2）铁构件制作安装均按施工图设计尺寸，以成品质量"kg"为计量单位。

（3）网门、保护网制作安装，按网门或保护网设计图示的框外围尺寸，以"m²"为计量单位。

（4）盘柜配线分不同规格，以"m"为计量单位。

（5）盘、箱、柜的外部进出线预留长度按表 3-13 计算。

表 3-13　盘、箱、柜的外部进出线预留长度　　　　　　　　单位：m/根

序号	项目	预留长度	说明
1	各种箱、柜、盘、板、盒	高＋宽	盘面尺寸
2	单独安装的铁壳开关、自动开关、刀开关、启动器、箱式电阻器、变阻器	0.5	从安装对象中心算起
3	继电器、控制开关、信号灯、按钮、熔断器等小电器	0.3	从安装对象中心算起
4	分支接头	0.2	分支线预留

（6）配电板制作安装及包铁皮，按配电板图示外形尺寸，以"m²"为计量单位。

（7）焊（压）接线端子定额只适用于导线。电缆终端头制作安装定额中已包括压接线端子，不得重复计算。

（8）端子板外部接线按设备盘、箱柜、台的外部接线图计算，以"个头"为计量单位。

（9）盘、柜配线定额只适用于盘上小设备元件的少量现场配线，不适用于工厂的设备修、配、改工程。

3.6.3 清单工程量计算规则

工程量清单项目设置及工程量计算规则，应按表 3-14 的规定执行。

表 3-14　控制设备及低压电器安装（编码：030404）

项目编码	项目名称	项目特征	计量单位	工程量计算规则	工作内容
030404001	控制屏				1. 本体安装 2. 基础型钢制作、安装 3. 端子板安装 4. 焊、压接线端子 5. 盘柜配线、端子接线 6. 小母线安装 7. 屏边安装 8. 补刷（喷）油漆 9. 接地
030404002	继电、信号屏				
030404003	模拟屏				
030404004	低压开关柜（屏）	1. 名称 2. 型号 3. 规格 4. 种类 5. 基础型钢形式、规格 6. 接线端子材质、规格 7. 端子板外部接线材质、规格 8. 小母线材质、规格 9. 屏边规格	台	按设计图示数量计算	1. 本体安装 2. 基础型钢制作、安装 3. 端子板安装 4. 焊、压接线端子 5. 盘柜配线、端子接线 6. 屏边安装 7. 补刷（喷）油漆 8. 接地
030404005	弱电控制返回屏				1. 本体安装 2. 基础型钢制作、安装 3. 端子板安装 4. 焊、压接线端子 5. 盘柜配线、端子接线 6. 小母线安装 7. 屏边安装 8. 补刷（喷）油漆 9. 接地

项目编码	项目名称	项目特征	计量单位	工程量计算规则	工作内容
030404006	箱式配电室	1. 名称 2. 型号 3. 规格 4. 质量 5. 基础规格、浇筑材质 6. 基础型钢形式、规格	套		1. 本体安装 2. 基础型钢制作、安装 3. 基础浇筑 4. 补刷（喷）油漆 5. 接地
030404007	硅整流柜	1. 名称 2. 型号 3. 规格 4. 容量（A） 5. 基础型钢形式、规格			1. 本体安装 2. 基础型钢制作、安装 3. 补刷（喷）油漆 4. 接地
030404008	可控硅柜	1. 名称 2. 型号 3. 规格 4. 容量（kW） 5. 基础型钢形式、规格		按设计图示数量计算	
030404009	低压电容器柜	1. 名称 2. 型号 3. 规格 4. 基础型钢形式、规格 5. 接线端子材质、规格 6. 端子板外部接线材质、规格 7. 小母线材质、规格 8. 屏边规格	台		1. 本体安装 2. 基础型钢制作、安装 3. 端子板安装 4. 焊、压接线端子 5. 盘柜配线、端子接线 6. 小母线安装 7. 屏边安装 8. 补刷（喷）油漆 9. 接地
030404010	自动调节励磁屏				
030404011	励磁灭磁屏				
030404012	蓄电池屏（柜）				
030404013	直流馈电屏				
030404014	事故照明切换屏				
030404015	控制台	1. 名称 2. 型号 3. 规格 4. 基础型钢形式、规格 5. 接线端子材质、规格 6. 端子板外部接线材质、规格 7. 小母线材质、规格			1. 本体安装 2. 基础型钢制作、安装 3. 端子板安装 4. 焊、压接线端子 5. 盘柜配线、端子接线 6. 小母线安装 7. 补刷（喷）油漆 8. 接地

项目编码	项目名称	项目特征	计量单位	工程量计算规则	工作内容
030404016	控制箱	1. 名称 2. 型号 3. 规格 4. 基础形式、材质、规格	台	按设计图示数量计算	1. 本体安装 2. 基础型钢制作、安装 3. 焊、压接线端子 4. 补刷（喷）油漆 5. 接地
030404017	配电箱	5. 接线端子材质、规格 6. 端子板外部接线材质、规格 7. 安装方式			
030404018	插座箱	1. 名称 2. 型号 3. 规格 4. 安装方式			1. 本体安装 2. 接地
030404019	控制开关	1. 名称 2. 型号 3. 规格 4. 接线端子材质、规格 5. 额定电流（A）	个		
030404020	低压熔断器	1. 名称 2. 型号 3. 规格 4. 接线端子材质、规格	台		1. 本体安装 2. 焊、压接线端子 3. 接线
030404021	限位开关				
030404022	控制器				
030404023	接触器				
030404024	磁力启动器				
030404025	Y-△自耦减压启动器				
030404026	电磁铁（电磁制动器）				
030404027	快速自动开关				
030404028	电阻器		箱		
030404029	油浸频敏变阻器		台		
030404030	分流器	1. 名称 2. 型号 3. 规格 4. 容量（A） 5. 接线端子材质、规格	个		

项目编码	项目名称	项目特征	计量单位	工程量计算规则	工作内容
030404031	小电器	1. 名称 2. 型号 3. 规格 4. 接线端子材质、规格	个 （套、台）		1. 本体安装 2. 焊、压接线端子 3. 接线
030404032	端子箱	1. 名称 2. 型号 3. 规格 4. 安装部位	台	按设计图示数量计算	1. 本体安装 2. 接线
030404033	风扇	1. 名称 2. 型号 3. 规格 4. 安装方式			1. 本体安装 2. 调速开关安装
030404034	照明开关	1. 名称 2. 材质 3. 规格 4. 安装方式	个		1. 本体安装 2. 接线
030404035	插座				
030404036	其他电器	1. 名称 2. 规格 3. 安装方式	个 （套、台）		1. 安装 2. 接线

【例3-6】　某工程设计安装一台控制屏，该屏为成品，内部配线已做好。设计要求需做基础槽钢和进出的接线。试编制控制屏的工程量清单。

【解】　控制屏的工程量清单见表3-15。

表3-15　分部分项工程量清单

工程名称：××工程　　　　　　　　　　　　　　　　　　　　　　　　第　页　共　页

项目编码	项目名称	项目特征描述	计量单位	工程数量
030404001001	控制屏安装	基础槽钢制作、安装；焊、压接线端子	台	1

【例3-7】　某8层楼建筑工程的通讯电话系统图如图3-2、图3-3所示，该楼层高为3m，控制中心设在第一层，设备均安装在第一层，为落地安装，出线从地沟，然后引到线槽处，垂直到每层楼的电气元件，电话设置50门程控交换机，每层设置4对电话和线箱一个，本楼用50门。试计算通讯电话系统的各工程量。

【解】　（1）基本工程量：电信交接箱：1台

线槽：24m　垂直高度

通讯电缆：1）HYV-50×2×0.5：6+24=30（m）

2) HYV-5×2×0.5：2×8＝16（m）

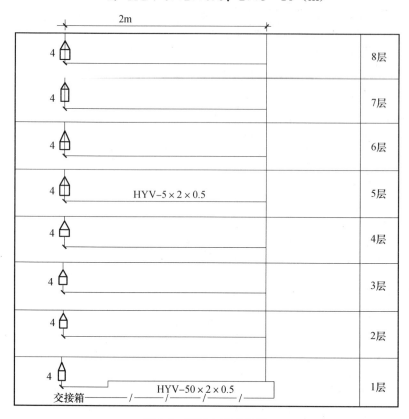

图 3-2　通讯电话系统图

图 3-3　室内电话分线箱

（2）清单工程量（表 3-16）：

表 3-16　清单工程量计算表

序号	项目编码	项目名称	项目特征描述	计量单位	工程量
1	031103005001	塑料线槽	2.5mm² 以内（单线）	m	24
2	031103009001	墙壁电缆	HYV-50×2×0.5	m	46
3	031103023001	交接箱		个	1

（3）定额工程量：

1）电信交接箱：

①人工费：1/10×299.54＝29.95（元）

②材料费：1/10×43.29＝4.33（元）

2）钢制槽式桥架：

①人工费：24/10×73.84＝177.22（元）

②材料费：24/10×24.61＝59.06（元）

③机械费：24/10×6.22＝14.93（元）

3）线槽配线 2.5mm² 以内（单线）：

①人工费：30/100×23.45＝7.04（元）

②材料费：30/100×3.02＝0.91（元）

3.7 蓄电池安装

3.7.1 定额说明

（1）蓄电池安装定额适用于220V以下各种容量的碱性和酸性固定型蓄电池及其防振支架安装、蓄电池充放电。

（2）蓄电池防振支架按随设备供货考虑，安装按地坪打眼装膨胀螺栓固定。

（3）蓄电池电极连接条、紧固螺栓、绝缘垫，均按设备带有考虑。

（4）蓄电池安装定额不包括蓄电池抽头连接用电缆及电缆保护管的安装，发生时应执行相应项目。

（5）碱性蓄电池补充电解液由厂家随设备供货。铅酸蓄电池的电解液已包括在定额内，不另行计算。

（6）蓄电池充放电电量已计入定额，不论酸性、碱性电池均按其电压和容量执行相应项目。

3.7.2 定额工程量计算规则

（1）铅酸蓄电池和碱性蓄电池安装，分别按容量大小以单体蓄电池"个"为计量单位，按施工图设计的数量计算工程量。定额内已包括了电解液的材料消耗，执行时不得调整。

（2）免维护蓄电池安装以"组件"为计量单位。其具体计算如下例：

某项工程设计一组蓄电池为220V/500A·h，由12V的组件18个组成，那么就应该套用12V/500A·h的定额18组件。

（3）蓄电池充放电按不同容量以"组"为计量单位。

3.7.3 清单工程量计算规则

工程量清单项目设置及工程量计算规则，应按表3-17的规定执行。

表 3-17 蓄电池安装（编码：030405）

项目编码	项目名称	项目特征	计量单位	工程量计算规则	工程内容
030405001	蓄电池	1. 名称 2. 型号 3. 容量（A·h） 4. 防震支架形式、材质 5. 充放电要求	个 （组件）	按设计图示数量计算	1. 本体安装 2. 防震支架安装 3. 充放电
030405002	太阳能电池	1. 名称 2. 型号 3. 规格 4. 容量 5. 安装方式	组		1. 安装 2. 电池方阵铁架安装 3. 联调

【例 3-8】 某工程设计安装蓄电池 10 个，试编制蓄电池的工程量清单。

【解】 控制屏的工程量清单见表 3-18。

表 3-18　分部分项工程量清单

工程名称：××工程

项目编码	项目名称	项目特征描述	计量单位	工程数量
030405001	蓄电池	名称、型号；容量	个	10

3.8　电机及滑触线安装

3.8.1　定额说明

1. 电机安装定额说明

（1）电机及滑触线安装定额中的专业术语"电机"系指发电机和电动机的统称。如小型电机检查接线定额，适用于同功率的小型发电机和小型电动机的检查接线，定额中的电机功率系指电机的额定功率。

（2）直流发电机组和多台一串的机组，可按单台电机分别执行相应定额。

（3）电机及滑触线安装的电机检查接线定额，除发电机和调相机外，均不包括电机的干燥工作，发生时应执行电机干燥定额。电机及滑触线安装的电机干燥定额系按一次干燥所需的人工、材料、机械消耗量考虑。

（4）单台质量在 3t 以下的电机为小型电机，单台质量超过 3t 至 30t 以下的电机为中型电机，单台质量在 30t 以上的电机为大型电机。大中型电机不分交、直流电机，一律按电机质量执行相应定额。

（5）微型电机分为三类：驱动微型电机（分马力电机）系指微型异步电动机、微型同步电动机、微型交流换向器电动机、微型直流电动机等，控制微型电机系指自整角机、旋转变压器、交直流测速发电机、交直流伺服电动机、步进电动机、力矩电动机等，电源微型电机系指微型电动发电机组和单枢变流机等。其他小型电机（凡功率在 0.75kW 以下的电机）均执行微型电机定额，但一般民用小型交流电风扇安装另执行定额第十二章的风扇安装定额。

（6）各类电机的检查接线定额均不包括控制装置的安装和接线。

（7）电机的接地线材质至今技术规范尚无新规定，《全国统一安装工程预算定额　第二册》（GYD—202—2000）仍是沿用镀锌扁钢（25×4）编制的。如采用铜接地线时，主材（导线和接头）应更换，但安装人工和机械不变。

（8）电机安装执行《机械设备安装工程》（GYD—201—2000）的电机安装定额，其电机的检查接线和干燥执行定额。

（9）各种电机的检查接线，规范要求均需配有相应的金属软管，如设计有规定的，按设计规格和数量计算。譬如，设计要求用包塑金属软管、阻燃金属软管或采用铝合金软管接头等，均按设计计算。设计没有规定时，平均每台电机配金属软管 1～1.5m（平均按 1.25m）。电机的电源线为导线时，应执行定额第四章的焊（压）接线端子定额。

2. 滑触线安装定额说明

（1）起重机的电气装置系按未经生产厂家成套安装和试运行考虑的，因此起重机的电机和各种开关、控制设备、管线及灯具等，均按分部分项定额编制预算。

（2）滑触线支架的基础铁件及螺栓，按土建预埋考虑。

（3）滑触线及支架的油漆，均按涂一遍考虑。

（4）移动软电缆敷设未包括轨道安装及滑轮制作。

（5）滑触线的辅助母线安装，执行"车间带形母线"安装定额。

（6）滑触线伸缩器和坐式电车绝缘子支持器的安装，已分别包括在"滑触线安装"和"滑触线支架安装"定额内，不另行计算。

（7）滑触线及支架安装是按 10m。以下标高考虑的，如超过 10m 时，按定额说明的超高系数计算。

（8）铁构件制作，执行《全国统一安装工程预算定额　第二册电气设备安装工程》（GYD—202—2000）第四章的相应项目。

3.8.2　定额工程量计算规则

（1）发电机、调相机、电动机的电气检查接线，均以"台"为计量单位。直流发电机组和多台一串的机组，按单台电机分别执行定额。

（2）起重机上的电气设备、照明装置和电缆管线等安装，均执行定额的相应定额。

（3）滑触线安装以"m/单相"为计量单位，其附加和预留长度按表 3-19 的规定计算。

表 3-19　滑触线安装附加和预留长度　　　　　单位：m/根

序号	项目	预留长度	说明
1	圆钢、铜母线与设备连接	0.2	从设备接线端子接口起算
2	圆钢、滑触线终端	0.5	从最后一个固定点起算
3	角钢滑触线终端	1.0	从最后一个支持点起算
4	扁钢滑触线终端	1.3	从最后一个固定点起算
5	扁钢母线分支	0.5	分支线预留
6	扁钢母线与设备连接	0.5	从设备接线端子接口起算
7	轻轨滑触线终端	0.8	从最后一个支持点起算
8	安全节能及其他滑触线终端	0.5	从最后一个固定点起算

（4）电气安装规范要求每台电机接线均需要配金属软管，设计有规定的，按设计规格和数量计算；设计没有规定的，平均每台电机配相应规格的金属软管 1.25m 和与之配套的金属软管专用活接头。

（5）电机检查接线定额，除发电机和调相机外，均不包括电机干燥，发生时其工程量应按电机干燥定额另行计算。电机干燥定额系按一次干燥所需的工、料、机消耗量考虑，在特别潮湿的地方，电机需要进行多次干燥，应按实际干燥次数计算。在气候干燥、电机绝缘性能良好、符合技术标准而不需要干燥时，则不计算干燥费用。实行包干的工程，可参照以下比例，由有关各方协商而定：

  1）低压小型电机 3kW 以下，按 25％的比例考虑干燥。

  2）低压小型电机 3kW 以上至 220kW，按 30％～50％考虑干燥。

  3）大中型电机按 100％考虑一次干燥。

  （6）电机解体检查定额，应根据需要选用。如不需要解体时，可只执行电机检查接线定额。

  （7）电机定额的界线划分：单台电机质量在 3t 以下的，为小型电机；单台电机质量在 3t 以上至 30t 以下的，为中型电机；单台电机质量在 30t 以上的为大型电机。

  （8）小型电机按电机类别和功率大小执行相应定额，大、中型电机不分类别一律按电机质量执行相应定额。

  （9）与机械同底座的电机和装在机械设备上的电机安装，执行《机械设备安装工程》（GYD—201—2000）的电机安装定额；独立安装的电机，执行电机安装定额。

3.8.3　清单工程量计算规则

  工程量清单项目设置及工程量计算规则，应按表 3-20、表 3-21 的规定执行。

表 3-20　电机检查接线及调试（编码：030406）

项目编码	项目名称	项目特征	计量单位	工程量计算规则	工作内容
030406001	发电机	1. 名称 2. 型号 3. 容量（kW） 4. 接线端子材质、规格 5. 干燥要求	台	按设计图示数量计算	1. 检查接线 2. 接地 3. 干燥 4. 调试
030406002	调相机				
030406003	普通小型直流电动机				
030406004	可控硅调速直流电动机	1. 名称 2. 型号 3. 容量（kW） 4. 类型 5. 接线端子材质、规格 6. 干燥要求			
030406005	普通交流同步电动机	1. 名称 2. 型号 3. 容量（kW） 4. 启动方式 5. 电压等级（kV） 6. 接线端子材质、规格 6. 干燥要求			

项目编码	项目名称	项目特征	计量单位	工程量计算规则	工作内容
030406006	低压交流异步电动机	1. 名称 2. 型号 3. 容量（kW） 4. 控制保护方式 5. 接线端子材质、规格 6. 干燥要求	台	按设计图示数量计算	1. 检查接线 2. 接地 3. 干燥 4. 调试
030406007	高压交流异步电动机	1. 名称 2. 型号 3. 容量（kW） 4. 保护类别 5. 接线端子材质、规格 6. 干燥要求			
030406008	交流变频调速电动机	1. 名称 2. 型号 3. 容量（kW） 4. 类别 5. 接线端子材质、规格 6. 干燥要求			
030406009	微型电机、电加热器	1. 名称 2. 型号 3. 规格 4. 接线端子材质、规格 5. 干燥要求			
030406010	电动机组	1. 名称 2. 型号 3. 电动机台数 4. 联锁台数 5. 接线端子材质、规格 6. 干燥要求	组		
030406011	备用励磁机组	1. 名称 2. 型号 3. 接线端子材质、规格 4. 干燥要求			
030406012	励磁电阻器	1. 名称 2. 型号 3. 规格 4. 接线端子材质、规格 5. 干燥要求	台		1. 本体安装 2. 检查接线 3. 干燥

表 3-21　滑触线装置安装（编码：030407）

项目编码	项目名称	项目特征	计量单位	工程量计算规则	工作内容
030407001	滑触线	1. 名称 2. 型号 3. 规格 4. 材质 5. 支架形式、材质 6. 移动软电缆材质、规格、安装部位 7. 拉紧装置类型 8. 伸缩接头材质、规格	m	按设计图示尺寸以单相长度计算（含预留长度）	1. 滑触线安装 2. 滑触线支架制作、安装 3. 拉紧装置及挂式支持器制作、安装 4. 移动软电缆安装 5. 伸缩接头制作、安装

【例 3-9】　如图 3-4、图 3-5 所示某工程电气动力滑触线安装工程图，滑触线 L 50×50×5，每米重 3.77kg，采用螺栓固定；滑触线 L 40×40×4，每米重 2.422kg，两端设置指示灯。试计算其工程量。

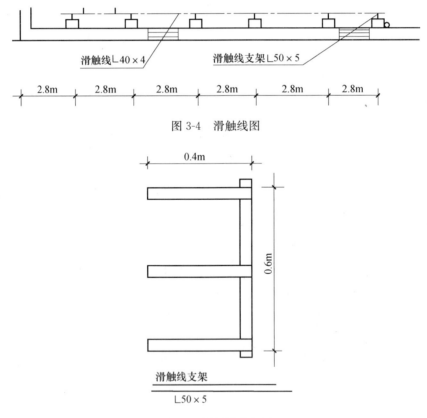

图 3-4　滑触线图

图 3-5　滑触线支架图

【解】　（1）基本工程量：

1）滑触线安装 L 40×40×4：（2.8×5+1+1）×3＝48（m）

2）滑触线支架制作 L 50×50×5：3.77×（0.6+0.4×3）×6＝40.7（kg）

3）滑触线支架安装 L 50×50×5：6 副

70

4）滑触线指示灯安装：2 套

（2）清单工程量：

表 3-22　清单工程量计算表

表 3-22　清单工程量计算表

项目编码	项目名称	项目特征描述	计量单位	工程量
030407001001	滑触线	40×40×4，每米重 2.422kg	m	48

（3）定额工程量：

1）滑触线安装 L 40×40×4：

①人工费：48/100×417.96＝200.6（元）

②材料费：48/100×119.83＝57.52（元）

③机械费：48/100×39.24＝18.84（元）

2）滑触线支架安装：

①人工费：6/10×81.27＝48.76（元）

②材料费：6/10×988.32＝592.99（元）

3）滑触线指示灯安装：

①人工费：2/10×5.8＝1.16（元）

②材料费：2/10×39.49＝7.9（元）

③机械费：2/10×0.71＝0.14（元）

3.9　电缆安装

3.9.1　定额说明

（1）电缆敷设定额适用于 10kV 以下的电力电缆和控制电缆敷设。定额系按平原地区和厂内电缆工程的施工条件编制的，未考虑在积水区、水底、井下等特殊条件下的电缆敷设。

（2）电缆在一般山地、丘陵地区敷设时，其定额人工乘以系数 1.3。该地段所需的施工材料如固定桩、夹具等按实另计。

（3）电缆敷设定额未考虑因波形敷设增加长度、弛度增加长度、电缆绕梁（柱）增加长度以及电缆与设备连接、电缆接头等必要的预留长度，该增加长度应计入工程量之内。

（4）这里的电力电缆头定额均按铝芯电缆考虑，铜芯电力电缆头按同截面电缆头定额乘以系数 1.2，双屏蔽电缆头制作、安装，人工乘以系数 1.05。

（5）电力电缆敷设定额均按三芯（包括三芯连地）考虑，5 芯电力电缆敷设定额乘以系数 1.3，6 芯电力电缆乘以系数 1.6，每增加一芯定额增加 30%，以此类推。单芯电力电缆敷设按同截面电缆定额乘以 0.67。截面 400mm² 以上至 800mm² 的单芯电力电缆敷设，按 400mm² 电力电缆定额执行。240mm² 以上的电缆头的接线端子为异型端子，需要单独加工，应按实际加工价计算（或调整定额价格）。

（6）电缆沟挖填方定额亦适用于电气管道沟等的挖填方工作。

（7）桥架安装：

1）桥架安装包括运输、组合、螺栓或焊接固定、弯头制作、附件安装、切割口防腐、桥式或托板式开孔、上管件隔板安装、盖板及钢制梯式桥架盖板安装。

2）桥架支撑架定额适用于立柱、托臂及其他各种支撑架的安装。定额已综合考虑了采用螺栓、焊接和膨胀螺栓三种固定方式。实际施工中，不论采用何种固定方式，定额均不作调整。

3）玻璃钢梯式桥架和铝合金梯式桥架定额均按不带盖考虑。如这两种桥架带盖，则分别执行玻璃钢槽式桥架定额和铝合金槽式桥架定额。

4）钢制桥架主结构设计厚度大于 3mm 时，定额人工、机械乘以系数 1.2。

5）不锈钢桥架按钢制桥架定额乘以系数 1.1。

（8）电缆敷设定额系综合定额，已将裸包电缆、铠装电缆、屏蔽电缆等因素考虑在内。因此，凡 10kV 以下的电力电缆和控制电缆均不分结构形式和型号，一律按相应的电缆截面和芯数执行定额。

（9）电缆敷设定额及其相配套的定额中均未包括主材（又称装置性材料），另按设计和工程量计算规则加上定额规定的损耗率计算主材费用。

（10）直径 $\phi100$ 以下的电缆保护管敷设执行配管配线有关定额。

（11）电缆定额未包括的工作内容。

1）隔热层、保护层的制作、安装。

2）电缆冬季施工的加温工作和在其他特殊施工条件下的施工措施费和施工降效增加费。

3.9.2 定额工程量计算规则

（1）直埋电缆的挖、填土（石）方，除特殊要求外，可按表 3-23 计算土方量。

表 3-23 直埋电缆的挖、填土（石）方量

项目	电缆根数	
	1～2	每增一根
每米沟长挖方量（m³）	0.45	0.153

注：1. 两根以内的电缆沟，系按上口宽度 600mm、下口宽度 400mm、深度 900mm 计算的常规土方量（深度按规范的最低标准）。

2. 每增加一根电缆，其宽度增加 170mm。

3. 以上土方量系按埋深从自然地坪起算，如设计埋深超过 900mm 时，多挖的土方量应另行计算。

（2）电缆沟盖板揭、盖定额，按每揭或每盖一次以延长米计算，如又揭又盖，则按两次计算。

（3）电缆保护管长度，除按设计规定长度计算外，遇有下列情况，应按以下规定增加保护管长度：

1）横穿道路，按路基宽度两端各增加 2m。

2）垂直敷设时，管口距地面增加 2m。

3）穿过建筑物外墙时，按基础外缘以外增加 1m。

4）穿过排水沟时，按沟壁外缘以外增加 1m。

（4）电缆保护管埋地敷设，其土方量凡有施工图注明的，按施工图计算；无施工图的，一般按沟深 0.9m、沟宽按最外边的保护管两侧边缘外各增加 0.3m 工作面计算。

（5）电缆敷设按单根以延长米计算，一个沟内（或架上）敷设三根各长 100m 的电缆，应按 300m 计算，以此类推。

（6）电缆敷设长度应根据敷设路径的水平和垂直敷设长度，按表 3-24 规定增加附加长度。

表 3-24 电缆敷设的附加长度

序号	项目	预留长度（附加）	说明
1	电缆敷设弛度、波形弯度、交叉	2.5%	按电缆全长计算
2	电缆进入建筑物	2.0m	规范规定最小值
3	电缆进入沟内或吊架时引上（下）预留	1.5m	规范规定最小值
4	变电所进线、出线	1.5m	规范规定最小值
5	电力电缆终端头	1.5m	检修余量最小值
6	电缆中间接头盒	两端各留 2.0m	检修余量最小值
7	电缆进控制、保护屏及模拟盘等	高＋宽	按盘面尺寸
8	高压开关柜及低压配电盘、箱	2.0m	盘下进出线
9	电缆至电动机	0.5m	从电机接线盒起算
10	厂用变压器	3.0m	从地坪起算
11	电缆绕过梁柱等增加长度	按实计算	按被绕物的断面情况计算增加长度
12	电梯电缆与电缆架固定点	每处 0.5m	规范最小值

注：电缆附加及预留的长度是电缆敷设长度的组成部分，应计入电缆长度工程量之内。

（7）电缆终端头及中间头均以"个"为计量单位。电力电缆和控制电缆均按一根电缆有两个终端头考虑。中间电缆头设计有图示的，按设计确定；设计没有规定的，按实际情况计算（或按平均 250m 一个中间头考虑）。

（8）桥架安装，以"10m"为计量单位。

（9）吊电缆的钢索及拉紧装置，应按相应定额另行计算。

（10）钢索的计算长度以两端固定点的距离为准，不扣除拉紧装置的长度。

（11）电缆敷设及桥架安装，应按定额说明的综合内容范围计算。

3.9.3 清单工程量计算规则

工程量清单项目设置及工程量计算规则，应按表 3-25 的规定执行。

表 3-25 电缆安装（编码：030408）

项目编码	项目名称	项目特征	计量单位	工程量计算规则	工作内容
030408001	电力电缆	1. 名称 2. 型号 3. 规格 4. 材质 5. 敷设方式、部位 6. 电压等级（kV） 7. 地形		按设计图示尺寸以长度计算（含预留长度及附加长度）	1. 电缆敷设 2. 揭（盖）盖板
030408002	控制电缆				
030408003	电缆保护管	1. 名称 2. 材质 3. 规格 4. 敷设方式	m	按设计图示尺寸以长度计算	保护管敷设
030408004	电缆槽盒	1. 名称 2. 材质 3. 规格 4. 型号			槽盒安装
030408005	铺砂、盖保护板（砖）	1. 种类 2. 规格			1. 铺砂 2. 盖板（砖）

项目编码	项目名称	项目特征	计量单位	工程量计算规则	工作内容
030408006	电力电缆头	1. 名称 2. 型号 3. 规格 4. 材质、类型 5. 安装部位 6. 电压等级（kV）	个	按设计图示数量计算	1. 电力电缆头制作 2. 电力电缆头安装 3. 接地
030408007	控制电缆头	1. 名称 2. 型号 3. 规格 4. 材质、类型 5. 安装方式			
030408008	防火堵洞	1. 名称 2. 材质 3. 方式 4. 部位	处	按设计图示数量计算	安装
030408009	防火隔板		m²	按设计图示尺寸以面积计算	
030408010	防火涂料		kg	按设计图示尺寸以质量计算	
030408011	电缆分支箱	1. 名称 2. 型号 3. 规格 4. 基础形式、材质、规格	台	按设计图示数量计算	1. 本体安装 2. 基础制作、安装

【例 3-10】 建筑内某低压配电柜与配电箱之间的水平距离为 18m，配电线路采用五芯电力电缆 VV-3×25＋2×16，在电缆沟内敷设，电缆沟的深度为 0.8m、宽度为 0.6m，配电柜为落地式，配电箱为悬挂嵌入式，箱底边距地面为 1.3m，试编制电力电缆的工程量清单。

【解】（1）清单工程量：18＋0.8＋0.8＋1.3＝20.9（m）

（2）电力电缆的工程量清单见表 3-26。

表 3-26 分部分项工程量清单

工程名称：××工程　　　　　　　　　　　　　　　　　　　　　　　　　第　页　共　页

项目编码	项目名称	项目特征描述	计量单位	工程量
030408001001	电力电缆安装	1kV-VV3×25＋2×16；电缆沟盖盖板；干包式电缆终端头制作安装	m	20.9

【例 3-11】 如图 3-6 所示，某车间电源配电箱 DLX（1.5m×0.8m）安装在 10 号基础槽钢上，车间内另一设备用配电线一台（0.8m×0.5m）墙上暗装，其电源有 DLX 以 2R-VV4×50＋1×16 穿电镀管 DN90 沿地面敷设引来（电缆、电镀管长 23m）时计算工程量并编制工程量清单。

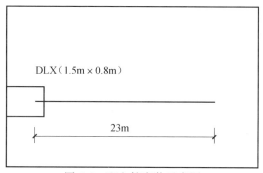

DLX（1.5m×0.8m）

23m

图 3-6　配电箱安装示意图

【解】（1）基本工程量：

1）铜芯电力电缆敷设：（23＋2×2＋1.5×2）×（0.8＋2.5%）＝24.75（m）

2）干包终端头制作：2个

（2）清单工程量：

表 3-27　清单工程量计算表

序号	项目编码	项目名称	项目特征描述	单位	工程量
1	030408001001	电力电缆	铜芯电力电缆	m	24.75

（3）定额工程量：

1）铜芯电力电缆敷设：

①人工费：24.75/100×163.24＝40.4（元）

②材料费：24.75/100×164.03＝40.6（元）

③机械费：24.75/100×5.15＝1.27（元）

2）干包终端头制作：

①人工费：2×12.77＝25.54（元）

②材料费：2×67.14＝134.28（元）

3.10　防雷及接地装置安装

3.10.1　定额说明

（1）防雷及接地装置安装定额适用于建筑物、构筑物的防雷接地，变配电系统接地、设备接地以应避雷针的接地装置。

（2）户外接地母线敷设定额系按自然地坪和一般土质综合考虑的，包括地沟的挖填土和夯实工作，执行《全国统一安装工程预算定额　第二册电气设备安装工程》（GYD—202—2000）时不应再计算土方量。如遇有石方、矿渣、积水、障碍物等情况时可另行计算。

（3）防雷及接地装置安装定额不适于采用爆破法施工敷设接地线、安装接地极，也不包括高土壤电阻率地区采用换土或化学处理的接地装置及接地电阻的测定工作。

（4）防雷及接地装置安装定额中，避雷针的安装、半导体少长针消雷装置安装，均已考虑了高空作业的因素。

（5）独立避雷针的加工制作执行"一般铁构件"制作定额。

（6）防雷均压环安装定额是按利用建筑物圈梁内主筋作为防雷接地连接线考虑的。如果采用单独扁钢或圆钢明敷作均压环时，可执行"户内接地母线敷设"定额。

(7) 利用铜绞线作接地引下线时，配管、穿铜绞线执行《全国统一安装工程预算定额第二册电气设备安装工程》(GYD—202—2000) 中同规格的相应项目。

3.10.2 定额工程量计算规则

(1) 接地极制作安装以"根"为计量单位，其长度按设计长度计算。设计无规定时，每根长度按 2.5m 计算。若设计有管帽时，管帽另按加工件计算。

(2) 接地母线敷设，按设计长度以"m"为计量单位计算工程量。接地母线、避雷线敷设，均按延长米计算，其长度按施工图设计水平和垂直规定长度另加 3.9%的附加长度(包括转弯、上下波动、避绕障碍物、搭接头所占长度)计算。计算主材费时应另增加规定的损耗率。

(3) 接地跨接线以"处"为计量单位。按规程规定，凡需接地跨接线的工程内容，每跨接一次按一处计算。户外配电装置构架均需接地，每副构架按"一处"计算。

(4) 避雷针的加工制作、安装，以"根"为计量单位，独立避雷针安装以"基"为计量单位。长度、高度、数量均按设计规定。独立避雷针的加工制作应执行"一般铁件"制作定额或按成品计算。

(5) 半导体少长针消雷装置安装以"套"为计量单位，按设计安装高度分别执行相应定额。装置本身由设备制造厂成套供货。

(6) 利用建筑物内主筋作接地引下线安装，以"10m"为计量单位，每一柱子内按焊接两根主筋考虑。如果焊接主筋数超过两根时，可按比例调整。

(7) 断接卡子制作安装以"套"为计量单位，按设计规定装设的断接卡子数量计算。接地检查井内的断接卡子安装按每井一套计算。

(8) 高层建筑物屋顶的防雷接地装置应执行"避雷网安装"定额，电缆支架的接地线安装应执行"户内接地母线敷设"定额。

(9) 均压环敷设以"m"为单位计算，主要考虑利用圈梁内主筋作均压环接地连线，焊接按两根主筋考虑。超过两根时，可按比例调整。长度按设计需要作均压接地的圈梁中心线长度，以延长米计算。

(10) 钢、铝窗接地以"处"为计量单位(高层建筑六层以上的金属窗设计一般要求接地)，按设计规定接地的金属窗数进行计算。

(11) 柱子主筋与圈梁连接以"处"为计量单位，每处按两根主筋与两根圈梁钢筋分别焊接连接考虑。如果焊接主筋和圈梁钢筋超过两根时，可按比例调整；需要连接的柱子主筋和圈梁钢筋"处"数按规定设计计算。

3.10.3 清单工程量计算规则

工程量清单项目设置及工程量计算规则，应按表 3-28 的规定执行。

表 3-28　防雷及接地装置 (编码：030409)

项目编码	项目名称	项目特征	计量单位	工程量计算规则	工作内容
030409001	接地极	1. 名称 2. 材质 3. 规格 4. 土质 5. 基础接地形式	根 (块)	按设计图示数量计算	1. 接地极(板、桩)制作、安装 2. 基础接地网安装 3. 补刷(喷)油漆

项目编码	项目名称	项目特征	计量单位	工程量计算规则	工作内容
030409002	接地母线	1. 名称 2. 材质 3. 规格 4. 安装部位 5. 安装形式	m	按设计图示尺寸以长度计算（含附加长度）	1. 接地母线制作、安装 2. 补刷（喷）油漆
030409003	避雷引下线	1. 名称 2. 材质 3. 规格 4. 安装部位 5. 安装形式 6. 断接卡子、箱材质、规格			1. 避雷引下线制作、安装 2. 断接卡子、箱制作、安装 3. 利用主钢筋焊接 4. 补刷（喷）油漆
030409004	均压环	1. 名称 2. 材质 3. 规格 4. 安装形式			1. 均压环敷设 2. 钢铝窗接地 3. 柱主筋与圈梁焊接 4. 利用圈梁钢筋焊接 5. 补刷（喷）油漆
030409005	避雷网	1. 名称 2. 材质 3. 规格 4. 安装形式 5. 混凝土块标号			1. 避雷网制作、安装 2. 跨接 3. 混凝土块制作 4. 补刷（喷）油漆
030409006	避雷针	1. 名称 2. 材质 3. 规格 4. 安装形式、高度	根	按设计图示数量计算	1. 避雷针制作、安装 2. 跨接 3. 补刷（喷）油漆
030409007	半导体少长针消雷装置	1. 型号 2. 高度	套		本体安装
030409008	等电位端子箱、测试板	1. 名称 2. 材质 3. 规格	台（块）		本体安装
030409009	绝缘垫		m²	按设计图示尺寸以展开面积计算	1. 制作 2. 安装

项目编码	项目名称	项目特征	计量单位	工程量计算规则	工作内容
030409010	浪涌保护器	1. 名称 2. 规格 3. 安装形式 4. 防雷等级	个	按设计图示数量计算	1. 本体安装 2. 接线 3. 接地
030409011	降阻剂	1. 名称 2. 类型	kg	按设计图示以质量计算	1. 挖土 2. 施放降阻剂 3. 回填土 4. 运输

【例 3-12】 某大厦地基周圈接地极用 16 根 $\phi25$ 钢筋，列项并计算工程量。

【解】 （1）清单工程量（表 3-29）：

表 3-29　清单工程量计算表

项目编码	项目名称	项目特征描述	计量单位	工程量
030409001001	接地极	大厦地基周圈接地极，用 16 根 $\phi25$ 钢筋	项	1

（2）定额工程量：

$16 \div 3 = 5$ 余 1

$\phi25$ 三根地极安装：5 组

每增一根地极：1 根

【例 3-13】 某大厦层高 3.5m，檐高 100m，外墙轴线总周长为 90m，求均压环焊接工程量和设在圈梁中的避雷带的工程量。

【解】 （1）基本工程量：

均压环焊接每 3 层焊一圈，即每 10.5m 焊一圈，因此 32m 以下可以设 3 圈，即 $3 \times 90 = 270$（m）

三圈以上（即 $3.5 \times 3 \times 3 = 31.5$（m）以上）每两层设避雷带，工程量为：

$$(100 - 31.5) \div 6 = 11(圈) \quad 90 \times 11 = 990(m)$$

（2）清单工程量（表 3-30）：

表 3-30　清单工程量计算表

项目编码	项目名称	项目特征描述	计量单位	工程量
030409003001	避雷装置	利用圈梁内主筋作均压环接地连线	项	1

（3）定额工程量：

1）均压环焊接工程量为 31.5m（10m）

2）设在圈梁中的避雷带：

①人工费：$990/10 \times 9.29 = 919.71$（元）

②材料费：$990/10 \times 1.74 = 172.26$（元）

③机械费：$990/10 \times 6.24 = 617.76$（元）

3.11 10kV 以下架空配电线路安装

3.11.1 定额说明

（1）10kV 以下架空配电线路安装定额按平地施工条件考虑，如在其他地形条件下施工时，其人工和机械按表 3-31 地形系数予以调整。

表 3-31 地形系数

地形类别	丘陵（市区）	一般山地、泥沼地带
调整系数	1.20	1.60

（2）地形划分的特征：

1）平地：地形比较平坦、地面比较干燥的地带。

2）丘陵：地形有起伏的矮岗、土丘等地带。

3）一般山地：一般山岭或沟谷地带、高原台地等。

4）泥沼地带：经常积水的田地或泥水淤积的地带。

（3）预算编制中，全线地形分几种类型时，可按各种类型长度所占百分比求出综合系数进行计算。

（4）土质分类：

1）普通土：种植土、黏砂土、黄土和盐碱土等，主要利用锹、铲即可挖掘的土质。

2）坚土：土质坚硬难挖的红土、板状黏土、重块土、高岭土，必须用铁镐、条锄挖松，再用锹、铲挖掘的土质。

3）松砂石：碎石、卵石和土的混合体，各种不坚实砾岩、页岩、风化岩，节理和裂缝较多的岩石等（不需用爆破方法开采的）需要镐、撬棍、大锤、楔子等工具配合才能挖掘者。

4）岩石：一般为坚实的粗花岗岩、白云岩、片麻岩、玢岩、石英岩、大理岩、石灰岩、石灰质胶结的密实砂岩的石质，不能用一般挖掘工具进行开挖，必须采用打眼、爆破或打凿才能开挖者。

5）泥水：坑的周围经常积水，坑的土质松散，如淤泥和沼泽地等挖掘时因水渗入和浸润而成泥浆，容易坍塌，需用挡土板和适量排水才能施工者。

6）流砂：坑的土质为砂质或分层砂质，挖掘过程中砂层有上涌现象，容易坍塌，挖掘时需排水和采用挡土板才能施工者。

（5）主要材料运输质量的计算按表 3-32 规定执行。

表 3-32 主要材料运输质量计算

材料名称		单位	运输质量（kg）	备注
混凝土制品	人工浇制	—	2600	包括钢筋
	离心浇制	—	2860	包括钢筋
线材	导线	kg	$m \times 1.15$	有线盘
	钢绞线	kg	$m \times 1.07$	无线盘
木杆材料		—	450	包括木横担
金具、绝缘子		kg	$m \times 1.07$	—
螺栓		kg	$m \times 1.01$	—

注：1. m 为理论质量。

2. 未列入者均按净重计算。

（6）线路一次施工工程量按 5 根以上电杆考虑；如 5 根以内者，其全部人工、机械乘以系数 1.3。

（7）如果出现钢管杆的组立，按同高度混凝土杆组立的人工、机械乘以系数 1.4，材料不调整。

（8）导线跨越架设：

1）每个跨越间距：均按 50m 以内考虑，大于 50m 而小于 100m 时，按 2 处计算，以此类推。

2）在同跨越档内，有多种（或多次）跨越物时，应根据跨越物种类分别执行定额。

3）跨越定额仅考虑因跨越而多耗的人工、机械台班和材料，在计算架线工程量时，不扣除跨越档的长度。

（9）杆上变压器安装不包括变压器调试、抽芯、干燥工作。

3.11.2 定额工程量计算规则

（1）工地运输，是指定额内未计价材料从集中材料堆放点或工地仓库运至杆位上的工程运输，分人力运输和汽车运输，以"吨·千米"（t·km）为计量单位。

运输量计算公式如下：

$$工程运输量 = 施工图用量 \times (1 + 损耗率) \qquad (3-1)$$

预算运输质量 = 工程运输量 + 包装物质量（不需要包装的可不计算包装物质量）(3-2)

运输质量可按表 3-33 的规定进行计算。

表 3-33　运输质量表

材料名称		单位	运输质量（kg）	备注
混凝土制品	人工浇制	m³	2600	包括钢筋
	离心浇制	m³	2860	包括钢筋
线材	导线	kg	$m \times 1.15$	有线盘
	钢绞线	kg	$m \times 1.07$	无线盘
木杆材料		—	500	包括木横担
金具、绝缘子		kg	$m \times 1.07$	—
螺栓		kg	$m \times 1.01$	—

注：1. m 为理论质量。

2. 未列入者均按净重计算。

（2）无底盘、卡盘的电杆坑，其挖方体积为：

$$V = 0.8 \times 0.8 \times h \qquad (3-3)$$

式中　h——坑深，m。

（3）电杆坑的马道土、石方量按每坑 0.2m³ 计算。

（4）施工操作裕度按底拉盘底宽每边增加 0.1m。

（5）各类土质的放坡系数按表 3-34 计算。

表 3-34　各类土质的放坡系数

土　质	普通土、水坑	坚土	松砂石	泥水、流砂、岩石
放坡系数	1：0.3	1：0.25	1：0.2	不放坡

（6）冻土厚度大于 300mm 时，冻土层的挖方量按挖坚土定额乘以系数 2.5。其他土层仍按土质性质执行定额。

（7）土方量计算公式：

$$V = \frac{h}{6 \times [ab + (a + a_1)(b + b_1) + a_1 b_1]}$$ （3-4）

式中　V——土（石）方体积，m^3；

　　　　h——坑深，m；

　$a(b)$——坑底宽，m，$a(b)$＝底拉盘底宽＋2×每边操作裕度；

　$a_1(b_1)$——坑口宽，m，$a_1(b_1)$＝$a(b)$＋2h×边坡系数。

（8）杆坑土质按一个坑的主要土质而定。如一个坑大部分为普通土，少量为坚土，则该坑应全部按普通土计算。

（9）带卡盘的电杆坑，如原计算的尺寸不能满足卡盘安装时，因卡盘超长而增加的土（石）方量另计。

（10）底盘、卡盘、拉线盘按设计用量以"块"为计量单位。

（11）杆塔组立，分别杆塔形式和高度，按设计数量以"根"为计量单位。

（12）拉线制作安装按施工图设计规定，分别不同形式，以"组"为计量单位。

（13）横担安装按施工图设计规定，分不同形式和截面，以"根"为计量单位，定额按单根拉线考虑。若安装 V 形、Y 形或双拼形拉线时，按 2 根计算。拉线长度按设计全根长度计算，设计无规定时可按表 3-35 计算。

表 3-35　拉线长度　　　　　　　　　　　　　　单位：m/根

项目		普通拉线	V（Y）形拉线	弓形拉线
杆高（m）	8	11.47	22.94	9.33
	9	12.61	25.22	10.10
	10	13.74	27.48	10.92
	11	15.10	30.20	11.82
	12	16.14	32.28	12.62
	13	18.69	37.38	13.42
	14	19.68	39.36	15.12
水平拉线		26.47	—	—

（14）导线架设，分别导线类型和不同截面以"km/单线"为计量单位计算。导线预留长度按表 3-36 计算。

表 3-36　导线预留长度　　　　　　　　　　　　单位：m/根

项目名称		长度
高　压	转角	2.5
	分支、终端	2.0
低　压	分支、终端	0.5
	交叉跳线线角	1.5
与设备连线		0.5
进户线		2.5

导线长度按线路总长度和预留长度之和计算。计算主材费时应另增加规定的损耗率。

（15）导线跨越架设，包括越线架的搭拆和运输，以及因跨越（障碍）施工难度增加而增加的工作量，以"处"为计量单位。每个跨越间距按50m以内考虑，大于50m而小于100m时按2处计算，以此类推。在计算架线工程量时，不扣除跨越档的长度。

（16）杆上变配电设备安装以"台"或"组"为计量单位，定额内包括杆和钢支架及设备的安装工作。但钢支架主材、连引线、线夹、金具等应按设计规定另行计算，设备的接地安装和调试应按相应定额另行计算。

3.11.3 清单工程量计算规则

工程量清单项目设置及工程量计算规则，应按表3-37的规定执行。

表3-37 10kV以下架空配电线路（编码：030410）

项目编码	项目名称	项目特征	计量单位	工程量计算规则	工作内容
030410001	电杆组立	1. 名称 2. 材质 3. 规格 4. 类型 5. 地形 6. 土质 7. 底盘、拉盘、卡盘规格 8. 拉线材质、规格、类型 9. 现浇基础类型、钢筋类型、规格，基础垫层要求 10. 电杆防腐要求	根（基）	按设计图示数量计算	1. 施工定位 2. 电杆组立 3. 土（石）方挖填 4. 底盘、拉盘、卡盘安装 5. 电杆防腐 6. 拉线制作、安装 7. 现浇基础、基础垫层 8. 工地运输
030410002	横担组装	1. 名称 2. 材质 3. 规格 4. 类型 5. 电压等级（kV） 6. 瓷瓶型号、规格 7. 金具品种规格	组		1. 横担安装 2. 瓷瓶、金具组装
030410003	导线架设	1. 名称 2. 型号 3. 规格 4. 地形 5. 跨越类型	km	按设计图示尺寸以单线长度计算（含预留长度）	1. 导线架设 2. 导线跨越及进户线架设 3. 工地运输
030410004	杆上设备	1. 名称 2. 型号 3. 规格 4. 电压等级（kV） 5. 支撑架种类、规格 6. 接线端子材质、规格 7. 接地要求	台（组）	按设计图示数量计算	1. 支撑架安装 2. 本体安装 3. 焊压接线端子、接线 4. 补刷（喷）油漆 5. 接地

【例 3-14】 如图 3-7 所示一外线工程，电杆 10m，间距均为 45m，丘陵地区施工，室外杆上变压器容量为 315kV·A，变压器台杆高 14m。试求各项工程量。

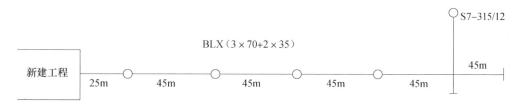

图 3-7　外形工程平面图

【解】（1）清单工程量（表 3-38）：

表 3-38　清单工程量计算表

项目编码	项目名称	项目特征描述	计量单位	工程量
03041003001	导线架设	70mm²	km	0.84
03041003002	导线架设	35mm²	km	0.56
03041001001	电杆组立	混凝土电杆	根	5

（2）定额工程量：

1）70mm² 的导线：

①人工费：0.84×197.83＝166.18（元）

②材料费：0.84×186.07＝156.3（元）

③机械费：0.84×33.19＝27.88（元）

2）35mm² 的导线：

①人工费：0.56×101.47＝56.82（元）

②材料费：0.56×91.52＝51.25（元）

③机械费：0.56×23.07＝12.92（元）

3）立混凝土电杆：

①人工费：5×44.12＝220.6（元）

②材料费：5×3.92＝19.6（元）

③机械费：5×18.46＝92.3（元）

4）普通拉线制作安装：

①人工费：3×10.45＝31.35（元）

②材料费：3×2.47＝7.41（元）

5）进户线横担安装：

①人工费：5.57 元

②材料费：0.7 元

6）杆上变压器组装 315kV·A：

①人工费：280.03 元

②材料费：81.38 元

③机械费：135.81 元

【例 3-15】 如图 3-8 所示一架空线路图，混凝土电杆高 10m，间距 40m，属于丘陵地区架设施工，选用 BLX-(3×70＋1×35)，室外杆上变压器容量为 320kV·A，变压器台杆高 18m。试计算各项工程量并列出清单。

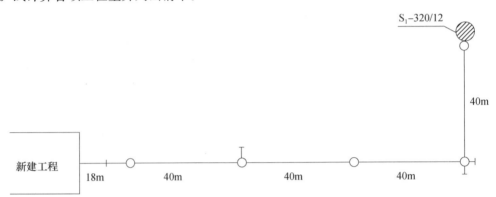

图 3-8 外线工程平面图

【解】 （1）基本工程量：

70mm² 的导线长度：(40×4＋18)×3＝534 （m）

35mm² 的导线长度：(40×4＋18)×1＝178 （m）

普通拉线制作：4 组

立混凝土电杆：4 根

杆上变台组装 320kV·A：1 台

进户线铁横担安装：1 组

（2）清单工程量（表 3-39）：

表 3-39 清单工程量计算表

序号	项目编码	项目名称	项目特征描述	计量单位	工程量
1	03041001001	电杆组立	混凝土电杆，丘陵山区架设	根	4
2	03041003001	导线架设	选用 BLX－（3×70＋1×35）	km	0.712

3.12 配管、配线安装

3.12.1 定额说明

（1）配管工程均未包括接线箱、盒及支架的制作、安装。钢索架设及拉紧装置的制作、安装，插接式母线槽支架制作、槽架制作及配管支架应执行铁构件制作定额。

（2）连接设备导线预留长度见表 3-40。

表 3-40 连接设备导线预留长度 （每一根线）

序号	项 目	预留长度	说明
1	各种开关箱、柜、板	高＋宽	盘面尺寸

序号	项　目	预留长度	说明
2	单独安装（无箱、盘）的铁壳开关、闸刀开关、启动器、母线槽进出线盒等	0.3m	以安装对象中心计算
3	由地坪管子出口引至动力接线箱	1m	以管口计算
4	电源与管内导线连接（管内穿线与软、硬母线接头）	1.5m	以管口计算
5	出户线	1.5m	出管口计算

3.12.2　定额工程量计算规则

（1）各种配管应区别不同敷设方式、敷设位置、管材材质、规格，以"延长米"为计量单位，不扣除管路中间的接线箱（盒）、灯头盒、开关盒所占长度。

（2）定额中未包括钢索架设及拉紧装置、接线箱（盒）、支架的制作安装，其工程量应另行计算。

（3）管内穿线的工程量，应区别线路性质、导线材质、导线截面，以单线"延长米"为计量单位计算。线路分支接头线的长度已综合考虑在定额中，不得另行计算。

照明线路中的导线截面大于或等于 6mm² 。以上时，应执行动力线路穿线相应项目。

（4）线夹配线工程量，应区别线夹材质（塑料、瓷质）、线式（两线、三线）、敷设位置（在木、砖、混凝土）以及导线规格，以线路"延长米"为计量单位计算。

（5）绝缘子配线工程量，应区别绝缘子形式（针式、鼓形、蝶式）、绝缘子配线位置（沿屋架、梁、柱、墙，跨屋架、梁、柱、木结构、顶棚内、砖、混凝土结构，沿钢支架及钢索）、导线截面积，以线路"延长米"为计量单位计算。

绝缘子暗配，引下线按线路支持点至顶棚下缘距离的长度计算。

（6）槽板配线工程量，应区别槽板材质（木质、塑料）、配线位置（在木结构、砖、混凝土）、导线截面、线式（二线、三线），以线路"延长米"为计量单位计算。

（7）塑料护套线明敷工程量，应区别导线截面、导线芯数（二芯、三芯）、敷设位置（在木结构、砖混凝土结构，沿钢索），以单根线路"延长米"为计量单位计算。

（8）线槽配线工程量，应区别导线截面，以单根线路"延长米"为计量单位计算。

（9）钢索架设工程量，应区别圆钢、钢索直径（ϕ6，ϕ9），按图示墙（柱）内缘距离，以"延长米"为计量单位计算，不扣除拉紧装置所占长度。

（10）母线拉紧装置及钢索拉紧装置制作安装工程量，应区别母线截面、花篮螺栓直径（12mm，16mm，18mm），以"套"为计量单位计算。

（11）车间带形母线安装工程量，应区别母线材质（铝、铜）、母线截面、安装位置（沿屋架、梁、柱、墙，跨屋架、梁、柱），以"延长米"为计量单位计算。

（12）动力配管混凝土地面刨沟工程量，应区别管子直径，以"延长米"为计量单位计算。

（13）接线箱安装工程量，应区别安装形式（明装、暗装）、接线箱半周长，以"个"为计量单位计算。

（14）接线盒安装工程量，应区别安装形式（明装、暗装、钢索上）以及接线盒类型，以"个"为计量单位计算。

（15）灯具，明、暗开关，插座、按钮等的预留线，已分别综合在相应定额内，不另行计算。配线进入开关箱、柜、板的预留线，按表 3-43 规定的长度，分别计入相应的工程量。

3.12.3 清单工程量计算规则

工程量清单项目设置及工程量计算规则，应按表 3-41 的规定执行。

表 3-41 配管、配线（编码：030411）

项目编码	项目名称	项目特征	计量单位	工程量计算规则	工作内容
030411001	配管	1. 名称 2. 材质 3. 规格 4. 配置形式 5. 接地要求 6. 钢索材质、规格	m	按设计图示尺寸以长度计算	1. 电线管路敷设 2. 钢索架设（拉紧装置安装） 3. 预留沟槽 4. 接地
030411002	线槽	1. 名称 2. 材质 3. 规格			1. 本体安装 2. 补刷（喷）油漆
030411003	桥架	1. 名称 2. 型号 3. 规格 4. 材质 5. 类型 6. 接地方式			1. 本体安装 2. 接地
030411004	配线	1. 名称 2. 配线形式 3. 型号 4. 规格 5. 材质 6. 配线部位 7. 配线线制 8. 钢索材质、规格	m	按设计图示尺寸以单线长度计算（含预留长度）	1. 配线 2. 钢索架设（拉紧装置安装） 3. 支持体（夹板、绝缘子、槽板等）安装
030411005	接线箱	1. 名称 2. 材质 3. 规格 4. 安装形式	个	按设计图示数量计算	本体安装
030411006	接线盒				

【例 3-16】 如图 3-9 所示的配管分布图，照明配电箱高 1.5m，楼板厚度 $b=0.22m$，求垂直部分明配管长及垂直部分暗配管各是多少。

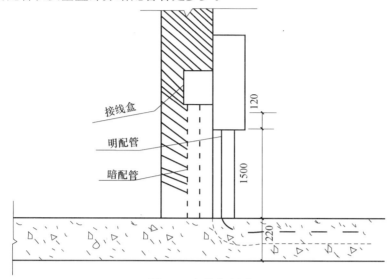

图 3-9　配管分布图

【解】（1）清单工程量：

当采用明配管时，管道垂直长度为：$1.5+0.12+0.22=1.84$（m）

当采用暗配管时，管道垂直长度为：$1.5+\dfrac{1}{2}\times1.5+0.22=2.47$（m）

清单工程量计算表见表 3-42：

表 3-42　清单工程量计算表

项目编码	项目名称	项目特征描述	计量单位	工程量
030411001001	电气配管	明配管	m	1.84
030411001002	电气配管	暗配管	m	2.47

（2）定额工程量：

配电箱定额工程量计算方法与清单工程量计算方法相同。

①人工费：65.02 元

②材料费：31.25 元

③机械费：3.75 元

【例 3-17】 如图 3-10 所示一厂房，内安装一台检修电源箱（箱高 0.5m、宽 0.3m、深 0.2m），有一台动力配电箱 XL（F）－15（箱高 1.5m、宽 0.7m、深 0.5m），供给电源，该供电回路为 BV5×16（DN32）。经计算，DN32 的工程量为 15m，试计算 BV16 的工程量。

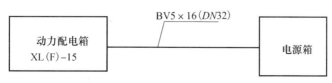

图 3-10　配电线路图

【解】 （1）基本工程量：$[15+（0.5+0.3）+（1.5+0.7）]×5＝90$（m）

（2）清单工程量（表3-43）：

表3-43　清单工程量计算表

项目编码	项目名称	项目特征描述	计量单位	工程量
030411003001	电气配线	BV5×16（DN32）	m	90

（3）定额工程量：

①人工费：$90/10×25.54＝229.86$（元）

②材料费：$90/10×25.47＝229.23$（元）

3.13　照明器具安装

3.13.1　定额说明

（1）各型灯具的引导线，除注明者外，均已综合考虑在定额内，执行时不得换算。

（2）路灯、投光灯、碘钨灯、氙气灯、烟囱或水塔指示灯，均已考虑了一般工程的高空作业因素，其他器具安装高度如超过5m，则应按定额说明中规定的超高系数另行计算。

（3）定额中装饰灯具项目均已考虑了一般工程的超高作业因素，并包括脚手架搭拆费用。

（4）装饰灯具定额项目与示意图号配套使用。

（5）定额内已包括利用摇表测量绝缘及一般灯具的试亮工作（但不包括调试工作）。

3.13.2　定额工程量计算规则

（1）普通灯具安装的工程量，应区别灯具的种类、型号、规格，以"套"为计量单位计算。普通灯具安装定额适用范围见表3-44。

表3-44　普通灯具安装定额适用范围

定额名称	灯具种类
圆球吸顶灯	材质为玻璃的螺口、卡口圆球独立吸顶灯
半圆球吸顶灯	材质为玻璃的独立的半圆球吸顶灯、扁圆罩吸顶灯、平圆形吸顶灯
方形吸顶灯	材质为玻璃的独立的矩形罩吸顶灯、方形罩吸顶灯、大口方罩吸顶灯
软线吊灯	利用软线为垂吊材料，独立的，材质为玻璃、塑料、搪瓷，形状如碗、伞、平盘灯罩组成的各式软线吊灯
吊链灯	利用吊链作辅助悬吊材料，独立的，材质为玻璃、塑料罩的各式吊链灯
防水吊灯	一般防水吊灯
一般弯脖灯	圆球弯脖灯，风雨壁灯
一般墙壁灯	各种材质的一般壁灯、镜前灯
软线吊灯头	一般吊灯头
声光控座灯头	一般声控、光控座灯头
座灯头	一般塑胶、瓷质座灯头

（2）吊式艺术装饰灯具的工程量，应根据装饰灯具示意图集所示，区别不同装饰物以及灯体直径和灯体垂吊长度，以"套"为计量单位计算。灯体直径为装饰物的最大外缘直径，灯体垂吊长度为灯座底部到灯梢之间的总长度。

（3）吸顶式艺术装饰灯具安装的工程量，应根据装饰灯具示意图集所示，区别不同装饰物、吸盘的几何形状、灯体直径、灯体周长和灯体垂吊长度，以"套"为计量单位计算。灯体直径为吸盘最大外缘直径，灯体半周长为矩形吸盘的半周长，吸顶式艺术装饰灯具的灯体垂吊长度为吸盘到灯梢之间的总长度。

（4）荧光艺术装饰灯具安装的工程量，应根据装饰灯具示意图集所示，区别不同安装形式和计量单位计算。

1）组合荧光灯光带安装的工程量，应根据装饰灯具示意图集所示，区别安装形式、灯管数量，以"延长米"为计量单位计算。灯具的设计数量与定额不符时，可以按设计量加损耗量调整主材。

2）内藏组合式灯安装的工程量，应根据装饰灯具示意图集所示，区别灯具组合形式，以"延长米"为计量单位。灯具的设计数量与定额不符时，可根据设计数量加损耗量调整主材。

3）发光棚安装的工程量，应根据装饰灯具示意图集所示，以"m²"为计量单位。发光棚灯具按设计用量加损耗量计算。

4）立体广告灯箱、荧光灯光沿的工程量，应根据装饰灯具示意图集所示，以"延长米"为计量单位。灯具设计用量与定额不符时，可根据设计数量加损耗量调整主材。

（5）几何形状组合艺术灯具安装的工程量，应根据装饰灯具示意图集所示，区别不同安装形式及灯具的不同形式，以"套"为计量单位计算。

（6）标志、诱导装饰灯具安装的工程量，应根据装饰灯具示意图集所示，区别不同安装形式，以"套"为计量单位计算。

（7）水下艺术装饰灯具安装的工程量，应根据装饰灯具示意图集所示，区别不同安装形式，以"套"为计量单位计算。

（8）点光源艺术装饰灯具安装的工程量，应根据装饰灯具示意图集所示，区别不同安装形式、不同灯具直径，以"套"为计量单位计算。

（9）草坪灯具安装的工程量，应根据装饰灯具示意图集所示，区别不同安装形式，以"套"为计量单位计算。

（10）歌舞厅灯具安装的工程量，应根据装饰灯具示意图所示，区别不同灯具形式，分别以"套"、"延长米"、"台"为计量单位计算。

装饰灯具安装定额适用范围见表 3-45。

表 3-45　装饰灯具安装定额适用范围

定额名称	灯具种类（形式）
吊式艺术装饰灯具	不同材质、不同灯体垂吊长度、不同灯体直径的蜡烛灯、挂片灯、串珠（穗）灯、串棒灯、吊杆式组合灯、玻璃罩（带装饰）灯
吸顶式艺术装饰灯具	不同材质、不同灯体垂吊长度、不同灯体几何形状的串珠（穗）灯、串棒灯、挂片、挂碗、挂吊蝶灯、玻璃（带装饰）灯

定额名称	灯具种类（形式）
荧光艺术装饰灯具	不同安装形式、不同灯管数量的组合荧光灯光带，不同几何组合形式的内藏组合式灯，不同几何尺寸、不同灯具形式的发光棚，不同形式的立体广告灯箱、荧光灯光沿
几何形状组合艺术灯具	不同固定形式、不同灯具形式的繁星灯、钻石星灯、礼花灯、玻璃罩钢架组合灯、凸片灯、反射挂灯、筒形钢架灯、U形组合灯、弧形管组合灯
标志、诱导装饰灯具	不同安装形式的标志灯、诱导灯
水下艺术装饰灯具	简易型彩灯、密封型彩灯、喷水池灯、幻光型灯
点光源艺术装饰灯具	不同安装形式、不同灯体直径的筒灯、牛眼灯、射灯、轨道射灯
草坪灯具	各种立柱式、墙壁式的草坪灯
歌舞厅灯具	各种安装形式的变色转盘灯、雷达射灯、幻影转彩灯、维纳斯旋转彩灯、卫星旋转效果灯、飞碟旋转效果灯、多头转灯、滚筒灯、频闪灯、太阳灯、雨灯、歌星灯、边界灯、射灯、泡泡发生器、迷你满天星彩灯、迷你单立（盘彩灯）、多头宇宙灯、镜面球灯、蛇光管

（11）荧光灯具安装的工程量，应区别灯具的安装形式、灯具种类、灯管数量，以"套"为计量单位计算。

荧光灯具安装定额适用范围见表 3-46。

表 3-46　荧光灯具安装定额适用范围

定额名称	灯具种类
组装型荧光灯	单管、双管、三管吊链式、吸顶式，现场组装独立荧光灯
成套型荧光灯	单管、双管、三管、吊链式、吊管式、吸顶式、成套独立荧光灯

（12）工厂灯及防水防尘灯安装的工程量，应区别不同安装形式，以"套"为计量单位计算。

工厂灯及防水防尘灯安装定额适用范围见表 3-47。

表 3-47　工厂灯及防水防尘灯安装定额适用范围

定额名称	灯具种类
直杆工厂吊灯	配照（GC_1－A），广照（GC_3－A），深照（GC_5－A），斜照（GC_7－A），圆球（GC_{17}－A），双罩（GC_{19}－A）
吊链式工厂灯	配照（GC_1－B），深照（GC_3－B），斜照（GC_5－C），圆球（GC_7－B），双罩（GC_{19}－A），广照（GC_{19}－B）
吸顶式工厂灯	配照（GC_1－C），广照（GC_3－C），深照（GC_5－C），斜照（GC_7－C），双罩（GC_{19}－C）
弯杆式工厂灯	配照（GC_1－D/E），广照（GC_3－D/E），深照（GC_5－D/E），斜照（GC_7－D/E），双罩（GC_{19}－C），局部深罩（GC_{26}－F/H）
悬挂式工厂灯	配照（GC_{21}－2），深照（GC_{23}－2）
防水防尘灯	广照（GC_9－A，B，C），广照保护网（GC_{11}－A，B，C），散照（GC_{15}－A，B，C，D，E，F，G）

（13）工厂其他灯具安装的工程量，应区别不同灯具类型、安装形式、安装高度，以"套"、"个"、"延长米"为计量单位计算。

工厂其他灯具安装定额适用范围见表3-48。

表3-48 工厂其他灯具安装定额适用范围

定额名称	灯具种类
防潮灯	扁形防潮灯（GC—31），防潮灯（GC—33）
腰形舱顶灯	腰形舱顶灯（CCD—1）
碘钨灯	DW型，220V，300～1000W
管形氙气灯	自然冷却式，200V/380V，20kW内
投光灯	TG型室外投光灯
高压水银灯镇流器	外附式镇流器具125～450W
安全灯	AOB—1，2，3型和AOC—1，2型安全灯
防爆灯	CBC—200型防爆灯
高压水银防爆灯	CBC—125/250型高压水银防爆灯
防爆荧光灯	CBC—1/2单/双管防爆型荧光灯

（14）医院灯具安装的工程量，应区别灯具种类，以"套"为计量单位计算。

医院灯具安装定额适用范围见表3-49。

表3-49 医院灯具安装定额适用范围

定额名称	灯具种类
病房指示灯	病房指示灯
病房暗脚灯	病房暗脚灯
无影灯	3～12孔管式无影灯

（15）路灯安装工程，应区别不同臂长、不同灯数，以"套"为计量单位计算。

工厂厂区内、住宅小区内路灯安装执行《全国统一安装工程预算定额　第二册电气设备安装工程》（GYD—202—2000）。城市道路的路灯安装执行《全国统一市政工程预算定额》（GYD—309—2001）。

路灯安装定额范围见表3-50。

表3-50 路灯安装定额范围

定额名称	灯具种类
大马路弯灯	臂长1200mm以下，臂长1200mm以上
庭院路灯	三火以下，七火以下

（16）开关、按钮安装的工程量，应区别开关、按钮安装形式，开关、按钮种类，开关极数以及单控与双控，以"套"为计量单位计算。

（17）插座安装的工程量，应区别电源相数、额定电流、插座安装形式、插座插孔个数，以"套"为计量单位计算。

（18）安全变压器安装的工程量，应区别安全变压器容量，以"台"为计量单位计算。

（19）电铃、电铃号码牌箱安装的工程量，应区别电铃直径、电铃号牌箱规格（号），以"套"为计量单位计算。

（20）门铃安装工程量计算，应区别门铃安装形式，以"个"为计量单位计算。

（21）风扇安装的工程量，应区别风扇种类，以"台"为计量单位计算。

（22）盘管风机三速开关、请勿打扰灯，须刨插座安装的工程量，以"套"为计量单位计算。

3.13.3 清单工程量计算规则

工程量清单项目设置及工程量计算规则，应按表 3-51 的规定执行。

表 3-51　照明器具安装（编码：030412）

项目编码	项目名称	项目特征	计量单位	工程量计算规则	工作内容
030412001	普通灯具	1. 名称 2. 型号 3. 规格 4. 类型	套	按设计图示数量计算	本体安装
030412002	工厂灯	1. 名称 2. 型号 3. 规格 4. 安装形式			本体安装
030412003	高度标志（障碍）灯	1. 名称 2. 型号 3. 规格 4. 安装部位 5. 安装高度			本体安装
030412004	装饰灯	1. 名称 2. 型号 3. 规格 4. 安装形式			本体安装
030412005	荧光灯				
030412006	医疗专用灯	1. 名称 2. 型号 3. 规格			本体安装
030412007	一般路灯	1. 名称 2. 型号 3. 规格 4. 灯杆材质、规格 5. 灯架形式及臂长 6. 附件配置要求 7. 灯杆形式（单、双） 8. 基础形式、砂浆配合比 9. 杆座材质、规格 10. 接线端子材质、规格 11. 编号 12. 接地要求			1. 基础制作、安装 2. 立灯杆 3. 杆座安装 4. 灯架及灯具附件安装 5. 焊、压接线端子 6. 补刷（喷）油漆 7. 灯杆编号 8. 接地
030412008	中杆灯	1. 名称 2. 灯杆的材质及高度 3. 灯架的型号、规格 4. 附件配置 5. 光源数量 6. 基础形式、浇筑材质 7. 杆座材质、规格 8. 接线端子材质、规格 9. 铁构件规格 10. 编号 11. 灌浆配合比 12. 接地要求			1. 基础浇筑 2. 立灯杆 3. 杆座安装 4. 灯架及灯具附件安装 5. 焊、压接线端子 6. 铁构件安装 7. 补刷（喷）油漆 8. 灯杆编号 9. 接地

项目编码	项目名称	项目特征	计量单位	工程量计算规则	工作内容
030412009	高杆灯	1. 名称 2. 灯杆高度 3. 灯架形式（成套或组装、固定或升降） 4. 附件配置 5. 光源数量 6. 基础形式、浇筑材质 7. 杆座材质、规格 8. 接线端子材质、规格 9. 铁构件规格 10. 编号 11. 灌浆配合比 12. 接地要求	套	按设计图示数量计算	1. 基础浇筑 2. 立灯杆 3. 杆座安装 4. 灯架及灯具附件安装 5. 焊、压接线端子 6. 铁构件安装 7. 补刷（喷）油漆 8. 灯杆编号 9. 升降机构接线调试 10. 接地
030412010	桥栏杆灯	1. 名称 2. 型号 3. 规格 4. 安装形式			1. 灯具安装 2. 补刷（喷）油漆
030412011	地道涵洞灯				

【例 3-18】 如图 3-11 所示一建筑物的照明平面图，其建筑面积 90m²，层高 3m，日光灯在吊顶上安装，白炽灯在混凝土楼板上安装。各支路管线均用阻燃管 PVC－15，导线用 BV－1.0mm²，插座保护接零线等均用 BV－1.5mm²。试计算工程量。

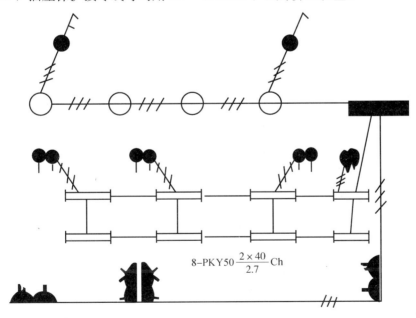

$$8-PKY50\frac{2\times 40}{2.7}Ch$$

图 3-11　照明平面图

【解】 （1）清单工程量计算（表 3-52）：

表 3-52 清单工程量计算表

项目编码	项目名称	项目特征描述	计量单位	工程量
030412001001	普通灯具	白炽灯	套	4
030412001002	普通灯具	吊链式日光灯	套	8
030411004001	电气配线	照明支路管线	m	12
030411004002	电气配线	插座支路管线	m	4
030404019001	控制开关	双联拉线开关暗装	套	4
030404019002	控制开关	双联翘板式开关	套	4
030404017001	配电箱	照明配电箱	台	1

（2）定额工程量：

1）吸顶灯安装：

①人工费：$4/10 \times 50.16 = 20.06$（元）

②材料费：$4/10 \times 115.4 = 46.16$（元）

2）吊链式日光灯安装：

①人工费：$8/10 \times 46.9 = 37.52$（元）

②材料费：$8/10 \times 48.43 = 38.7$（元）

3）照明支路管线：

①人工费：$12/100 \times 214.55 = 25.75$（元）

②材料费：$12/100 \times 126.1 = 15.13$（元）

③机械费：$12/100 \times 23.48 = 2.82$（元）

4）插座支路管线：

①人工费：$4/100 \times 129.57 = 5.18$（元）

②材料费：$4/100 \times 49.02 = 1.96$（元）

5）二三孔暗插座暗装：

①人工费：$4/10 \times 21.13 = 8.45$（元）

②材料费：$4/10 \times 6.46 = 2.58$（元）

6）双联拉线开关暗装：

①人工费：$4/10 \times 19.27 = 7.71$（元）

②材料费：$4/10 \times 17.95 = 7.18$（元）

7）双联翘板式开关：

①人工费：$4/10 \times 20.67 = 8.27$（元）

②材料费：$4/10 \times 4.47 = 1.79$（元）

8）照明配电箱安装：

①人工费：34.83 元

②材料费：31.83 元

3.14 附属工程

附属工程工程量清单项目设置、项目特征描述的内容、计量单位及工程量计算规则，应按表 3-53 的规定执行。

表 3-53 附属工程（编码：030413）

项目编码	项目名称	项目特征	计量单位	工程量计算规则	工作内容
030413001	铁构件	1. 名称 2. 材质 3. 规格	kg	按设计图示尺寸以质量计算	1. 制作 2. 安装 3. 补刷（喷）油漆
030413002	凿（压）槽	1. 名称 2. 规格 3. 类型 4. 填充（恢复）方式 5. 混凝土标准	m	按设计图示尺寸以长度计划	1. 开槽 2. 恢复处理
030413003	打洞（孔）	1. 名称 2. 规格 3. 类型 4. 填充（恢复）方式 5. 混凝土标准	个	按设计图示数量计算	1. 开孔、洞 2. 恢复处理
030413004	管道包封	1. 名称 2. 规格 3. 混凝土强度等级	m	按设计图示长度计算	1. 灌注 2. 养护
030413005	人（手）孔砌筑	1. 名称 2. 规格 3. 类型	个	按设计图示数量计算	砌筑
030413006	人（手）孔防水	1. 名称 2. 类型 3. 规格 4. 防水材质及做法	m²	按设计图示防水面积计算	防水

3.15 电气调整试验

3.15.1 定额说明

（1）电气调整试验定额内容包括电气设备的本体试验和主要设备的分系统调试。成套设备的整套启动调试按专业定额另行计算。主要设备的分系统内所含的电气设备元件的本体试验已包括在该分系统调试定额之内。如变压器的系统调试中已包括该系统中的变压器、互感器、开关、仪表和继电器等一、二次设备的本体调试和回路试验。绝缘子和电缆等单体试验，只在单独试验时使用，不得重复计算。

（2）《全国统一安装工程预算定额　第二册电气设备安装工程》（GYD—202—2000）的调试仪表使用费系按"台班"形式表示的，与《全国统一安装工程施工仪器仪表台班费用定额》（GFD—201—1999）配套使用。

（3）送配电设备调试中的1kV以下定额适用于所有低压供电回路，如从低压配电装置至分配电箱的供电回路；但从配电箱直接至电动机的供电回路已包括在电动机的系统调试定额内。送配电设备系统调试包括系统内的电缆试验、瓷瓶耐压等全套调试工作。供电桥回路中的断路器、母线分段断路器皆作为独立的供电系统计算，定额皆按一个系统一侧配一台断路器考虑的。若两侧皆有断路器时，则按两个系统计算。如果分配电箱内只有刀开关、熔断器等不含调试元件的供电回路，则不再作为调试系统计算。

（4）由于电气控制技术的飞跃发展，原定额的成套电气装置（如桥式起重机电气装置等）的控制系统已发生了根本的变化，至今尚无统一的标准，故《全国统一安装工程预算定额　第二册电气设备安装工程》（GYD—202—2000）取消了原定额中的成套电气设备的安装与调试。起重机电气装置、空调电气装置、各种机械设备的电气装置，如堆取料机、装料车、推煤车等成套设备的电气调试，应分别按相应的分项调试定额执行。

（5）定额不包括设备的烘干处理和设备本身缺陷造成的元件更换修理和修改，亦未考虑因设备元件质量低劣对调试工作造成的影响。定额系按新的合格设备考虑的，如遇以上情况时，应另行计算。经修配改或拆迁的旧设备调试，定额乘以系数1.1。

（6）《全国统一安装工程预算定额　第二册电气设备安装工程》（GYD—202—2000）只限电气设备自身系统的调整试验，未包括电气设备带动机械设备的试运工作，发生时应按专业定额另行计算。

（7）调试定额不包括试验设备、仪器仪表的场外转移费用。

（8）本调试定额系按现行施工技术验收规范编制的，凡现行规范（指定额编制时的规范）未包括的新调试项目和调试内容均应另行计算。

（9）调试定额已包括熟悉资料、核对设备、填写试验记录、保护整定值的整定和调试报告的整理工作。

（10）电力变压器如有"带负荷调压装置"，调试定额乘以系数1.12。三卷变压器、整流变压器、电炉变压器调试按同容量的电力变压器调试定额乘以系数1.2。3～10kV母线系统调试含一组电压互感器，1kV以下母线系统调试定额不含电压互感器，适用于低压配电装置的各种母线（包括软母线）的调试。

3.15.2　定额工程量计算规则

（1）电气调试系统的划分以电气原理系统图为依据。电气设备元件的本体试验均包括在相应定额的系统调试之内，不得重复计算。绝缘子和电缆等单体试验，只在单独试验时使用。在系统调试定额中，各工序的调试费用如需单独计算时，可按表3-54所列比率计算。

表 3-54　电气调试系统各工序的调试费用比率

比率（%）　　项　目 工　序	发电机调相机系统	变压器系统	送配电设备系统	电动机系统
一次设备本体试验	30	30	40	30
附属高压二次设备试验	20	30	20	30
一次电流及二次回路检查	20	20	20	20
继电器及仪表试验	30	20	20	20

（2）电气调试所需的电力消耗已包括在定额内，一般不另计算。但 10kW 以上电机及发电机的启动调试用的蒸汽、电力和其他动力能源消耗及变压器空载试运转的电力消耗，另行计算。

（3）供电桥回路的断路器、母线分段断路器，均按独立的送配电设备系统计算调试费。

（4）送配电设备系统调试，系按一侧有一台断路器考虑的，若两侧均有断路器时，则应按两个系统计算。

（5）送配电设备系统调试，适用于各种供电回路（包括照明供电回路）的系统调试。凡供电回路中带有仪表、继电器、电磁开关等调试元件的（不包括闸刀开关、保险器），均按调试系统计算。移动式电器和以插座连接的家电设备，一经厂家调试合格、不需要用户自调的设备，均不应计算调试费用。

（6）变压器系统调试，以每个电压侧有一台断路器为准。多于一个断路器的，按相应电压等级送配电设备系统调试的相应定额另行计算。

（7）干式变压器、油浸电抗器调试，执行相应容量变压器调试定额，乘以系数 0.8。

（8）特殊保护装置，均以构成一个保护回路为一套，其工程量计算规定如下（特殊保护装置未包括在各系统调试定额之内，应另行计算）：

1）发电机转子接地保护，按全厂发电机共用一套考虑。

2）距离保护，按设计规定所保护的送电线路断路器台数计算。

3）高频保护，按设计规定所保护的送电线路断路器台数计算。

4）零序保护，按发电机、变压器、电动机的台数或送电线路断路器的台数计算。

5）故障录波器的调试，以一块屏为一套系统计算。

6）失灵保护，按设置该保护的断路器台数计算。

7）失磁保护，按所保护的电机台数计算。

8）变流器的断线保护，按变流器台数计算。

9）小电流接地保护，按装设该保护的供电回路断路器台数计算。

10）保护检查及打印机调试，按构成该系统的完整回路为一套计算。

（9）自动装置及信号系统调试，均包括继电器、仪表等元件本身和二次回路的调整试验。具体规定如下：

1）备用电源自动投入装置，按联锁机构的个数确定备用电源自投装置系统数。一个备用厂用变压器，作为三段厂用工作母线备用的厂用电源，计算备用电源自动投入装置调试时，应为三个系统。装设自动投入装置的两条互为备用的线路或两台变压器，计算备用电源自动投入装置调试时，应为两个系统。备用电动机自动投入装置亦按此计算。

2）线路自动重合闸调试系统，按采用自动重合闸装置的线路自动断路器的台数计算系统数。

3）自动调频装置的调试，以一台发电机为一个系统。

4）同期装置调试，按设计构成一套能完成同期并车行为的装置为一个系统计算。

5）蓄电池及直流监视系统调试，一组蓄电池按一个系统计算。

6）事故照明切换装置调试，按设计能完成交直流切换的一套装置为一个调试系统计算。

7）周波减负荷装置调试，凡有一个周率继电器，不论带几个回路，均按一个调试系统计算。

8）变送器屏以屏的个数计算。

9）中央信号装置调试，按每一个变电所或配电室为一个调试系统计算工程量。

（10）接地网的调试规定如下：

1）接地网接地电阻的测定。一般的发电厂或变电站连为一体的母网，按一个系统计算；自成母网不与厂区母网相连的独立接地网，另按一个系统计算。大型建筑群各有自己的接地网（接地电阻值设计有要求），虽然在最后也将各接地网联在一起，但应按各自的接地网计算，不能作为一个网，具体应按接地网的试验情况而定。

2）避雷针接地电阻的测定。每一避雷针均有单独接地网（包括独立的避雷针、烟囱避雷针等）时，均按一组计算。

3）独立的接地装置按组计算。如一台柱上变压器有一个独立的接地装置，即按一组计算。

（11）避雷器、电容器的调试，按每三相为一组计算，单个装设的亦按一组计算，上述设备如设置在发电机、变压器，输、配电线路的系统或回路内，仍应按相应定额另外计算调试费用。

（12）高压电气除尘系统调试，按一台升压变压器、一台机械整流器及附属设备为一个系统计算，分别按除尘器范围（m^2）执行定额。

（13）硅整流装置调试，按一套硅整流装置为一个系统计算。

（14）普通电动机的调试，分别按电机的控制方式、功率、电压等级，以"台"为计量单位。

（15）可控硅调速直流电动机调试以"系统"为计量单位。其调试内容包括可控硅整流装置系统和直流电动机控制回路系统两个部分的调试。

（16）交流变频调速电动机调试以"系统"为计量单位。其调试内容包括变频装置系统和交流电动机控制回路系统两个部分的调试。

（17）微型电机系指功率在0.75kW以下的电机，不分类别，一律执行微电机综合调试定额，以"台"为计量单位。电机功率在0.75kW以上的电机调试，应按电机类别和功率分别执行相应的调试定额。

（18）一般的住宅、学校、办公楼、旅馆、商店等民用电气工程的供电调试应按下列规定：

1）配电室内带有调试元件的盘、箱、柜和带有调试元件的照明主配电箱，应按供电方式执行相应的"配电设备系统调试"定额。

2）每个用户房间的配电箱（板）上虽装有电磁开关等调试元件，但如果生产厂家已按固定的常规参数调整好，不需要安装单位进行调试就可直接投入使用的，不得计取调试费用。

3）民用电度表的调整校验属于供电部门的专业管理，一般皆由用户向供电局订购调试完毕的电度表，不得另外计算调试费用。

（19）高标准的高层建筑、高级宾馆、大会堂、体育馆等具有较高控制技术的电气工程（包括照明工程），应按控制方式执行相应的电气调试定额。

3.15.3 清单工程量计算规则

工程量清单项目设置及工程量计算规则，应按表 3-55 的规定执行。

表 3-55　电气调整试验（编码：030414）

项目编码	项目名称	项目特征	计量单位	工程量计算规则	工作内容
030414001	电力变压器系统	1. 名称 2. 型号 3. 容量（kV·A）	系统	按设计图示系统计算	系统调试
030414002	送配电装置系统	1. 名称 2. 型号 3. 电压等级（kV） 4. 类型			
030414003	特殊保护装置	1. 名称 2. 类型	台（套）	按设计图示数量计算	调试
030414004	自动投入装置		系统（台、套）		
030414005	中央信号装置	1. 名称 2. 类型	系统（台）		
030414006	事故照明切换装置		系统	按设计图示系统计算	
030414007	不间断电源	1. 名称 2. 类型 3. 容量			
030414008	母线		段		
030414009	避雷器	1. 名称 2. 电压等级（kV）	组	按设计图示数量计算	
030414010	电容器				

项目编码	项目名称	项目特征	计量单位	工程量计算规则	工作内容
030414011	接地装置	1. 名称 2. 类别	1. 系统 2. 组	1. 以系统计量，按设计图示系统计算 2. 以组计量，按设计图示数量计算	接地电阻测试
030414012	电抗器、消弧线圈		台	按设计图示数量计算	调试
030414013	电除尘器	1. 名称 2. 型号 3. 规格	组	按设计图示数量计算	调试
030414014	硅整流设备、可控硅整流装置	1. 名称 2. 类别 3. 电压（V） 4. 电流（A）	系统	按设计图示系统计算	调试
030414015	电缆试验	1. 名称 2. 电压等级（kV）	次 （根、点）	按设计图示数量计算	试验

【例 3-19】 已知某电气工程中的电气调整试验，试编制电气调整试验的工程量清单。

【解】 电气调整试验的工程量清单见表 3-56。

表 3-56 分部分项工程量清单

工程名称：××工程 第 页 共 页

项目编码	项目名称	项目特征描述	计量单位	工程内容
030414002	送配电装置系统	型号；电压等级（kV）	系统	系统调试

上岗工作要点

1. 了解电气设备安装工程的定额在实际工程中的应用。

2. 在实际工作中，掌握变压器安装，配电装置安装，母线安装，控制设备及低压电器安装，蓄电池安装，防雷及接地装置安装，10kV 以下架空配电线路安装，配管、配线安装，照明器具安装及附属工程、电气调整试验的工程量计算规则与计算方法，做到熟练应用。

思 考 题

3-1 电气设备安装工程定额由哪些分项目工程组成？

3-2 配电装置安装的清单项目包括哪些？

3-3 防雷及接地装置的清单项目包括哪些？

3-4 电缆安装定额包括哪些分项工程？各分项工程的工作内容是什么？

3-5 配管、配线安装定额包括哪些分项工程？各分项工程的工作内容是什么？

3-6　简述变压器安装工程定额工程量计算规则。

3-7　简述母线安装工程清单工程量计算规则。

习　题

3-8　如图 3-12 所示为一个办公楼，该办公楼的配电是由临近的变电所提供的，另外在工厂内部还有一套供紧急停电情况下使用的发电系统。试计算该配电工程所用仪器的工程量。

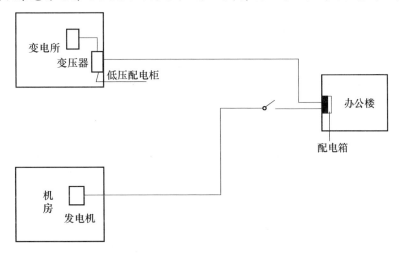

图 3-12　某办公楼的配电图

3-9　有一个车间的动力支路管线平面图如图 3-13 所示，试计算清单工程量与定额工程量。

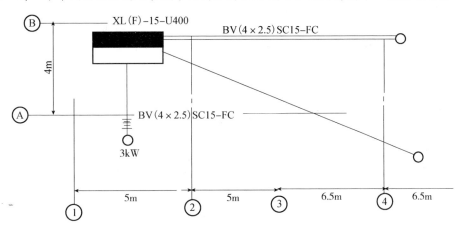

图 3-13　支路管线平面图

3-10　如图 3-14 所示，电缆自 N_2 电杆（12m）引下入地埋设引至 5 号厂房 N_2 动力箱，动力箱高 2.1m，宽 0.9m，试计算工程量。

3-11　某电缆工程，电缆均用 VV29（3×50＋1×60），采用电缆沟直埋铺砂盖砖，进建筑物时电缆穿管 SC80，动力配电箱都是从 1 号配电室低压配电柜引入，沟深 1.4m，如图 3-15 所示，试计算工程量。

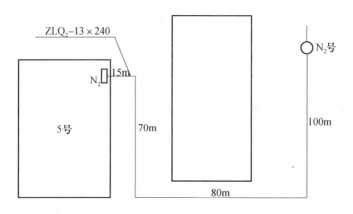

图 3-14　电缆埋设示意图

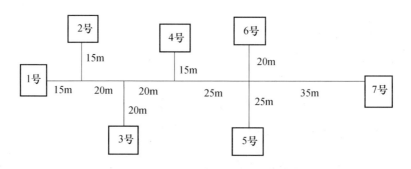

图 3-15　某电缆工程图

3-12　已知某工程电缆自 M_1 电杆引下埋设至 3 号厂房 M_2 动力箱，动力箱为 XL(F)—15—0042，高 1.8m，宽 0.8m，箱距地面高为 0.5m，如图 3-16 所示，试计算此电缆支架安装清单工程量。

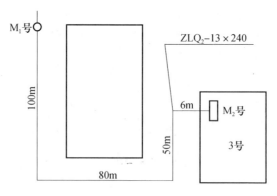

图 3-16　电缆敷设图示

3-13　如图 3-17 所示，是某座办公楼屋顶平面图，共装五根避雷针，分两处引下与接地组连接（避雷针为钢管，长 4m，接地极两组，6 根），房顶上的避雷线采用支持卡子敷设，试计算工程量。

3-14　备用电源自动投入装置系统如图 3-18 所示，试计算图中应划分的调试系统清单工程量。

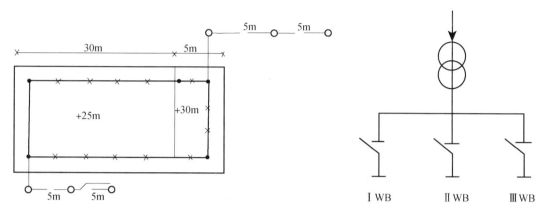

图 3-17　避雷针安装工程　　　　　　　图 3-18　备用电源自动投入装置图示

3-15　如图 3-19 所示，为一混凝土砖石结构平房（毛石基础、砖墙、钢筋混凝土板盖顶）顶板距地面高度为＋3m，室内装置定型照明配电箱（XM－7－3/0）1 台，单管日光灯（40W）6 盏，拉线开关 3 个，由配电箱引上为钢管明设（φ25），其余均为磁夹板配线，用 BLX 电线，引入线设计属于低压配电室范围，故此不考虑。试计算其工程量。

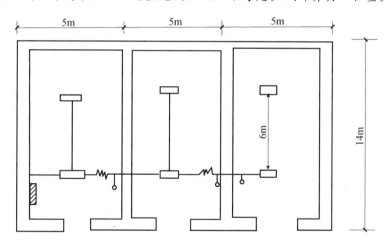

图 3-19　电气配线图

3-16　图 3-20 所示为某房间照明系统中某回路。图例见表 3-57。试编制分部分项工程量清单。说明：

1. 照明配电箱 AZM 电源由本层总配电箱引来，配电箱为嵌入式安装。

2. 管路均为镀锌钢管 φ20 沿墙、顶板暗配，顶管敷管标高 4.60m。管内穿阻燃绝缘导线 2RBVV－500 1.5mm²。

3. 开关控制装饰灯 FZS－164 为隔一控一。

4. 配管工程长度见图示上的数字，单位为 m。

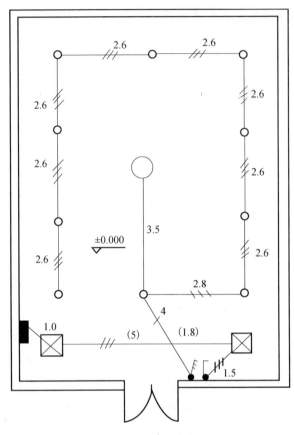

图 3-20　照明系统某回路示意图（单位：m）

表 3-57　图例

序号	图例	名称、型号、规格	备注
1	◯	装饰灯 XDCZ－50 8×100W	顶
2	◯	装饰灯 FZS－164 1×100W	
3	⌐	单联单控开关（暗装）10A；250V	安装高度 1.5m
4	⌐	三联单控开关（暗装）10A；250V	
5	⊠	排风扇 300×300 1×60W	吸顶
6	▬	照明配电箱 AZM 300mm×200mm×120mm	箱底标高 1.8m

第4章 给排水、采暖、燃气工程工程量计算

重 点 提 示

1. 熟悉给排水、采暖、燃气工程定额组成及清单项目设置。
2. 了解给排水工程、采暖工程以及燃气工程的定额说明。
3. 掌握给排水工程、采暖工程以及燃气工程的工程量计算规则。

4.1 给排水、采暖、燃气工程定额组成

4.1.1 管道安装

管道安装分部共分6个分项工程。

（1）室外管道：

1）镀锌钢管（螺纹连接）。工作内容包括切管，套丝，上零件，调直，管道安装，水压试验。

2）焊接钢管（螺纹连接）。工作内容包括切管，套丝，上零件，调直，管道安装，水压试验。

3）钢管（焊接）。工作内容包括切管，坡口，调直，煨弯，挖眼接管，异径管制作，对口，焊接，管道及管件安装，水压试验。

4）承插铸铁给水管（青铅接口）。工作内容包括切管，管道及管件安装，挖工作坑，熔化接口材料，接口，水压试验。

5）承插铸铁给水管（膨胀水泥接口）。工作内容包括管口除沥青，切管，管道及管件安装，挖工作坑，调制接口材料，接口养护，水压试验。

6）承插铸铁给水管（石棉水泥接口）。工作内容包括管口除沥青，切管，管道及管件安装，挖工作坑，调制接口材料，接口养护，水压试验。

7）承插铸铁给水管（胶圈接口）。工作内容包括切管，上胶圈，接口，管道安装，水压试验。

8）承插铸铁排水管（石棉水泥接口）。工作内容包括切管，管道及管件安装，调制接口材料，接口养护，水压试验。

9）承插铸铁排水管（水泥接口）。工作内容包括切管，管道及管件安装，调制接口材料，接口养护，水压试验。

（2）室内管道：

1）镀锌钢管（螺纹连接）。工作内容包括打堵洞眼，切管，套丝，上零件，调直，栽钩卡及管件安装，水压试验。

2）焊接钢管（螺纹连接）。工作内容包括打堵洞眼，切管，套丝，上零件，调直，栽钩

卡，管道及管件安装，水压试验。

3）钢管（焊接）。工作内容包括留堵洞眼，切管，坡口，调直，煨弯，挖眼接管，异形管制作，对口，焊接，管道及管件安装，水压试验。

4）承插铸铁给水管（青铅接口）。工作内容包括切管，管道及管件安装，熔化接口材料，接口，水压试验。

5）承插铸铁给水管（膨胀水泥接口）。工作内容包括管口除沥青，切管，管道及管件安装，调制接口材料，接口养护，水压试验。

6）承插铸铁给水管（石棉水泥接口）。工作内容包括管口除沥青，切管，管道及管件安装，调制接口材料，接口养护，水压试验。

7）承插铸铁排水管（石棉水泥接口）。工作内容包括留堵洞眼，切管，栽管卡，管道及管件安装，调制接口材料，接口养护，灌水试验。

8）承插铸铁排水管（水泥接口）。工作内容包括留堵洞眼，切管，栽管卡，管道及管件安装，调制接口材料，接口养护，灌水试验。

9）柔性抗震铸铁排水管（柔性接口）。工作内容包括留堵洞口，光洁管口，切管，栽管卡，管道及管件安装，紧固螺栓，灌水试验。

10）承插塑料排水管（零件粘接）。工作内容包括切管，调制，对口，熔化接口材料，粘接，管道，管件及管卡安装，灌水试验。

11）承插铸铁雨水管（石棉水泥接口）。工作内容包括留堵洞眼，栽管卡，管道及管件安装，调制接口材料，接口养护，灌水试验。

12）承插铸铁雨水管（水泥接口）。工作内容包括留堵洞眼，切管，栽管卡，管道及管件安装，调制接口材料，接口养护，灌水试验。

13）镀锌铁皮套管制作。工作内容包括下料，卷制，咬口。

14）管道支架制作安装。工作内容包括切断，调直，煨制，钻孔，组对，焊接，打洞，安装，和灰，堵洞。

（3）法兰安装：

1）铸铁法兰（螺纹连接）工作内容包括切管，套螺纹，制垫，加垫，上法兰，组对，紧螺纹，水压试验。

2）碳钢法兰（焊接）工作内容包括切口，坡口，焊接，制垫，加垫，安装，组对，紧螺栓，水压试验。

（4）伸缩器的制作安装：

1）螺纹连接法兰式套筒伸缩器的安装。工作内容包括切管，套螺纹，检修盘根，制垫，加垫，安装，水压试验。

2）焊接法兰式套筒伸缩器的安装。包括切管，检修盘根，对口，焊法兰，制垫，加垫，安装，水压试验等工作内容。

3）方形伸缩器的制作安装。工作内容包括做样板，筛砂，炒砂，灌砂，打砂，制堵板，加热，煨制，倒砂，清理内砂，组成，焊接，拉伸安装。

（5）管道的消毒冲洗。包括溶解漂白粉，灌水，消毒，冲洗等工作。

（6）管道压力试验。工作内容包括准备工作，制堵盲板，装设临时泵，灌水，加水，停压检查。

4.1.2　阀门、水位标尺安装

阀门、水位标尺安装分部共分 2 个分项工程。

（1）阀门安装：

1）螺纹阀。工作内容包括切管，套螺纹，制垫，加垫，上阀门，水压试验。

2）螺纹法兰阀。工作内容包括切管，套螺纹，上法兰，制垫，加垫，调直，紧螺栓，水压试验。

3）焊接法兰阀。工作内容包括切管，焊法兰，制垫，加垫，紧螺栓，水压试验。

4）法兰阀（带短管甲乙）青铅接口。工作内容包括管口除沥青，制垫，加垫，化铅，打麻，接口，紧螺栓，水压试验。

5）法兰阀（带短管甲乙）石棉水泥接口。工作内容包括管口除沥青，制垫，加垫，调制接口材料，接口养护，紧螺栓，水压试验。

6）法兰阀（带短管甲乙）膨胀水泥接口。工作内容包括管口除沥青，制垫，加垫，调制接口材料，接口养护，紧螺栓，水压试验。

7）自动排气阀、手动放风阀。工作内容包括支架制作安装，套丝，丝堵攻丝，安装，水压试验。

8）螺纹浮球阀。工作内容包括切管，套丝，安装，水压试验。

9）法兰浮球阀。工作内容包括切管，焊接，制垫，加垫，紧螺栓，固定，水压试验。

10）法兰液压式水位控制阀。工作内容包括切管，挖眼，焊接，制垫，加垫，固定，紧螺栓，安装，水压试验。

（2）浮标液面计、水塔及水池浮漂水位标尺制作安装：

1）浮标液面计 FQ-Ⅱ型。工作内容包括支架制作安装，液面计安装。

2）水塔及水池浮漂水位标尺制作安装。工作内容包括预埋螺栓，下料，制作，安装，导杆升降调整。

4.1.3　低压器具、水表组成与安装

低压器具、水表组成与安装分部共分 3 个分项工程。

（1）减压器的组成与安装。分为螺纹连接和焊接连接两种连接方式。

1）螺纹连接。工作内容为切管，套螺纹，安装零件，制垫，加垫，组对，找正，找平，安装及水压试验。

2）焊接连接。工作内容为切管，套螺纹，安装零件，组对，焊接，制垫，加垫，安装，水压试验。

（2）疏水器的组成与安装。分螺纹连接和焊接连接两种形式。工作内容为切管，套螺纹，安装零件，制垫，加垫，组成（焊接），安装，水压试验。

（3）水表的组成与安装。分螺纹水表和焊接法兰水表（带旁通管和止回阀）。

1）螺纹水表。工作内容为切管，套螺纹，制垫，加垫，安装，水压试验。

2）焊接法兰水表。工作内容为切管，焊接，制垫，加垫，水表和阀门及止回阀的安装，紧螺栓，通水试验。

4.1.4　卫生器具制作安装

卫生器具制作安装分部共分 18 个分项工程。

（1）浴盆、净身盆安装。

1）搪瓷浴盆、净身盆安装。工作内容包括栽木砖，切管，套丝，盆及附件安装，上下水管连接，试水。

2）玻璃钢浴盆、塑料浴盆安装。工作内容包括栽木砖，切管，套丝，盆及附件安装，上下水管连接，试水。

（2）洗脸盆、洗手盆安装。工作内容包括栽木砖，切管，套丝，上附件，盆及托架安装，上下水管连接，试水。

（3）洗涤盆、化验盆安装：

1）洗涤盆安装。工作内容包括栽螺栓，切管，套丝，上零件，器具安装，托架安装，上下水管连接，试水。

2）化验盆安装。工作内容包括切管，套丝，上零件，托架器具安装，上下水管连接，试水。

（4）沐浴器组成、安装。工作内容包括留堵洞眼，栽木砖，切管，套丝，沐浴器组成及安装，试水。

（5）大便器安装：

1）蹲式大便器安装。工作内容包括留堵洞眼，栽木砖，切管，套丝，大便器与水箱及附件安装，上下水管连接，试水。

2）坐式大便器安装。工作内容包括留堵洞眼，栽木砖，切管，套丝，大便器与水箱及附件安装，上下水管连接，试水。

（6）小便器安装：

1）挂斗式小便器安装。工作内容包括栽木砖，切管，套丝，小便器安装，上下水管连接，试水。

2）立式小便器安装。工作内容包括栽木砖，切管，套丝，小便器安装，上下水管连接，试水。

（7）大便槽自动冲洗水箱安装。工作内容包括留堵洞眼，栽托架，切管，套丝，水箱安装，试水。

（8）小便槽自动冲洗水箱安装。工作内容包括留堵洞眼，栽托架，切管，套丝，小箱安装、试水。

（9）水龙头安装。工作内容包括上水嘴，试水。

（10）排水栓安装。工作内容包括切管，套丝，上零件，安装，与下水管连接，试水。

（11）地漏安装。工作内容包括切管，套丝，安装，与下水管连接。

（12）地面扫除口安装。工作内容包括安装，与下水管连接，试水。

（13）小便槽冲洗管制作、安装。工作内容包括切管，套丝，上零件，栽管卡，试水。

（14）开水炉安装。工作内容包括就位，稳固，附件安装、水压试验。

（15）电热水器、开关炉安装。工作内容包括留堵洞眼，栽螺栓，就位，稳固，附件安装、试水。

（16）容积式热交换器安装。工作内容包括安装，就位，上零件水压试验。

（17）蒸汽、水加热器，冷热水混合器安装。工作内容包括切管，套丝，器具安装、试水。

（18）消毒器、消毒锅、饮水器安装。工作内容包括就位、安装、上附件、试水。

4.1.5 供暖器具制作安装

供暖器具安装分部共分 8 个分项工程:

（1）铸铁散热器的组成与安装。工作内容包括制垫，加垫，组成，栽钩，加固，水压试验等。

（2）光排管散热器的制作与安装。工作内容包括切管，焊接，组成，栽钩，加固及水压试验等。

（3）钢制闭式散热器安装。工作内容包括打堵墙眼，栽钩，安装，稳固。

（4）钢制板式散热器安装。工作内容包括打堵墙眼，栽钩，安装，稳固。

（5）钢制壁式散热器安装。工作内容包括预埋螺栓，安装汽包及钩架，稳固。

（6）钢制柱式散热器安装。工作内容包括打堵墙眼，栽钩，安装，稳固。

（7）暖风机安装。工作内容包括吊装，稳固，试运转。

（8）热空气幕安装。工作内容包括安装，稳固，试运转。

4.1.6 小型容器制作安装

小型容器制作安装分部共分 5 个分项工程:

（1）矩形钢板水箱制作。工作内容包括下料，坡口，平直，开孔，接板组对，装配零部件，焊接，注水试验。

（2）圆形钢板水箱制作。工作内容包括下料，坡口，压头，卷圆，找圆，组对，焊接，装配，注水试验。

（3）大、小便槽冲洗水箱制作。工作内容包括下料，坡口，平直，开孔，接板组对，装配零件，焊接，注水试验。

（4）矩形钢板水箱安装。工作内容包括稳固，装配零件。

（5）圆形钢板水箱安装。工作内容包括稳固，装配零件。

4.1.7 燃气管道、附件、器具安装

燃气管道、附件、器具安装分部共分 7 个分项工程。

（1）室外管道安装:

1）镀锌钢管（螺纹连接）。工作内容包括切管，套丝，上零件，调直，管道及管件安装，气压试验。

2）钢管（焊接）。工作内容包括切管，坡口，调直，弯管制作，对口，焊接，磨口，管道安装，气压试验。

3）承插煤气铸铁管（柔性机械接口）。工作内容包括切管，管道及管件安装，挖工作坑，接口，气压试验。

（2）室内镀锌钢管（螺纹连接）安装:

工作内容包括打堵洞眼、切管、套丝、上零件、调直、栽管卡及钩钉、管道及管件安装、气压试验。

（3）附件安装:

1）铸铁抽水缸（0.005MPa 以内）安装（机械接口）。工作内容包括缸体外观检查，抽水管及抽水立管安装，抽水缸与管道连接。

2）碳钢抽水缸（0.005MPa 以内）安装。工作内容包括下料，焊接，缸体与抽水立管组装。

3）调长器安装。工作内容包括灌沥青，焊法兰，加垫，找平，安装，紧固螺栓。

4）调长器与阀门连接。工作内容包括连接阀门，灌沥青，焊法兰，加垫，找平安装，紧固螺栓。

（4）燃气表：

1）民用燃气表。工作内容包括连接接表材料，燃气表安装。

2）公商用燃气表。工作内容包括连接接表材料，燃气表安装。

3）工业用罗茨表。工作内容包括下料，法兰焊接，燃气表安装，紧固螺栓。

（5）燃气加热设备安装：

1）开水炉。工作内容包括开水炉安装，通气，通水，试火，调试风门。

2）采暖炉。工作内容包括采暖炉安装，通气，试火，调风门。

3）沸水器。工作内容包括沸水器安装，通气，通水，试火，调试风门。

4）快速热水器。工作内容包括快速热水器安装，通气，通水，试火，调试风门。

（6）民用灶具：

1）人工煤气灶具。工作内容包括灶具安装，通气，试火，调试风门。

2）液化石油气灶具。工作内容包括灶具安装，通气，试火，调试风门。

3）天然气灶具。工作内容包括灶具安装，通气，试火，调试风门。

（7）公用事业灶具：

1）人工煤气灶具。工作内容包括灶具安装，通气，试火，调试风门。

2）液化石油气灶具。工作内容包括灶具安装，通气，试火，调试风门。

3）天然气灶具。工作内容包括灶具安装，通气，试火，调试风门。

（8）单双气嘴。工作内容包括气嘴研磨，上气嘴。

4.2 给排水、采暖、燃气工程清单项目设置

4.2.1 概况

（1）给排水、采暖、燃气工程系指生活用给排水工程、采暖工程、生活用燃气工程安装，及其管道、附件、配件安装和小型容器制作等。

（2）附录K采暖、给排水、燃气工程包括10节101项，其中包括暖、卫、燃气的管道安装，管道附件安装，管支架制作安装，暖、卫、燃气器具安装，采暖工程系统调整等项目。

（3）采暖、给排水、燃气工程适用于采用工程量清单计价的新建、扩建的生活用给排水、采暖、燃气工程。

（4）采暖、给排水、燃气工程与其他相关工程的界限划分：

1）管道界限的划分。

①给水管道室内外界限划分：以建筑物外墙皮1.5m为界，入口处设阀门者以阀门为界。

②排水管道室内外界限划分：以出户第一个排水检查井为界。

③采暖管道室内外界限划分：以建筑物外墙皮1.5m为界，入口处设阀门者以阀门为界。

④燃气管道室内外界限划分：地下引入室内的管道以室内第一个阀门为界，地上引入室

内的管道以墙外三通为界。

2）管道热处理、无损探伤，应按《通用安装工程工程量计算规范》（GB 50856—2013）附录 H 工业管道工程相关项目编码列项。

3）医疗气体管道及附件，应按《通用安装工程工程量计算规范》（GB 50856—2013）附录 H 工业管道工程相关项目编码列项。

4）管道、设备及支架除锈、刷油、保温除注明者外，应按《通用安装工程工程量计算规范》（GB 50856—2013）附录 M 刷油、防腐蚀、绝热工程相关项目编码列项。

5）凿槽（沟）、打洞项目，应按《通用安装工程工程量计算规范》（GB 50856—2013）附录 D 电气设备安装工程相关项目编码列项。

（5）采暖、给排水、燃气工程需要说明的问题。

1）关于项目特征。项目特征是工程量清单计价的关键依据之一，由于项目的特征不同，其计价的结果也相应发生差异，因此招标人在编制工程量清单时，应在可能的情况下明确描述该工程量清单项目的特征。投标人按招标人提出的特征要求计价。

2）关于工程量清单计算规则。

①工程量清单的工程量必须依据工程量计算规则的要求编制，工程量只列实物量，所谓实物量即是工程完工后的实体量，如土石方工程，其挖填土石方工程量只能按设计沟断面尺寸乘沟长度计算，不能将放坡的土石方量计入工程量内。绝热工程量只能按设计要求的绝热厚度计算，不能将施工的误差增加量计入绝热工程量。投标人在投标报价时，可以按自己的企业技术水平和施工方案的具体情况，将土石方挖填的放坡量和绝热的施工误差量计入综合单价内。增加的量越小越有竞标能力。

②有的工程项目，由于特殊情况不属于工程实体，但在工程量清单计量规则中列有清单项目，也可以编制工程量清单，如采暖系统调整项目就属此种情况。

3）关于工程内容。工程量清单的工程内容是完成该工程量清单可能发生的综合工程项目，工程量清单计价时，按图纸、规程规范等要求选择编列所需项目。

（6）以下费用可根据需要情况由投标人选择计入综合单价。

1）高层建筑施工增加费。

2）安装与生产同时进行增加费。

3）在有害身体健康环境中施工增加费。

4）安装物安装高度超高施工增加费。

5）设置在管道间、管廊内管道施工增加费。

6）现场浇筑的主体结构配合施工增加费。

（7）关于措施项目清单。措施项目清单为工程量清单的组成部分，措施项目可按《工程量清单计价规范》表 4-1 所列项目，根据工程需要情况选择列项。在采暖、给排水、燃气工程所列工程中可能发生的措施项目有：临时设施、文明施工、安全施工、二次搬运、已完工程及设备保护费、脚手架搭拆费。措施项目清单应单独编制，并应按措施项目清单编制要求计价。

（8）编制采暖、给排水、燃气工程所列清单项目如涉及管沟及管沟的土石方、垫层、基础、砌筑抹灰、地沟盖板、土石方回填、土石方运输等工程内容时，按"建筑工程"的相关项目编制工程量清单。路面开挖及修复、管道支墩、井砌筑等工程内容，按"市政工程"有关项目编制工程量清单。

表 4-1 通用措施项目一览表

序号	项目名称
1	安全文明施工（含环境保护、文明施工、安全施工、临时设施）
2	夜间施工
3	二次搬运
4	冬雨季施工
5	大型机械设备进出场及安拆
6	施工排水
7	施工降水
8	地上、地下设施，建筑物的临时保护设施
9	已完工程及设备保护

（9）采暖、给排水、燃气工程所列项目如涉及管道油漆、除锈，支架的除锈、油漆，管道的绝热、防腐等工程量清单项目，可参照《全国统一安装工程预算定额》刷油、防腐蚀、绝热工程册的工料机耗用量计价。

4.2.2 工程量清单项目设置

（1）给排水、采暖、燃气管道。

1）概况。给排水、采暖、燃气管道安装，是按安装部位、输送介质管径、管道材质、连接形式、接口材料及除锈标准、刷油、防腐、绝热保护层等不同特征设置的清单项目。编制工程量清单时，应明确描述各项特征，以便计价。

2）应明确描述以下各项特征：

①安装部位应按室内、室外不同部位编制清单项目。

②输送介质指给水管道、排水管道、采暖管道、雨水管道、燃气管道。

③材质应按焊接钢管（镀锌、不镀锌）、无缝钢管、铸铁管（一般铸铁、球墨铸铁）、铜管（T1、T2、T3、H59-96）、不锈钢管（1Cr18Ni9、1Cr18Ni9Ti）、非金属管（PVC、UPVC、PPC、PPR、PE、铝塑复合、水泥、陶土、缸瓦管）等不同特征分别编制清单项目。

④连接方式应按接口形式不同，如螺纹连接、焊接（电弧焊、氧乙炔焊）、承插、卡接、热熔、粘接等不同特征分别列项。

⑤接口材料指承插连接管道的接口材料，如铅、膨胀水泥、石棉水泥等

⑥除锈标准为管材除锈的要求，如手工除锈、机械除锈、化学除锈、喷砂除锈等不同特征必须明确描述，以便计价。

⑦套管形式指铁皮套管、防水套管、一般钢套管等。

⑧防腐、绝热及保护层的要求指管道的防腐蚀、遍数、绝热材料、绝热厚度、保护层材料等不同特征必须明确描述，以便计价。

3）需要说明的问题。招标人或投标人如采用建设行政主管部门颁布的有关规定为工料计价依据时，应注意以下事项。

①《全国统一安装工程预算定额》第八册给排水、采暖管道安装定额中，φ32mm以下的螺纹连接钢管安装均包括了管卡及托钩的制作安装，该管道如需安装支架时，应做相应

调整。

②《全国统一安装工程预算定额》第八册凡用法兰连接的阀门、暖、卫、燃气具均已包括法兰、螺栓的安装，法兰安装不再单独编制清单项目。

③室内铸铁排水管、铸铁雨水管、承插塑料排水管、螺纹连接的燃气管，定额均已包括管道支架的制作安装内容，不能再单独编制支架制作安装清单项目。

④《全国统一安装工程预算定额》第八册的所有管道安装定额除给水承插铸铁管和燃气铸铁管外，均包括管件的制作安装（焊接连接的为制作管件，螺纹连接和承插连接的为成品管件）工作内容，给水承插铸铁管和燃气承插铸铁管已包括管件安装，管件本身的材料价按图纸需用量另计。除不锈钢管、铜管应列管件安装项目外，其他所有管件安装均不编制工程量清单。

⑤管道若安装钢过墙（楼板）套管时，按钢套管长度参照室外钢管焊接管道安装定额计价。

⑥不锈钢管、钢管及其管件安装，可参照《全国统一安装工程预算定额》第六册的相应项目计价。

（2）支架及其他

《工程量清单计价规范》附录 K.2 为支架及其他项目，暖、卫、燃气器具、设备的支架可用本项目编制工程量清单。

（3）管道附件安装。

1）概况。《工程量清单计价规范》附录管道附件包括阀门、法兰、计量表、伸缩器、PVC排水管消声器和伸缩节、水位标尺、抽水缸、调长器，按类型、材质、型号、规格、连接方式等不同特征设置清单项目。编制工程量清单时，必须明确描述各种特征，以便计价。

2）需要说明的问题。

①阀门的类型应包括浮球阀、手动排气阀、液压式水位控制阀、不锈钢阀、液相自动转换阀。选择阀和各种法兰连接及螺纹连接的低压阀门。

②各类型的阀门安装，投标人应按照其安装的繁简程度自主计价。

（4）卫生、供暖、燃气器具安装。

1）概况。卫生、供暖、燃气器具安装工程。卫生器具包括浴盆、净身盆、洗脸盆、洗涤盆。化验盆、淋浴器、烘干器、大便器、小便器、排水栓、扫除口、地漏，各种热水器，消毒器、饮水器等；供暖器具包括各种类型散热器、光排管、暖风机、空气幕等；燃气器具包括燃气开水器、燃气采暖炉、燃气热水器、燃气灶具、气嘴等项目。按材质及组装形式、型号、规格、开关种类、连接方式等不同特征编制清单项目。

2）下列各项特征必须在工程量清单中明确描述，以便计价。

①卫生器具中浴盆的材质（搪瓷、铸铁、玻璃钢、塑料）、规格（1400、1650、1800）、组装形式（冷水、冷热水、冷热水带喷头），洗脸盆的型号（立式、台式、普通）、规格、组装形式（冷水、冷热水）、开关种类（肘式、脚踏式），淋浴器的组织形式（钢管组成、铜管成品），大便器规格型号（蹲式、坐式、低水箱、高水箱）、开关及冲洗形式（普通冲洗阀冲洗、手压冲洗、脚踏冲洗、自闭式冲洗），小便器规格、型号（挂斗式、立式），水箱的形状（圆形、方形）、质量。

②供暖器具的铸铁散热器的型号及规格（长翼、圆翼、M132、柱型），光排管散热器的型号（A 型、B 型）、长度，散热器的除锈标准、油漆种类。

③燃气器具如开水炉的型号、采暖炉的型号、沸水器的型号、快速热水器的型号（直排、烟道、平衡）、灶具的型号（煤气、天然气，民用灶具、公用灶具，单眼、双眼、三眼）。

3）需要说明的问题。

①光排管式散热器制作安装，工程量按长度以米为单位计算。在计算工程量长度时，每组光排管之间的连接管长度不能计入光排管制作安装工程量。

②采暖器具的集气罐制作安装可参照《工程量清单计价规范》附录K编制工程量清单。

（5）采暖工程系统调整。

1）《工程量清单计价规范》附录K的采暖工程系统调整为非实体工程项目。但由于工程需要必须单独列项。

2）采暖工程系统调整工程内容应包括在室外温度和热源进口温度按设计规定条件下，将室内温度调整到设计要求的温度的全部工作。

4.3　给排水工程工程量计算

4.3.1　管道安装

4.3.1.1　定额说明

1）界线划分：

①给水管道。

a. 室内外界线以建筑物外墙皮1.5m为界，入口处设阀门者以阀门为界。

b. 与市政管道界线以水表井为界，无水表井者，以与市政管道碰头点为界。

②排水管道。

a. 室内外以出户第一个排水检查井为界。

b. 室外管道与市政管道界线以与市政管道碰头井为界。

2）定额包括以下工作内容：

①管道及接头零件安装。

②水压试验或灌水试验。

③室内DN32以内钢管包括管卡及托钩制作安装。

④钢管包括弯管制作与安装（伸缩器除外），无论是现场煨制或成品弯管均不得换算。

⑤铸铁排水管、雨水管及塑料排水管，均包括管卡及托吊支架、臭气帽、雨水漏斗制作安装。

⑥穿墙及过楼板铁皮套管安装人工。

3）定额不包括以下工作内容：

①室内外管道沟土方及管道基础，应执行《全国统一建筑工程基础定额》（GJD—101—95）。

②管道安装中不包括法兰、阀门及伸缩器的制作、安装，按相应项目另行计算。

③室内外给水、雨水铸铁管包括接头零件所需的人工，但接头零件价格应另行计算。

④DN32以上的钢管支架，按定额管道支架另行计算。

⑤过楼板的钢套管的制作、安装工料，按室外钢管（焊接）项目计算。

4.3.1.2　定额工程量计算规则

1）各种管道，均以施工图所示中心长度，以"m"为计量单位，不扣除阀门、管件（包括减压器、疏水器、水表、伸缩器等组成安装）所占的长度。

2）镀锌铁皮套管制作以"个"为计量单位，其安装已包括在管道安装定额内，不得另行计算。

3）管道支架制作安装，室内管道公称直径 32mm 以下的安装工程已包括在内，不得另行计算；公称直径 32mm 以上的，可另行计算。

4）各种伸缩器制作安装，均以"个"为计量单位。方形伸缩器的两臂，按臂长的两倍合并在管道长度内计算。

5）管道消毒、冲洗、压力试验，均按管道长度以"m"为计量单位，不扣除阀门、管件所占的长度。

4.3.2 阀门、水位标尺安装

4.3.2.1 定额说明

1）螺纹阀门安装适用于各种内外螺纹连接的阀门安装。

2）法兰阀门安装适用于各种法兰阀门的安装。如仅为一侧法兰连接时，定额中的法兰、带帽螺栓及钢垫圈数量减半。

3）各种法兰连接用垫片均按石棉橡胶板计算，如用其他材料，不得调整。

4）浮标液面计 FQ-Ⅱ型安装是按《采暖通风国家标准图集》（N102-3）编制的。

5）水塔、水池浮漂水位标尺制作安装，是按《全国通用给水排水标准图集》（S318）编制的。

4.3.2.2 定额工程量计算规则

1）各种阀门安装，均以"个"为计量单位。法兰阀门安装，如仅为一侧法兰连接时，定额所列法兰、带帽螺栓及垫圈数量减半，其余不变。

2）各种法兰连接用垫片，均按石棉橡胶板计算。如用其他材料，不得调整。

3）法兰阀（带短管甲乙）安装，均以"套"为计量单位。如接口材料不同时，可调整。

4）自动排气阀安装以"个"为计量单位，已包括了支架制作安装，不得另行计算。

5）浮球阀安装均以"个"为计量单位，已包括了联杆及浮球的安装，不得另行计算。

6）浮标液面计、水位标尺是按国标编制的，如设计与国标不符时，可调整。

4.3.3 低压器具、水表组成与安装

4.3.3.1 定额说明

1）减压器、疏水器组成与安装是按《采暖通风国家标准图集》（N108）编制的，如实际组成与此不同时，阀门和压力表数量可按实际调整，其余不变。

2）法兰水表安装是按《全国通用给水排水标准图集》（S145）编制的，定额内包括旁通管及止回阀。如实际安装形式与此不同时，阀门及止回阀可按实际调整，其余不变。

4.3.3.2 定额工程量计算规则

1）减压器、疏水器组成安装以"组"为计量单位。如设计组成与定额不同时，阀门和压力表数量可按设计用量进行调整，其余不变。

2）减压器安装，按高压侧的直径计算。

3）法兰水表安装以"组"为计量单位，定额中旁通管及止回阀如与设计规定的安装形式不同时，阀门及止回阀可按设计规定进行调整，其余不变。

4.3.4 卫生器具制作安装

4.3.4.1 定额说明

1) 卫生器具制作安装定额中所有卫生器具安装项目，均参照《全国通用给水排水标准图集》中有关标准图集计算，除以下说明者外，设计无特殊要求均不作调整。

2) 成组安装的卫生器具，定额均已按标准图集计算了与给水、排水管道连接的人工和材料。

3) 浴盆安装适用于各种型号的浴盆，但浴盆支座和浴盆周边的砌砖、瓷砖粘贴应另行计算。

4) 洗脸盆、洗手盆、洗涤盆适用于各种型号。

5) 化验盆安装中的鹅颈水嘴，化验单嘴、双嘴适用于成品件安装。

6) 洗脸盆肘式开关安装，不分单双把均执行同一项目。

7) 脚踏开关安装包括弯管和喷头的安装人工和材料。

8) 淋浴器铜制品安装适用于各种成品淋浴器安装。

9) 蒸汽-水加热器安装项目中，包括了莲蓬头安装，但不包括支架制作安装；阀门和疏水器安装可按相应项目另行计算。

10) 冷热水混合器安装项目中包括了温度计安装，但不包括支座制作安装，其工程量可按相应项目另行计算。

11) 小便槽冲洗管制作安装定额中，不包括阀门安装，其工程量可按相应项目另行计算。

12) 大、小便槽水箱托架安装已按标准图集计算在定额内，不得另行计算。

13) 高（无）水箱蹲式大便器、低水箱坐式大便器安装，适用于各种型号。

14) 电热水器、电开水炉安装定额内只考虑了本体安装，连接管、连接件等可按相应项目另行计算。

15) 饮水器安装的阀门和脚踏开关安装，可按相应项目另行计算。

16) 容积式水加热器安装，定额内已按标准图集计算了其中的附件，但不包括安全阀安装、本体保温、刷油漆和基础砌筑。

4.3.4.2 定额工程量计算规则

1) 卫生器具组成安装，以"组"为计量单位，已按标准图综合了卫生器具与给水管、排水管连接的人工与材料用量，不得另行计算。

2) 浴盆安装不包括支座和四周侧面的砌砖及瓷砖粘贴。

3) 蹲式大便器安装，已包括了固定大便器的垫砖，但不包括大便器蹲台砌筑。

4) 大便槽、小便槽自动冲洗水箱安装，以"套"为计量单位，已包括了水箱托架的制作安装，不得另行计算。

5) 小便槽冲洗管制作与安装，以"m"为计量单位，不包括阀门安装，其工程量可按相应定额另行计算。

6) 脚踏开关安装，已包括了弯管与喷头的安装，不得另行计算。

7) 冷热水混合器安装，以"套"为计量单位，不包括支架制作安装及阀门安装，其工程量可按相应定额另行计算。

8) 蒸汽-水加热器安装，以"台"为计量单位，包括莲蓬头安装，不包括支架制作安装及阀门、疏水器安装，其工程量可按相应定额另行计算。

9) 容积式水加热器安装，以"台"为计量单位，不包括安全阀安装、保温与基础砌筑，其工程量可按相应定额另行计算。

10）电热水器、电开水炉安装，以"台"为计量单位，只考虑本体安装，连接管、连接件等工程量可按相应定额另行计算。

11）饮水器安装以"台"为计量单位，阀门和脚踏开关工程量可按相应定额另行计算。

4.3.5 给排水工程清单工程量计算规则

4.3.5.1 给排水、采暖、燃气管道

工程量清单项目设置及工程量计算规则，应按表 4-2 的规定执行。

表 4-2 给排水、采暖、燃气管道（编码：031001）

项目编码	项目名称	项目特征	计量单位	工程量计算规则	工作内容
031001001	镀锌钢管	1. 安装部位 2. 介质 3. 规格、压力等级 4. 连接形式 5. 压力试验及吹、洗设计要求 6. 警示带形式			1. 管道安装 2. 管件制作、安装 3. 压力试验 4. 吹扫、冲洗 5. 警示带铺设
031001002	钢管				
031001003	不锈钢管				
031001004	铜管				
031001005	铸铁管	1. 安装部位 2. 介质 3. 材质、规格 4. 连接形式 5. 接口材料 6. 压力试验及吹、洗设计要求 7. 警示带形式			1. 管道安装 2. 管件安装 3. 压力试验 4. 吹扫、冲洗 5. 警示带铺设
031001006	塑料管	1. 安装部位 2. 介质 3. 材质、规格 4. 连接形式 5. 阻火圈设计要求 6. 压力试验及吹、洗设计要求 7. 警示带形式	m	按设计图示管道中心线以长度计算	1. 管道安装 2. 管件安装 3. 塑料卡固定 4. 阻火圈安装 5. 压力试验 6. 吹扫、冲洗 7. 警示带铺设
031001007	复合管	1. 安装部位 2. 介质 3. 材质、规格 4. 连接形式 5. 压力试验及吹、洗设计要求 6. 警示带形式			1. 管道安装 2. 管件安装 3. 塑料卡固定 4. 压力试验 5. 吹扫、冲洗 6. 警示带铺设
031001008	直埋式预制保温管	1. 埋设深度 2. 介质 3. 管道材质、规格 4. 连接形式 5. 接口保温材料 6. 压力试验及吹、洗设计要求 7. 警示带形式			1. 管道安装 2. 管件安装 3. 接口保温 4. 压力试验 5. 吹扫、冲洗 6. 警示带铺设

项目编码	项目名称	项目特征	计量单位	工程量计算规则	工作内容
031001009	承插陶瓷缸瓦管	1. 埋设深度 2. 规格 3. 接口方式及材料 4. 压力试验及吹、洗设计要求 5. 警示带形式	m	按设计图示管道中心线以长度计算	1. 管道安装 2. 管件安装 3. 压力试验 4. 吹扫、冲洗 5. 警示带铺设
031001010	承插水泥管				
031001011	室外管道碰头	1. 介质 2. 碰头形式 3. 材质、规格 4. 连接形式 5. 防腐、绝热设计要求	处	按设计图示以处计算	1. 挖填工作坑或暖气沟拆除及修复 2. 碰头 3. 接口处防腐 4. 接口处绝热及保护层

注：1. 安装部位，指管道安装在室内、室外。

2. 输送介质包括给水、排水、中水、雨水、热媒体、燃气、空调水等。

3. 方形补偿器制作安装应在管道安装综合单价中。

4. 铸铁管安装适用于承插铸铁管、球墨铸铁管、柔性抗震铸铁管等。

5. 塑料管安装适用于 UPVC、PVC、PP-C、PP-R、PE、PB 管等塑料管材。

6. 复合管安装适用于钢塑复合管、铝塑复合管、钢骨架复合管等复合型管道安装。

7. 直埋保温管包括直埋保温管件安装及接口保温。

8. 排水管道安装包括立管检查口、透气帽。

9. 室外管道碰头：

　　(1) 适用于新建或扩建工程热源、水源、气源管道与原（旧）有管道碰头；

　　(2) 室外管道碰头包括挖工作坑、土方回填或暖气沟局部拆除及修复；

　　(3) 带介质管道碰头包括开关闸、临时放水管线铺设等费用；

　　(4) 热源管道碰头每处包括供、回水两个接口；

　　(5) 碰头形式指带介质碰头、不带介质碰头。

10. 管道工程量计算不扣除阀门、管件（包括减压器、疏水器、水表、伸缩器等组成安装）及附属构筑物所占长度；方形补偿器以其所占长度列入管道安装工程量。

11. 压力试验按设计要求描述试验方法，如水压试验、气压试验、泄漏性试验、闭水试验、通球试验、真空试验等。

12. 吹、洗按设计要求描述吹扫、冲洗方法，如水冲洗、消毒冲洗、空气吹扫等。

4.3.5.2 支架及其他

工程量清单项目设置及工程量计算规则，应按表4-3的规定执行。

表 4-3　支架及其他 （编码：031002）

项目编码	项目名称	项目特征	计量单位	工程量计算规则	工作内容
031002001	管道支架	1. 材质 2. 管架形式	1. kg 2. 套	1. 以千克计量，按设计图示质量计算 2. 以套计量，按设计图示数量计算	1. 制作 2. 安装
031002002	设备支架	1. 材质 2. 形式			
031002003	套管	1. 名称、类型 2. 材质 3. 规格 4. 填料材质	个	按设计图示数量计算	1. 制作 2. 安装 3. 除锈、刷油

注：1. 单件支架质量 100kg 以上的管道支吊架执行设备支吊架制作安装。

2. 成品支架安装执行相应管道支架或设备支架项目，不再计取制作费，支架本身价值含在综合单价中。

3. 套管制作安装，适用于穿基础、墙、楼板等部位的防水套管、填料套管、无填料套管及防火套管等，应分别列项。

4.3.5.3 管道附件

工程量清单项目设置及工程量计算规则，应按表 4-4 的规定执行。

表 4-4　管道附件（编码：031003）

项目编码	项目名称	项目特征	计量单位	工程量计算规则	工作内容
031003001	螺纹阀门	1. 类型 2. 材质 3. 规格、压力等级 4. 连接形式 5. 焊接方法	个	按设计图示数量计算	1. 安装 2. 电气接线 3. 调试
031003002	螺纹法兰阀门				
031003003	焊接法兰阀门				
031003004	带短管甲乙阀门	1. 材质 2. 规格、压力等级 3. 连接形式 4. 接口方式及材质			
031003005	塑料阀门	1. 规格 2. 连接形式			1. 安装 2. 调试
031003006	减压器	1. 材质 2. 规格、压力等级 3. 连接形式 4. 附件配置	组		组装
031003007	疏水器				
031003008	除污器（过滤器）	1. 材质 2. 规格、压力等级 3. 连接形式			
031003009	补偿器	1. 类型 2. 材质 3. 规格、压力等级 4. 连接形式	个		安装
031003010	软接头（软管）	1. 材质 2. 规格 3. 连接形式	个（组）		
031003011	法兰	1. 材质 2. 规格、压力等级 3. 连接形式	副（片）		
031003012	倒流防止器	1. 材质 2. 型号、规格 3. 连接形式	套		
031003013	水表	1. 安装部位（室内外） 2. 型号、规格 3. 连接形式 4. 附件配置	组（个）		组装
031003014	热量表	1. 类型 2. 型号、规格 3. 连接形式	块		安装

项目编码	项目名称	项目特征	计量单位	工程量计算规则	工作内容
031003015	塑料排水管消声器	1. 规格 2. 连接形式	个	按设计图示数量计算	安装
031003016	浮标液面计		组		
031003017	浮漂水位标尺	1. 用途 2. 规格	套		

注：1. 法兰阀门安装包括法兰连接，不得另计。阀门安装如仅为一侧法兰连接时，应在项目特征中描述。
　　2. 塑料阀门连接形式需注明热熔连接、粘接、热风焊接等方式。
　　3. 减压器规格按高压侧管道规格描述。
　　4. 减压器、疏水器、倒流防止器等项目包括组成与安装工作内容，项目特征应根据设计要求描述附件配置情况，或根据××图集或××施工图做法描述。

4.3.5.4 卫生器具

工程量清单项目设置及工程量计算规则，应按表4-5的规定执行。

表 4-5　卫生器具（编码：031004）

项目编码	项目名称	项目特征	计量单位	工程量计算规则	工作内容
031004001	浴缸	1. 材质 2. 规格、类型 3. 组装形式 4. 附件名称、数量	组	按设计图示数量计算	1. 器具安装 2. 附件安装
031004002	净身盆				
031004003	洗脸盆				
031004004	洗涤盆				
031004005	化验盆				
031004006	大便器				
031004007	小便器				
031004008	其他成品卫生器具				
031004009	烘手器	1. 材质 2. 型号、规格	个		安装
031004010	淋浴器	1. 材质、规格 2. 组装形式 3. 附件名称、数量			1. 器具安装 2. 附件安装
031004011	淋浴间				
031004012	桑拿浴房				
031004013	大、小便槽自动冲洗水箱	1. 材质、类型 2. 规格 3. 水箱配件 4. 支架形式及做法 5. 器具及支架除锈、刷油设计要求	套		1. 制作 2. 安装 3. 支架制作、安装 4. 除锈、刷油
031004014	给、排水附（配）件	1. 材质 2. 型号、规格 3. 安装方式	个（组）		安装

项目编码	项目名称	项目特征	计量单位	工程量计算规则	工作内容
031004015	小便槽冲洗管	1. 材质 2. 规格	m	按设计图示长度计算	1. 制作 2. 安装
031004016	蒸汽-水加热器	1. 类型 2. 型号、规格 3. 安装方式	套	按设计图示数量计算	
031004017	冷热水混合器				
031004018	饮水器				
031004019	隔油器	1. 类型 2. 型号、规格 3. 安装部位			安装

注：1. 成品卫生器具项目中的附件安装，主要指给水附件包括水嘴、阀门、喷头等，排水配件包括存水弯、排水栓、下水口等以及配备的连接管。

2. 浴缸支座和浴缸周边的砌砖、瓷砖粘贴，应按现行国家标准《房屋建筑与装饰工程工程量计算规范》（GB 50854—2013）相关项目编码列项；功能性浴缸不含电机接线和调试，应按《通用安装工程工程量计算规范》（GB 50856—2013）附录D电气设备安装工程相关项目编码列项。

3. 洗脸盆适用于洗涤盆、洗发盆、洗手盆安装。

4. 器具安装中若采用混凝土或砖基础，应按现行国家标准《房屋建筑与装饰工程工程量计算规范》（GB 50854—2013）相关项目编码列项。

5. 给、排水附（配）件是指独立安装的水嘴、地漏、地面扫出口等。

【**例 4-1**】 某7层住宅楼的卫生间排水管道布置如图4-1、图4-2所示。首层为架空层，层高为3m，其余层高为2.6m。自2层至7层设有卫生间。管材为铸铁排水管，石棉水泥接口。图中所示地漏为 DN75，连接地漏的横管标高为楼板面下0.1m，立管至室外第一个检查井的水平距离为5m。试计算该排水管道系统的工程量。明露排水铸铁管刷防锈底漆一遍，银粉漆二遍，埋地部分刷沥青漆二遍，试编制该管道工程的工程量清单。

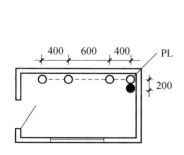

图 4-1 管道布置平面图

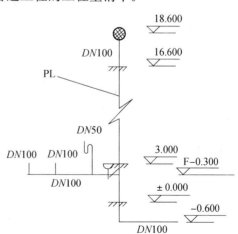

图 4-2 排水管道系统图

【**解**】 （1）器具排水管：

121

1）铸铁排水管 $DN50$：$0.3 \times 6 = 1.8$（m）

2）铸铁排水管 $DN75$：$0.1 \times 6 = 0.6$（m）

3）铸铁排水管 $DN100$：$0.3 \times 6 \times 2 = 3.6$（m）

（2）排水横管：

1）铸铁排水管 $DN75$：$0.2 \times 6 = 1.2$（m）

2）铸铁排水管 $DN100$：$(0.4 + 0.6 + 0.4) \times 6 = 8.4$（m）

（3）排水立管和排出管：$18.6 + 0.6 + 5 = 24.2$（m）

（4）汇总后得：

1）铸铁排水管 $DN50$：1.8m

2）铸铁排水管 $DN75$：1.8m

3）铸铁排水管 $DN100$：36.2m

其中埋地部分 $DN100$：5.6m

分部分项工程量清单见表 4-6。

表 4-6　分部分项工程量清单

序号	项目编码	项目名称	项目特征描述	计量单位	工程量
1	031001005001	承插铸铁排水管安装	$DN50$，一遍防锈底漆，二遍银粉漆	m	1.8
2	031001005002	承插铸铁排水管安装	$DN75$，一遍防锈底漆，二遍银粉漆	m	1.8
3	031001005003	承插铸铁排水管安装	$DN100$，一遍防锈底漆，二遍银粉漆	m	36.2
4	031001005004	承插铸铁排水管安装	$DN100$，（埋地）二遍沥青漆	m	5.6

【例 4-2】　某室内钢管阀门安装工程量见表 4-7，试编制分部分项工程量清单。

表 4-7　阀门数量表

序号	名称	规格	单位	数量	备注
1	内螺纹截止阀 J11X-10	$DN25$	个	4	
2	内螺纹截止阀 J11X-10	$DN32$	个	4	
3	内螺纹铜截止阀 J11W-10	$DN25$	个	8	
4	内螺纹暗杆楔式闸阀 Z15T-10	$DN32$	个	3	
5	内螺纹暗杆楔式闸阀 Z15T-10	$DN65$	个	3	其中 1 个在管井内
6	楔式闸阀 Z41T-10	$DN125$	个	2	
7	旋启式单瓣止回阀 H44T-10	$DN125$	个	2	

【解】　分部分项工程量清单见表 4-8。

表 4-8　分部分项工程量清单

工程名称：××室内钢管阀门安装工程　　　　　　　　　　　　　　第　页　共　页

序号	项目编码	项目名称	项目特征描述	计量单位	工程数量
1	031003001001	内螺纹截止阀	J11X-10$DN25$	个	4
2	031003001002	内螺纹截止阀	J11X-10$DN32$	个	4
3	031003001003	内螺纹铜截止阀	J11W-10$DN25$	个	8

序号	项目编码	项目名称	项目特征描述	计量单位	工程数量
4	031003001004	内螺纹暗杆楔式闸阀	Z15T-10DN32	个	3
5	031003001005	内螺纹暗杆楔式闸阀	Z15T-10DN65	个	2
6	031003001006	内螺纹暗杆楔式闸阀	Z15T-10DN65 管井内	个	1
7	031003003001	楔式闸阀	Z41T-10DN125	个	2
8	031003003002	旋启式单瓣止回阀	H44T-10DN125	个	2

4.4 采暖工程工程量计算

4.4.1 管道安装

（1）界限划分：

1）室内外管道以入口阀门或建筑物外墙皮 1.5m 为界；

2）与工业管道以锅炉房或泵站外墙皮 1.5m 为界；

3）工厂车间内采暖管道以采暖系统与工业管道碰头点为界；

4）设在高层建筑内的加压泵间管道以泵站间外墙皮为界。

（2）室内采暖管道的工程量均按图示中心线的"延长米"为单位计算，阀门、管件所占长度均不从延长米中扣除，但暖气片所占长度应扣除。

室内采暖管道安装工程除管道本身价值和直径在 32mm 以上钢管支架需另行计算外，以下工作内容均已考虑在定额中，不得重复计算：管道及接头零件安装；水压试验或灌水试验；DN32 以内钢管的管卡及托钩制作安装；弯管制作与安装（伸缩器、圆形补偿器除外）；穿墙及过楼板铁皮套管安装人工等。穿墙及过楼板镀锌铁皮套管的制作应按镀锌铁皮套管项目另行计算，钢套管的制作安装工料，按室外焊接钢管安装项目计算。

（3）除锅炉房和泵房管道安装以及高层建筑内加压泵间的管道安装执行《全国统一安装工程预算定额》《工业管道工程》（GYD—206—2000）分册的相应项目外，其余部分均按《全国统一安装工程预算定额》《给排水、采暖、燃气工程》（GYD—208—2000）分册执行。

（4）安装的管子规格如与定额中子目规定不相符合时，应使用接近规格的项目，规格居中时按大者套，超过定额最大规格时可作补充定额。

（5）各种伸缩器制作安装根据其不同形式、连接方式和公称直径，分别以"个"为单位计算。

用直管弯制伸缩器，在计算工程量时，应分别并入不同直径的导管延长米内，弯曲的两臂长度原则上应按设计确定的尺寸计算。若设计未明确时，按弯曲臂长（H）的两倍计算。

套筒式以及除去以直管弯制的伸缩器以外的各种形式的补偿器，在计算时，均不扣除所占管道的长度。

（6）阀门安装工程量以"个"为单位计算，不分低压、中压，使用同一定额，但连接方式应按螺纹式和法兰式以及不同规格分别计算。螺纹阀门安装适用于内外螺纹的阀门安装。法兰阀门安装适用于各种法兰阀门的安装。如仅为一侧法兰连接时，定额中的法兰、带帽螺栓及钢垫圈数量减半计算。各种法兰连接用垫片均按橡胶合棉板计算，如用其他材料，均不做调整。

4.4.2 低压器具安装

采暖工程中的低压器具是指减压器和疏水器。

减压器和疏水器的组成与安装均应区分连接方式和公称直径的不同，分别以"组"为单位计算。减压器安装按高压侧的直径计算。减压器、疏水器如设计组成与定额不回时，阀门和压力表数量可按设计需要量调整，其余不变。但单体安装的减压器、疏水器应按阀门安装项目执行。单体安装的安全阀可按阀门安装相应定额项目乘以系数 2.0 计算。

4.4.3 供暖器具安装

4.4.3.1 定额说明

1）供暖器具安装定额系参照 1993 年《全国通用暖通空调标准图集·采暖系统及散热器安装》（T9N112）编制的。

2）各类型散热器不分明装或暗装，均按类型分别编制。柱型散热器为挂装时，可执行 M132 项目。

3）柱型和 M132 型铸铁散热器安装用拉条时，拉条另行计算。

4）定额中列出的接口密封材料，除圆翼汽包垫采用橡胶石棉板外，其余均采用成品汽包垫。如采用其他材料，不作换算。

5）光排管散热器制作、安装项目，单位每 10m 系指光排管长度。联管作为材料已列入定额，不得重复计算。

6）板式、壁板式，已计算了托钩的安装人工和材料；闭式散热器，如主材价不包括托钩者，托钩价格另行计算。

4.4.3.2 定额工程量计算规则

1）热空气幕安装，以"台"为计量单位，其支架制作安装可按相应定额另行计算。

2）长翼型、柱型铸铁散热器组成安装，以"片"为计量单位，其汽包垫不得换算；圆翼型铸铁散热器组成安装，以"节"为计量单位。

3）光排管散热器制作安装，以"m"为计量单位，已包括联管长度，不得另行计算。

4.4.4 小型容器制作安装

4.4.4.1 定额说明

1）小型容器制作安装定额系参照《全国通用给水排水标准图集》（S151，S342）及《全国通用采暖通风标准图集》（T905，T906）编制，适用于给排水、采暖系统中一般低压碳钢容器的制作和安装。

2）各种水箱连接管，均未包括在定额内，可执行室内管道安装的相应项目。

3）各类水箱均未包括支架制作安装，如为型钢支架，执行《全国统一安装工程预算定额 第八册 给排水、采暖、燃气工程》（GYD—208—2000）"一般管道支架"项目；混凝土或砖支座可按土建相应项目执行。

4）水箱制作，包括水箱本身及人孔的质量。水位计、内外人梯均未包括在定额内，发生时，可另行计算。

4.4.4.2 定额工程量计算规则

1）钢板水箱制作，按施工图所示尺寸，不扣除人孔、手孔质量，以"kg"为计量单位。法兰和短管水位计可按相应定额另行计算。

2）钢板水箱安装，按国家标准图集水箱容量"m³"，执行相应定额。各种水箱安装，均以"个"为计量单位。

4.4.5 采暖工程清单工程量计算规则

4.4.5.1 供暖器具

工程量清单项目设置及工程量计算规则，应按表4-9的规定执行。

表4-9 供暖器具（编码：031005）

项目编码	项目名称	项目特征	计量单位	工程量计算规则	工作内容
031005001	铸铁散热器	1. 型号、规格 2. 安装方式 3. 托架形式 4. 器具、托架除锈、刷油设计要求	片（组）	按设计图示数量计算	1. 组对、安装 2. 水压试验 3. 托架制作、安装 4. 除锈、刷油
031005002	钢制散热器	1. 结构形式 2. 型号、规格 3. 安装方式 4. 托架刷油设计要求	组（片）		1. 安装 2. 托架安装 3. 托架刷油
031005003	其他成品散热器	1. 材质、类型 2. 型号、规格 3. 托架刷油设计要求			
031005004	光排管散热器	1. 材质、类型 2. 型号、规格 3. 托架形式及做法 4. 器具、托架除锈、刷油设计要求	m	按设计图示排管长度计算	1. 制作、安装 2. 水压试验 3. 除锈、刷油
031005005	暖风机	1. 质量 2. 型号、规格 3. 安装方式	台	按设计图示数量计算	安装
031005006	地板辐射采暖	1. 保温层材质、厚度 2. 钢丝网设计要求 3. 管道材质、规格 4. 压力试验及吹扫设计要求	1. m^2 2. m	1. 以平方米计量，按设计图示采暖房间净面积计算 2. 以米计量，按设计图示管道长度计算	1. 保温层及钢丝网铺设 2. 管道排布、绑扎、固定 3. 与分集水器连接 4. 水压试验、冲洗 5. 配合地面浇注
031005007	热媒集配装置	1. 材质 2. 规格 3. 附件名称、规格、数量	台	按设计图示数量计算	1. 制作 2. 安装 3. 附件安装
031005008	集气罐	1. 材质 2. 规格	个		1. 制作 2. 安装

注：1. 铸铁散热器，包括拉条制作安装。
2. 钢制散热器结构形式，包括钢制闭式、板式、壁板式、扁管式及柱式散热器等，应分别列项计算。
3. 光排管散热器，包括联管制作安装。
4. 地板辐射采暖，包括与分集水器连接和配合地面浇注用工。

4.4.5.2 采暖、空调水工程系统调整

工程量清单项目设置及工程量计算规则，应按表 4-10 的规定执行。

表 4-10 采暖、空调水工程系统调试（编码：031009）

项目编码	项目名称	项目特征	计量单位	工程量计算规则	工程内容
031009001	采暖工程系统调试	1. 系统形式 2. 采暖（空调水）管道工程量	系统	按采暖工程系统计算	系统调试
031009002	空调水工程系统调试			按空调水工程系统计算	

注：1. 由采暖管道、管件、阀门、法兰、供暖器具组成采暖工程系统。

2. 由空调水管道、管件、阀门、法兰、冷水机组组成空调水工程系统。

3. 当采暖工程系统、空调水工程系统中管道工程量发生变化时，系统调试费用应作相应调整。

【例 4-3】 某管道沿室内墙壁敷设，采用 J101、J102 一般管架支撑，如图 4-3 所示，试计算管架制作安装工程量并套用定额（J101 管架按 50kg/只，J102 管架按 15kg/只计算质量）。

【解】 （1）清单工程量：$6 \times 50 + 3 \times 15 = 345$（kg）

（2）定额工程量：

①人工费：224.77 元

②材料费：121.73 元

③机械费：99.53 元

1）J101 管架：$6 \times 50 = 300$（kg）

2）J102 管架：$3 \times 15 = 45$（kg）

【例 4-4】 某小区采用低温地板采暖系统，在室内铺设交联聚乙烯管 PE-X，管外径为 20mm，内径为 16mm，即 De16×2，其布置图如图 4-4 所示，试计算其工程量。

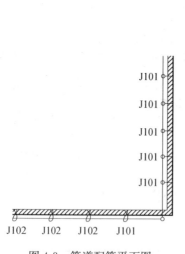

图 4-3 管道配管平面图

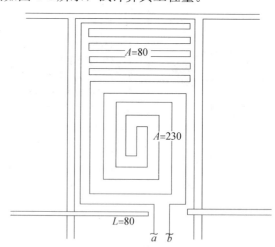

图 4-4 管道布置图

注：图中 a 接至分水器；b 接至集水器

【解】 （1）清单工程量：

塑料管（PE-X）De16×2：$\dfrac{80}{1}=80$（m）

（2）定额工程量：

①人工费：80/10×11.12＝88.96（元）

②材料费：80/10×0.42＝3.36（元）

③机械费：80/10×2.65＝21.2（元）

4.5　燃气工程工程量计算

4.5.1　定额说明

（1）燃气管道、附件、器具安装包括低压镀锌钢管、铸铁管、管道附件、器具安装。

（2）室内外管道分界。

1）地下引入室内的管道，以室内第一个阀门为界。

2）地上引入室内的管道，以墙外三通为界。

（3）室外管道与市政管道，以两者的碰头点为界。

（4）各种管道安装定额包括下列工作内容：

1）场内搬运，检查清扫，分段试压。

2）管件制作（包括机械煨弯、三通）。

3）室内托钩角钢卡制作与安装。

（5）钢管焊接安装项目适用于无缝钢管和焊接钢管。

（6）编制预算时，下列项目应另行计算：

1）阀门安装，按本定额相应项目另行计算。

2）法兰安装，按本定额相应项目另行计算（调长器安装、调长器与阀门联装、燃气计量表安装除外）。

3）穿墙套管：铁皮管按《全国统一安装工程预算定额　第八册　给排水、采暖、燃气工程》（GYD—208—2000）相应项目计算，内墙用钢套管按室外钢管焊接定额相应项目计算，外墙钢套管按《工业管道工程》（GYD—206—2000）定额相应项目计算。

4）埋地管道的土方工程及排水工程，执行相应预算定额。

5）非同步施工的室内管道安装的打、堵洞眼，执行《全国统一建筑工程基础定额》（GJD—101—95）。

6）室外管道所有带气碰头。

7）燃气计量表安装，不包括表托、支架、表底基础。

8）燃气加热器具只包括器具与燃气管终端阀门连接，其他执行相应定额。

9）铸铁管安装，定额内未包括接头零件，可按设计数量另行计算，但人工、机械不变。

（7）承插煤气铸铁管，以 N 型和 X 型接口形式编制的；如果采用 N 型和 SMJ 型接口时，其人工乘系数1.05；当安装 X 型，ϕ400mm 铸铁管接口时，每个口增加螺栓2.06套，人工乘以系数1.08。

（8）燃气输送压力大于0.2MPa时，承插煤气铸铁管安装定额中人工乘以系数1.3。燃气输送压力的分级见表4-11。

表 4-11 燃气输送压力（表压）分级

名称	低压燃气管道	中压燃气管道		高压燃气管道	
		B	A	B	A
压力（MPa）	$P \leqslant 0.005$	$0.005 < P \leqslant 0.2$	$0.2 < P \leqslant 0.4$	$0.4 < P \leqslant 0.8$	$0.8 < P \leqslant 1.6$

4.5.2 定额工程量计算规则

（1）各种管道安装，均按设计管道中心线长度，以"m"为计量单位，不扣除各种管件和阀门所占长度。

（2）除铸铁管外，管道安装中已包括管件安装和管件本身价值。

（3）承插铸铁管安装定额中未列出接头零件，其本身价值应按设计用量另行计算，其余不变。

（4）钢管焊接挖眼接管工作，均在定额中综合取定，不得另行计算。

（5）调长器及调长器与阀门连接，包括一副法兰安装，螺栓规格和数量以压力为 0.6MPa 的法兰装配；如压力不同，可按设计要求的数量、规格进行调整，其他不变。

（6）燃气表安装，按不同规格、型号分别以"块"为计量单位，不包括表托、支架、表底垫层基础，其工程量可根据设计要求另行计算。

（7）燃气加热设备、灶具等，按不同用途规定型号，分别以"台"为计量单位。

（8）气嘴安装按规格型号连接方式，分别以"个"为计量单位。

4.5.3 清单工程量计算规则

工程量清单项目设置及工程量计算规则，应按表 4-12 的规定执行。

表 4-12 燃气器具及其他（编码：031007）

项目编码	项目名称	项目特征	计量单位	工程量计算规则	工作内容
031007001	燃气开水炉	1. 型号、容量 2. 安装方式 3. 附件型号、规格	台	按设计图示数量计算	1. 安装 2. 附件安装
031007002	燃气采暖炉				
031007003	燃气沸水器、消毒器	1. 类型 2. 型号、容量 3. 安装方式 4. 附件型号、规格			
031007004	燃气热水器				
031007005	燃气表	1. 类型 2. 型号、规格 3. 连接方式 4. 托架设计要求	块（台）		1. 安装 2. 托架制作、安装
031007006	燃气灶具	1. 用途 2. 类型 3. 型号、规格 4. 安装方式 5. 附件型号、规格	台		1. 安装 2. 附件安装

项目编码	项目名称	项目特征	计量单位	工程量计算规则	工作内容
031007007	气嘴	1. 单嘴、双嘴 2. 材质 3. 型号、规格 4. 连接形式	个	按设计图示数量计算	安装
031007008	调压器	1. 类型 2. 型号、规格 3. 安装方式	台		
031007009	燃气抽水缸	1. 材质 2. 规格 3. 连接形式	个		
031007010	燃气管道调长器	1. 规格 2. 压力等级 3. 连接形式			
031007011	调压箱、调压装置	1. 类型 2. 型号、规格 3. 安装部位	台		
031007012	引入口砌筑	1. 砌筑形式、材质 2. 保温、保护材料设计要求	处		1. 保温（保护）台砌筑 2. 填充保温（保护）材料

注：1. 沸水器、消毒器适用于容积式沸水器、自动沸水器、燃气消毒器等。
　　2. 燃气灶具适用于人工煤气灶具、液化石油气灶具、天然气燃气灶具等，用途应描述民用或公用，类型应描述所采用气源。
　　3. 调压箱、调压装置安装部位应区分室内、室外。
　　4. 引入口砌筑形式，应注明地上、地下。

【例 4-5】　某工程燃气开水炉类型为 JL-150，煤气连接采用焊接法兰阀连接，所用燃气表流量 $3m^3/h$，如图 4-5 所示，试计算其工程量。

【解】　（1）清单工程量：

1）燃气开水炉 JL-150：1 台

2）燃气表 $3m^3/h$：1 块

（2）定额工程量：

1）燃气开水炉 JL-150：

①人工费：27.4 元

②材料费：0.06 元

2）燃气表 $3m^3/h$：

①人工费：14.4 元

②材料费：0.24 元

【例 4-6】　如图 4-6 所示一室内燃气管道，燃气表采用 $6m^3/h$ 的单表头燃气表，快速热水器为直排式，试计算其工程量。

【解】　（1）清单工程量：

1）单表头燃气表 $6m^3/h$：1 块

2）燃气快速热水器直排式：1 台

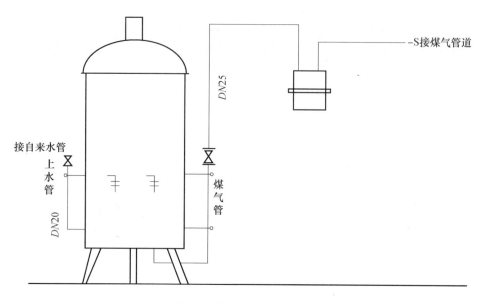

图 4-5　燃气开水炉示意图

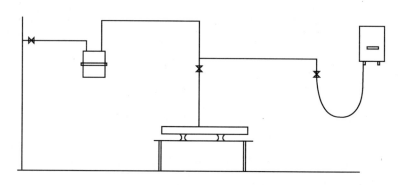

图 4-6　室内燃气管道示意图

（2）定额工程量：

1）单表头燃气表 6m³/h：

①人工费：19.5 元

②材料费：0.49 元

2）燃气快速热水器直排式：

①人工费：27.4 元

②材料费：42.61 元

上岗工作要点

1. 了解给排水、采暖、燃气工程的定额在实际工程中的应用。

2. 在实际工作中，掌握给排水工程、采暖工程以及燃气工程的工程量计算规则与计算方法，做到熟练应用。

思 考 题

4-1 给排水、采暖、燃气工程定额由哪些分项目工程组成？

4-2 管道安装工程定额包括哪些分项工程？各分项工程的工作内容是什么？

4-3 供暖器具制作安装工程定额包括哪些分项工程？各分项工程的工作内容是什么？

4-4 燃气管道、附件、器具安装工程定额包括哪些分项工程？各分项工程的工作内容是什么？

4-5 简述给排水工程中卫生器具制作安装工程的定额工程量计算规则。

4-6 简述采暖工程的清单工程量计算规则。

4-7 简述燃气工程的定额、清单工程量计算规则。

习 题

4-8 某排水系统中排水铸铁管的局部剖面图如图4-7所示，试计算其工程量。

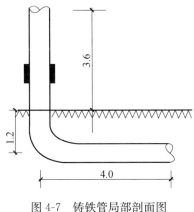

图4-7 铸铁管局部剖面图

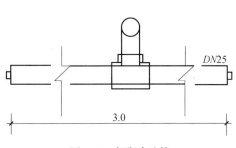

图4-8 多孔冲洗管

4-9 某三根多孔冲洗管如图4-8所示，管长3.0m，控制阀门的短管一般为0.15m，计算小便槽冲洗管的工程量。

4-10 某两层住宅给水系统如图4-9所示，立管、支管均采用塑料管PVC管，给水设备有3个水龙头，一个自闭式冲洗阀。试计算其工程量。

4-11 如图4-10所示，此图为某住宅排水系统图，排水立管1根，为承插铸铁管，横支管也采用承插铸铁管。计算承插铸铁管定额工程量。

4-12 某建筑采暖系统热力入口如图4-11所示，由室外热力管井至外墙面的距离为2.0m，供回水管为DN125的焊接钢管，试计算该热力入口的供、回水管的工程量。

4-13 某住宅楼采暖系统的一立管形式如图4-12所示，建筑层高为3.0m，楼板厚为320mm，底层地面厚为360mm，立管穿墙用钢套管，立管为DN25的焊接钢管，螺纹连接，管道外刷红丹防锈漆两遍，银粉两遍，试计算立管及钢套管清单工程量。

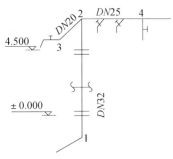

图4-9 塑料管给水管道

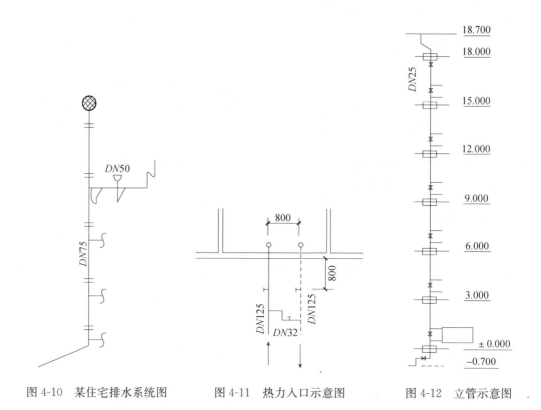

图 4-10　某住宅排水系统图　　图 4-11　热力入口示意图　　图 4-12　立管示意图

4-14　某采暖系统采用钢串片（闭式）散热器进行采暖，其中一房间的布置图如图 4-13、图 4-14 所示，其中所连支管为 DN20 的焊接钢管（螺纹连接），试计算其工程量。

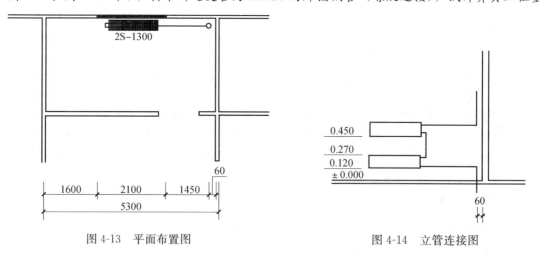

图 4-13　平面布置图　　　　　　　　　图 4-14　立管连接图

4-15　图 4-15 所示为一砖砌蒸锅灶，其燃烧器负荷为 45kW，嘴数为 20 孔，烟道为 160×210，煤气进入管为 DN25 的（焊接）镀锌钢管，试计算其工程量。

4-16　某住宅煤气引入管如图 4-16 所示，引入管采用无缝钢管 D57×3.5 引入管所处的室外阀门井距外墙的距离为 3m，穿墙、楼板采用钢套管，试计算引入管的定额工程量。

132

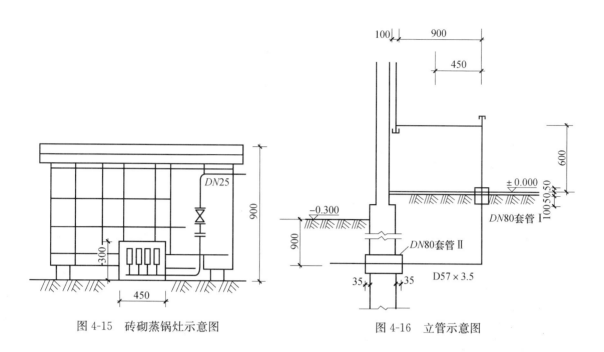

图 4-15　砖砌蒸锅灶示意图　　　　　图 4-16　立管示意图

第5章 通风空调工程工程量计算

> **重 点 提 示**
>
> 　1. 熟悉通风空调工程定额组成及清单项目设置。
>
> 　2. 了解通风及空调设备及部件制作安装、通风管道制作安装、通风管道部件制作安装及通风工程检测、调试的定额说明。
>
> 　3. 掌握通风及空调设备及部件制作安装、通风管道制作安装、通风管道部件制作安装及通风工程检测、调试的工程量计算规则。

5.1 通风空调工程定额组成

5.1.1 薄钢板通风管道的制作与安装

（1）风管制作工作内容为：放样、下料、卷圆、折方、轧口、咬口，制作直管、管件、法兰、吊托支架。钻孔、铆焊、上法兰、组对。

（2）风管安装工作内容为：找标高、打支架墙洞、配合预避孔洞、埋设吊托支架、组装、使风管就位、找平、找正、制垫、垫垫儿、上螺栓、紧固。

5.1.2 调节阀的制作与安装

（1）调节阀制作工作内容为：放样、下料，制作短管和阀板以及法兰、零件，钻孔、铆焊、组合成形。

（2）调节阀安装工作内容为：号孔、钻孔、对口、校正、制垫、垫垫儿、上螺栓、紧固、试动。

5.1.3 风口的制作与安装

（1）风口制作工作内容为：放样、下料、开孔；制作零件、外框、叶片、网框、调节板、拉杆、导风板、弯管、天圆地方、扩散管、法兰，钻孔、铆焊、组合成形。

（2）风口安装工作内容为：对口、上螺栓、制垫、垫垫儿、找正、找平、固定、试动、调整。

5.1.4 风帽的制作安装

（1）风帽制作工作内容为：放样、下料、咬口，制作法兰、零件；钻孔、铆焊、组装。

（2）风帽安装工作内容为：安装、找平、找正、制垫、垫垫儿、上螺栓、固定。

5.1.5 罩类的制作安装

（1）罩类制作工作内容为：放样、下料、卷圆，制作罩体、来回弯、零件及法兰；钻孔、铆焊、组合成形。

（2）罩类安装工作内容为：埋设支架、吊装、对口、找正、制垫、垫垫儿、上螺栓、固定装配重环及钢丝绳、试动调整。

5.1.6 消声器的制作安装

（1）消声器制作工作内容为：放样、下料、钻孔，制作内外套管、木框架、法兰、铆焊、粘贴、填充消声材料、组合。

（2）消声器安装工作内容为：组对、安装、找正、找平、制垫、垫垫儿、上螺栓固定。

5.1.7 空调部件及设备支架的制作安装

（1）金属空调器壳体的制作与安装工作内容为：放样、下料、调直、钻孔；制作箱体、水槽，焊接、组合、试装，就位、找平、找正、连接、固定、表面清洗。

（2）挡水板的制作与安装工作内容为：放样、下料，制作曲板、框架、底座、零件，钻孔、焊接、成形，安装、找正、找平、上螺栓、固定。

（3）滤水器、溢水盘的制作与安装工作内容为：放样下料、配制零件、钻孔、焊接、上网、组合成形，安装、找正、找平、焊接管道及固定。

（4）密闭门的制作与安装工作内容为：放样、下料，制作门框、零件，开视孔、填料、铆焊、组装，安装、找正、固定。

（5）设备支架的制作与安装工作内容为：放样、下料、调直、钻孔、焊接、成型，测位、安装、上螺栓、固定、打洞、埋支架。

5.1.8 通风空调设备安装

（1）开箱检查设备、附件、底座螺栓。

（2）吊装、找平、找正、垫垫儿、灌浆、螺栓固定、装梯子。

5.1.9 净化通风管道及部件制作安装

（1）净化通风管道的制作与安装工作内容为：放样、下料、折方、轧口、咬口、制作直管；制作管件、法兰、吊托支架；钻孔、铆焊、上法兰、组对。给口缝外表面涂密封胶，清洗风管内表面，给风管两端封口；找标高、找平、找正、配合预留孔洞，打支架墙洞、埋设吊托支架、使风管就位、组装、制垫、垫垫儿、上螺栓、紧固部件、清洗风管内表面、封闭管口、给法兰口涂密封胶。

（2）净化通风管部件的制作与安装工作内容为：放样、下料，制作零件、法兰；预留预埋、钻孔、铆焊、制作、组装、擦洗，测位、找平找正、制垫、垫垫儿、上螺栓、清洗。

5.1.10 不锈钢板通风管道及部件制作安装

（1）不锈钢板通风管道的制作与安装工作内容为：放样、下料、卷圆、折方、制作管件、组对焊接、试漏、清洗焊口；找标高、清理墙洞、就位风管、组对焊接、试漏、清洗焊口、固定。

（2）不锈钢风管部件制作与安装工作内容为：下料、平料、开口、钻孔、组对、铆焊、攻螺纹、清洗焊口、组装固定、试动、试漏；制垫、垫垫儿、找平、找正、组对、固定、试动。

5.1.11 铝板通风管道及部件制作安装

铝板通风管道及部件制作安装工作内容同不锈钢板的方法。

5.1.12 塑料通风管道及部件制作安装

（1）塑料通风管道的制作与安装工作内容为：放样、锯切、坡口、加热成型、制作法兰、管件，钻孔，组合焊接；部件就位，制垫、垫垫儿，法兰连接，找正、找平、固定。

（2）玻璃钢风管部件的安装工作内容为：组对、组装、就位、找平、找正、垫垫儿、制垫、上螺栓、紧固。

5.1.13 玻璃钢通风管道的安装

工作内容为：找标高、打支架墙洞、配合预留孔洞、制作及埋设吊托支架。配合修补风管（定额规定由加工单位负责修补）、粘接、组装、就位部件，找平、找正，制垫、垫垫儿，上螺栓、紧固。

5.1.14 复合型风管制作安装

工作内容为：放样、切割、开槽、成型、粘合、制作管件、钻孔、组合，就位、制垫、垫垫儿、连接、找正找平、固定。

5.2 通风空调工程清单项目设置

5.2.1 通风空调设备及部件制作安装

1. 概况

（1）通风及空调设备安装工程包括空气加热器、通风机、除尘设备、空调器（各式空调机、风机盘等）、过滤器、净化工作台、风淋室、洁净室及空调机的配件制作安装项目。

（2）通风空调设备应按项目特征不同编制工程量清单，如风机安装的形式应描述离心式、轴流式、屋顶式、卫生间通风器，规格为风机叶轮直径 4 号、5 号等；除尘器应标出每台的质量；空调器的安装位置应描述吊顶式、落地式、墙上式、窗式、分段组装式，并标出每台空调器的质量；风机盘管的安装应标出吊顶式、落地式；过滤器的安装应描述初效过滤器、中效过滤器、高效过滤器。

2. 需要说明的问题

（1）冷冻机组站内的设备安装及管道安装，按《工程量清单计价规范》附录的相应项目编制清单项目；冷冻站外墙皮以外通往通风空调设备的供热、供冷、供水等管道，按《工程量清单计价规范》附录所列的相应项目编制清单项目。

（2）通风空调设备安装的地脚螺栓按设备自带考虑。

5.2.2 通风管道制作安装

1. 概况

（1）通风管道制作安装工程，包括碳钢通风管道制作安装、净化通风管道制作安装、不锈钢板风管制作安装、铝板风管制作安装、塑料风管制作安装、复合型风管制作安装、柔型风管安装。

（2）通风管道制作安装工程量清单应描述风管的材质、形状（圆形、矩形、渐缩形）、管径（矩形风管按周长）、风管厚度、连接形式（咬口、焊接）、风管及支架油漆种类及要求、风管绝热材料、风管保护层材料、风管检查孔及测温孔的规格、质量等特征，投标人按工程量清单特征或图纸要求报价。

2. 需要说明的问题

（1）通风管道的法兰垫料或封口材料，可按图纸要求的材质计价。

（2）净化风管的空气清净度按 100000 度标准编制。

（3）净化风管使用的型钢材料如图纸要求镀锌时，镀锌费另列。

（4）不锈钢风管制作安装，不论圆形、矩形均按圆形风管计价。

（5）不锈钢、铝风管的风管厚度，可按图纸要求的厚度列项。厚度不同时只调整板材价，其他不做调整。

（6）碳钢风管、净化风管、塑料风管、玻璃钢风管的工程内容中均列有法兰、加固框、支吊架制作安装工程内容，如招标人或受招标人委托的工程造价咨询单位编制工程标底采用《全国统一安装工程预算定额》第九册为计价依据计价时，上述的工程内容已包括在该定额的制作安装定内，不再重复列项。

5.2.3 通风管道部件制作安装

1. 概况

通风管道部件制作安装，包括各种材质、规格和类型的阀类制作安装、散流器制作安装、风口制作安装、风帽制作安装、罩类制作安装、消声器制作安装等项目。

2. 需要说明的问题

（1）有的部件图纸要求制作安装、有的要求用成品部件、只安装不制作，这类特征在工程量清单中应明确描述。

（2）碳钢调节阀制作安装项目，包括空气加热器上通风旁通阀、圆形瓣式启动阀、保温及不保温风管蝶阀、风管止回阀、密闭式斜插板阀、矩形风管三通调节阀、对开多叶调节阀、风管防火阀、各类风罩调节阀等。编制工程量清单时，除明确描述上述调节阀的类型外，还应描述其规格、质量、形状（方形、圆形）等特征。

（3）散流器制作安装项目，包括矩形空气分布器、圆形散流器、方形散流器、流线型散流器、百叶风口、矩形风口、旋转吹风口、送吸风口、活动箅式风口、网式风口、钢百叶窗等。编制工程量清单时，除明确描述上述散流器及风口的类型外，还应描述其规格、质量、形状（方形、圆形）等特征。

（4）风帽制作安装项目，包括碳钢风帽、不锈钢板风帽、铝风帽、塑料风帽等。编制工程量清单时，除明确描述上述风帽的材质外，还应描述其规格、质量、形状（伞形、锥形、筒形）等特征。

（5）罩类制作安装项目包括皮带防护罩、电动机防雨罩、侧吸罩、焊接台排气罩、整体分组式槽边侧吸罩、吹吸式槽边通风罩、条缝槽边抽风罩、泥心烘炉排气罩、升降式回转排气罩、上下吸式圆形回转罩、升降式排气罩、手锻炉排气罩等，在编制上述罩类工程量清单时，应明确描述出罩类的种类、质量等特征。

（6）消声器制作安装项目，包括片式消声器、矿棉管式消声器、聚酯泡沫管式消声器、卡普隆纤维式消声器、弧型声流式消声器、阻抗复合式消声器、消声弯头等。编制消声器制作安装工程量清单时，应明确描述出消声器的种类、质量等特征。

5.2.4 通风工程检测、调试

通风工程检测、调试项目，安装单位应在工程安装后做系统检测及调试。检测的内容应包括管道漏光、漏风试验、风量及风压测定，空调工程温度。温度测定，各项调节阀、风口、排气罩的风量、风压调整等全部试调过程。

5.3 通风及空调设备及部件制作安装

5.3.1 定额说明

1. 工作内容

（1）开箱检查设备、附件、底座螺栓。

（2）吊装，找平，找正，垫垫儿，灌浆，螺栓固定，装梯子。

2. 通风机安装项目内包括电动机安装，其安装形式包括 A 型，B 型，C 型或 D 型，也适用不锈钢和塑料风机安装。

3. 设备安装项目的基价中不包括设备费和应配备的地脚螺栓价值。

4. 诱导器安装执行风机盘管安装项目。

5. 风机盘管的配管执行"给排水、采暖、燃气工程"相应项目。

5.3.2 定额工程量计算规则

（1）风机安装，按设计不同型号以"台"为计量单位。

（2）整体式空调机组安装，空调器按不同质量和安装方式，以"台"为计量单位；分段组装空调器，按质量以"kg"为计量单位。

（3）风机盘管安装，按安装方式不同以"台"为计量单位。

（4）空气加热器、除尘设备安装，按质量不同以"台"为计量单位。

5.3.3 清单工程量计算规则

工程量清单项目设置及工程量计算规则，应按表 5-1 的规定执行。

表 5-1　通风及其空调设备及部件制定安装（编码：030701）

项目编码	项目名称	项目特征	计量单位	工程量计算规则	工程内容
030701001	空气加热器（冷却器）	1. 名称 2. 型号 3. 规格 4. 质量 5. 安装形式 6. 支架形式、材质	台	按设计图示数量计算	1. 本体安装、调试 2. 设备支架制作、安装 3. 补刷（喷）油漆
030701002	除尘设备				
030701003	空调器	1. 名称 2. 型号 3. 规格 4. 安装形式 5. 质量 6. 隔振垫（器）、支架形式、材质	台（组）		1. 本体安装或组装、调试 2. 设备支架制作、安装 3. 补刷（喷）油漆
030701004	风机盘管	1. 名称 2. 型号 3. 规格 4. 安装形式 5. 减振器、支架形式、材质 6. 试压要求	台	按设计图示数量计算	1. 本体安装、调试 2. 支架制作、安装 3. 试压 4. 补刷（喷）油漆
030701005	表冷器	1. 名称 2. 型号 3. 规格			1. 本体安装 2. 型钢制作、安装 3. 过滤器安装 4. 挡水板安装 5. 调试及运转 6. 补刷（喷）油漆

项目编码	项目名称	项目特征	计量单位	工程量计算规则	工程内容
030701006	密闭门	1. 名称 2. 型号 3. 规格 4. 形式 5. 支架形式、材质	个	按设计图示数量计算	1. 本体制作 2. 本体安装 3. 支架制作、安装
030701007	挡水板				
030701008	滤水器、溢水盘				
030701009	金属壳体				
030701010	过滤器	1. 名称 2. 型号 3. 规格 4. 类型 5. 框架形式、材质	1. 台 2. m²	1. 以台计量，按设计图示数量计算 2. 以面积计量，按设计图示尺寸以过滤面积计算	1. 本体安装 2. 框架制作、安装 3. 补刷（喷）油漆
030701011	净化工作台	1. 名称 2. 型号 3. 规格 4. 类型	台	按设计图示数量计算	1. 本体安装 2. 补刷（喷）油漆
030701012	风淋室	1. 名称 2. 型号 3. 规格 4. 类型 5. 质量			
030701013	洁净室				
030701014	除湿机	1. 名称 2. 型号 3. 规格 4. 类型			本体安装
030701015	人防过滤吸收器	1. 名称 2. 规格 3. 形式 4. 材质 5. 支架形式、材质			1. 过滤吸收器安装 2. 支架制作、安装

注：通风空调设备安装的地脚螺栓按设备自带考虑。

【例 5-1】 如图 5-1 所示一塑料圆伞形风帽，直径为 280mm，试计算其工程量。

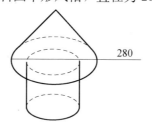

图 5-1　风帽示意图

【解】 （1）清单工程量（表 5-2）：1 个

查国际标准通风部件标准重量表：单重为 4.20kg

表 5-2　清单工程量计算表

项目编码	项目名称	项目特征描述	单位	数量
030703014001	塑料风帽制作安装	圆伞形，直径为 280mm	个	1

（2）定额工程量：

①人工费：4.2/100×394.74＝16.58（元）

②材料费：4.2/100×547.33＝22.99（元）

③机械费：4.2/100×18.36＝0.77（元）

【例5-2】 已知一旋转吹风口，直径为320mm，安装10个，试计算其工程量。

【解】 （1）清单工程量（表5-3）：10个

查国际标准通风部件标准质量表，单重为14.67kg/个

表5-3 清单工程量计算表

项目编码	项目名称	项目特征描述	单位	数量
030703007001	吹风口	直径为320mm	个	10

（2）定额工程量：

1）地上旋转吹风口制作：

①人工费：14.67/100×306.27＝44.93（元）

②材料费：14.67/100×524.06＝76.88（元）

③机械费：14.67/100×131.53＝19.3（元）

2）地上旋转吹风口安装：

①人工费：10×10.91＝109.1（元）

②材料费：10×9.62＝96.2（元）

5.4 通风管道制作安装

5.4.1 定额说明

1. 薄钢板通风管道制作安装

（1）工作内容

1）风管制作：放样、下料、卷圆、折方、轧口、咬口，制作直管、管件、法兰、吊托支架、钻孔、铆焊、上法兰、组对。

2）风管安装：找标高，打支架墙洞，配合预留孔洞，埋设吊托支架，组装，风管就位、找平、找正、制垫、垫垫儿、上螺栓、紧固。

（2）整个通风系统设计采用渐缩管均匀送风者，圆形风管按平均直径，矩形风管按平均周长执行相应规格项目，其人工乘以系数2.5。

（3）镀锌薄钢板风管项目中的板材是按镀锌薄钢板编制的，如设计要求不用镀锌薄钢板者，板材可以换算，其他不变。

（4）风管导流叶片不分单叶片和香蕉形双叶片，均执行同一项目。

（5）如制作空气幕送风管时，按矩形风管平均周长执行相应风管规格项目，其人工乘以系数3，其余不变。

（6）薄钢板通风管道制作安装项目中，包括弯头、三通、变径管、天圆地方等管件及法兰、加固框和吊托支架的制作用工，但不包括过跨风管落地支架。落地支架执行设备支架项目。

（7）薄钢板风管项目中的板材，如设计要求厚度不同者可以换算，但人工、机械不变。

（8）软管接头使用人造革而不使用帆布者，可以换算。

（9）项目中的法兰垫料，如设计要求使用材料品种不同者可以换算，但人工不变。使用泡沫塑料者，每千克橡胶板换算为泡沫塑料 0.125kg；使用闭孔乳胶海绵者，每千克橡胶板换算为闭孔乳胶海绵 0.5kg。

（10）柔性软风管，适用于由金属、涂塑化纤织物、聚酯、聚乙烯、聚氯乙烯薄膜、铝箔等材料制成的软风管。

（11）柔性软风管安装，按图示中心线长度以"m"为单位计算；柔性软风管阀门安装，以"个"为单位计算。

2. 净化通风管道及部件制作安装

（1）工作内容

1）风管制作：放样，下料，折方，轧口，咬口，制作直管、管件、法兰、吊托支架，钻孔，铆焊，上法兰，组对，口缝外表面涂密封胶，风管内表面清洗，风管两端封口。

2）风管安装：找标高，找平，找正，配合预留孔洞，打支架墙洞，埋设支吊架，风管就位、组装、制垫、垫垫儿、上螺栓、紧固，风管内表面清洗、管口封闭、法兰口涂密封胶。

3）部件制作：放样，下料，零件、法兰、预留预埋，钻孔，铆焊，制作，组装，擦洗。

4）部件安装：测位，找平，找正，制垫，垫垫儿，上螺栓，清洗。

5）高、中、低效过滤器，净化工作台、风淋室安装：开箱，检查，配合钻孔，垫垫儿，口缝涂密封胶，试装，正式安装。

（2）净化通风管道制作安装项目中，包括弯头、三通、变径管、天圆地方等管件及法兰、加固框和吊托支架，不包括过跨风管落地支架。落地支架执行设备支架项目。

（3）净化风管项目中的板材，如设计厚度不同者可以换算，人工、机械不变。

（4）圆形风管执行矩形风管相应项目。

（5）风管涂密封胶是按全部口缝外表面涂抹考虑的，如设计要求口缝不涂沫而只在法兰处涂抹者，每 10m² 风管应减去密封胶 1.5kg 和人工 0.37 工日。

（6）过滤器安装项目中包括试装，如设计不要求试装者，其人工、材料、机械不变。

（7）风管及部件项目中，型钢未包括镀锌费，如设计要求镀锌时，另加镀锌费。

（8）铝制孔板风口如需电化处理时，另加电化费。

（9）低效过滤器：M-A 型、WL 型、LWP 型等系列。

中效过滤器：ZKL 型、YB 型、M 型、ZX-1 型等系列。

高效过滤器：GB 型、GS 型、JX-20 型等系列。

净化工作台：XHK 型、BZK 型、SXP 型、SZP 型、SZX 型、SW 型、SZ 型、SXZ 型、TJ 型、CJ 型等系列。

（10）洁净室安装以质量计算，执行"分段组装式空调器安装"项目。

（11）定额按空气洁净度 100000 级编制的。

3. 不锈钢板通风管道及部件制作安装

（1）工作内容

1）不锈钢风管制作：放样，下料，卷圆，折方，制作管件，组对焊接，试漏，清洗焊口。

2）不锈钢风管安装：找标高，清理墙洞，风管就位，组对焊接，试漏，清洗焊口，固定。

3）部件制作：下料，平料，开孔，钻孔，组对，铆焊，攻丝，清洗焊口，组装固定，试动，短管，零件、试漏。

4）部件安装：制垫，垫垫儿，找平，找正，组对，固定，试动。

（2）矩形风管执行"不锈钢板通风管道及部件制作安装定额"圆形风管相应项目。

（3）不锈钢吊托支架执行"不锈钢板通风管道及部件制作安装定额"相应项目。

（4）风管凡以电焊考虑的项目，如需使用手工氩弧焊者，其人工乘以系数 1.238，材料乘以系数 1.163，机械乘以系数 1.673。

（5）风管制作安装项目中包括管件，但不包括法兰和吊托支架；法兰和吊托支架应单独列项计算，执行相应项目。

（6）风管项目中的板材如设计要求厚度不同者，可以换算，人工、机械不变。

4. 铝板通风管道及部件制作安装

（1）工作内容

1）铝板风管制作：放样，下料，卷圆，折方，制作管件，组对焊接，试漏，清洗焊口。

2）铝板风管安装：找标高，清理墙洞，风管就位，组对焊接，试漏，清洗焊口，固定。

3）部件制作：下料，平料，开孔，钻孔，组对，焊铆，攻丝，清洗焊口，组装固定，试动，短管，零件，试漏。

4）部件安装：制垫，垫垫儿，找平，找正，组对，固定，试动。

（2）风管凡以电焊考虑的项目，如需使用手工氩弧焊者，其人工乘以系数 1.154，材料乘以系数 0.852，机械乘以系数 9.242。

（3）风管制作安装项目中包括管件，但不包括法兰和吊托支架；法兰和吊托支架应单独列项计算，执行相应项目。

（4）风管项目中的板材如设计要求厚度不同者，可以换算，人工、机械不变。

5. 塑料通风管道及部件制作安装

（1）工作内容

1）塑料风管制作：放样，锯切，坡口，加热成型，制作法兰、管件，钻孔，组合焊接。

2）塑料风管安装：就位，制垫，垫垫儿，法兰连接，找正，找平，固定。

（2）风管项目规格表示的直径为内径，周长为内周长。

（3）风管制作安装项目中包括管件、法兰、加固框，但不包括吊托支架。吊托支架执行相应项目。

（4）风管制作安装项目中的主体——板材（指每 $10m^2$ 定额用量为 $11.6m^2$ 者），如设计要求厚度不同者，可以换算，人工、机械不变。

（5）项目中的法兰垫料，如设计要求使用品种不同者，可以换算，但人工不变。

（6）塑料通风管道胎具材料摊销费的计算方法。

塑料风管管件制作的胎具摊销材料费，未包括在定额内的，按以下规定另行计算：

1）风管工程量在 $30m^2$ 以上的，每 $10m^2$ 风管的胎具摊销木材为 $0.06m^3$，按地区预算价格计算胎具材料摊销费。

2）风管工程量在 $30m^2$ 以下的，每 $10m^2$ 风管的胎具摊销木材为 $0.09m^3$，按地区预算价格计算胎具材料摊销费。

6. 玻璃钢通风管道及部件安装

（1）工作内容

1）风管：找标高，打支架墙洞，配合预留孔洞，吊托支架制作及埋设，风管配合修补、粘结，组装就位，找平，找正，制垫，垫垫儿，上螺栓，紧固。

2）部件：组对，组装，就位，找正，制垫，垫垫儿，上螺栓，紧固。

（2）玻璃钢通风管道安装项目中，包括弯头、三通、变径管、天圆地方等管件的安装及法兰、加固框和吊托架的制作安装，不包括过跨风管落地支架。落地支架执行设备支架项目。

（3）玻璃钢风管及管件，按计算工程量加损耗外加工订作，其价值按实际价格；风管修补应由加工单位负责，其费用按实际价格发生，计算在主材费内。

（4）定额内未考虑预留铁件的制作和埋设。如果设计要求用膨胀螺栓安装吊托支架者，膨胀螺栓可按实际调整，其余不变。

7. 复合型风管制作安装

（1）工作内容

1）复合型风管制作：放样，切割，开槽，成型，黏合，制作管件，钻孔，组合。

2）复合型风管安装：就位，制垫，垫垫儿，连接，找正，找平，固定。

（2）风管项目规格表示的直径为内径，周长为内周长。

（3）风管制作安装项目中包括管件、法兰、加固框、吊托支架。

5.4.2 定额工程量计算规则

（1）风管制作安装，以施工图规格不同按展开面积计算，不扣除检查孔、测定孔、送风口、吸风口等所占面积。圆形风管的计算式为

$$F = \pi DL \qquad (5-1)$$

式中　F——圆形风管展开面积，m^2；

　　　D——圆形风管直径，m；

　　　L——管道中心线长度，m。

矩形风管按图示周长乘以管道中心线长度计算。

（2）风管长度一律以施工图示中心线长度为准（主管与支管以其中心线交点划分），包括弯头、三通、变径管、天圆地方等管件的长度，但不得包括部件所占长度。直径和周长按图示尺寸为准展开，咬口重叠部分已包括在定额内，不得另行增加。

（3）风管导流叶片制作安装按图示叶片的面积计算。

（4）整个通风系统设计采用渐缩管均匀送风者，圆形风管按平均直径、矩形风管按平均周长计算。

（5）塑料风管、复合型材料风管制作安装定额所列规格直径为内径，周长为内周长。

（6）柔性软风管安装，按图示管道中心线长度以"m"为计量单位。柔性软风管阀门安装以"个"为计量单位。

（7）软管（帆布接口）制作安装，按图示尺寸以"m^2"为计量单位。

（8）风管检查孔质量，按《全国统一安装工程预算定额　第九册　通风空调工程》（GYD—209—2000）附录的"国标通风部件标准质量表"计算。

（9）风管测定孔制作安装，按其型号以"个"为计量单位。

（10）薄钢板通风管道、净化通风管道、玻璃钢通风管道、复合型材料通风管道的制作安装中，已包括法兰、加固框和吊托支架，不得另行计算。

（11）不锈钢通风管道、铝板通风管道的制作安装中，不包括法兰和吊托支架，可按相

应定额以"kg"为计量单位另行计算。

（12）塑料通风管道制作安装，不包括吊托支架，可按相应定额以"kg"为计量单位另行计算。

5.4.3 清单工程量计算规则

工程量清单项目设置及工程量计算规则，应按表5-4的规定执行。

表5-4 通风管道制作安装（编码：030702）

项目编码	项目名称	项目特征	计量单位	工程量计算规则	工程内容
030702001	碳钢通风管道	1. 名称 2. 材质 3. 形状 4. 规格 5. 板材厚度 6. 管件、法兰等附件及支架设计要求 7. 接口形式	m²	按设计图示尺寸以展开面积计算	1. 风管、管件、法兰、零件、支吊架制作、安装 2. 过跨风管落地支架制作、安装
030702002	净化通风管道				
030702003	不锈钢板通风管道	1. 名称 2. 形状 3. 规格 4. 板材厚度 5. 管件、法兰等附件及支架设计要求 6. 接口形式		按设计图示内径尺寸以展开面积计算	1. 风管、管件、法兰、零件、支吊架制作、安装 2. 过跨风管落地支架制作、安装
030702004	铝板通风管道				
030702005	塑料通风管道				
030702006	玻璃钢通风管道	1. 名称 2. 形状 3. 规格 4. 板材厚度 5. 支架形式、材质	m²	按设计图示外径尺寸以展开面积计算	1. 风管、管件安装 2. 支吊架制作、安装 3. 过跨风管落地支架制作、安装
030702007	复合型风管	1. 名称 2. 材质 3. 形状 4. 规格 5. 板材厚度 6. 接口形式 7. 支架形式、材质			
030702008	柔性软风管	1. 名称 2. 材质 3. 形状 4. 风管接头、支架形式、材质	1. m 2. 节	1. 以米计量，按设计图示中心线以长度计算 2. 以节计量，按设计图示数量计算	1. 风管安装 2. 风管接头安装 3. 支吊架制作、安装
030702009	弯头导流叶片	1. 名称 2. 材质 3. 规格 4. 形式	1. m² 2. 组	1. 以面积计量，按设计图示以展开面积平方米计算 2. 以组计量，按设计图示数量计算	1. 制作 2. 组装

项目编码	项目名称	项目特征	计量单位	工程量计算规则	工程内容
030702010	风管检查孔	1. 名称 2. 材质 3. 规格	1. kg 2. 个	1. 以千克计量，按风管检查孔质量计算 2. 以个计量，按设计图示数量计算	1. 制作 2. 安装
030702011	温度、风量测定孔	1. 名称 2. 材质 3. 规格 4. 设计要求	个	按设计图示数量计算	1. 制作 2. 安装

注：1. 风管展开面积，不扣除检查孔、测定孔、送风口、吸风口等所占面积；风管长度一律以设计图示中心线长度为准（主管与支管以其中心线交点划分），包括弯头、三通、变径管、天圆地方等管件的长度，但不包括部件所占的长度。风管展开面积不包括风管、管口重叠部分面积。风管渐缩管：圆形风管按平均直径，矩形风管按平均周长。

2. 穿墙套管按展开面积计算，计入通风管道工程量中。

3. 通风管道的法兰垫料或封口材料，按图纸要求应在项目特征中描述。

4. 净化通风管的空气清洁度按 100000 级标准编制，净化通风管使用的型钢材料如要求镀锌时，工作内容应注明支架镀锌。

5. 弯头导流叶片数量，按设计图纸或规范要求计算。

6. 风管检查孔、温度测定孔、风量测定孔数量，按设计图纸或规范要求计算。

【例 5-3】 某通风系统设计圆形渐缩风管均匀送风，采用 $\delta=2mm$ 的镀锌钢板，风管直径为 $D_1=900mm$，$D_2=340mm$，风管中心线长度为 110m。试计算圆形渐缩风管的制作安装清单项目工程量。

【解】 （1）圆形渐缩风管的平均直径：$D=(D_1+D_2)/2=（900+340）/2=620$（mm）

（2）制作安装清单项目工程量：$F=\pi LD=\pi \times 110 \times 0.62=214.15$（m²）

【例 5-4】 某空气调节系统的风管采用薄钢板制作，风管截面积为 500mm×160mm，风管中心线长度为 110m；要求风管外表面刷防锈漆一遍。试计算该项目的制作安装工程量。

【解】 （1）清单项目工程量：$F=2（A+B）L$

$$=2\times(0.5+0.16)\times110=145.2（m²）$$

（2）施工量：

1）风管制作安装工程量：$F=2（A+B）L$

$$=2\times(0.5+0.16)\times110=145.2（m²）$$

2）除锈刷油工程量：$S=F\times1.2=145.2\times1.2=174.24$（m²）

5.5 通风管道部件制作安装

5.5.1 定额说明

1. 调节阀制作安装

（1）调节阀制作：放样，下料，制作短管、阀板、法兰、零件，钻孔，铆焊，组合成型。

（2）调节阀安装：号孔，钻孔，对口，校正，制垫，垫垫儿，上螺栓，紧固，试动。

2. 风口制作安装

（1）风口制作：放样，下料，开孔，制作零件、外框、叶片、网框、调节板、拉杆、导风板、弯管、天圆地方、扩散管、法兰、钻孔，铆焊，组合成型。

（2）风口安装：对口，上螺栓，制垫，垫垫儿，找正，找平，固定，试动，调整。

3. 风帽制作安装

（1）风帽制作：放样，下料，咬口，制作法兰、零件，钻孔，铆焊，组装。

（2）风帽安装：安装，找正，找平，制垫，垫垫儿，上螺栓，固定。

4. 罩类制作安装

（1）罩类制作：放样，下料，卷圆，制作罩体、来回弯、零件、法兰，钻孔，铆焊，组合成型。

（2）罩类安装：埋设支架，吊装，对口，找正，制垫，垫垫儿，上螺栓，固定配重环及钢丝绳，试动调整。

5. 消声器制作安装

（1）消声器制作：放样，下料，钻孔，制作内外套管、木框架、法兰，铆焊，粘贴，填充消声材料，组合。

（2）消声器安装：组对，安装，找正，制垫，垫垫儿，上螺栓，固定。

6. 空调部件及设备支架制作安装

（1）工作内容：

1）金属空调器壳体：

①制作：放样，下料，调直，钻孔，制作箱体、水槽，焊接，组合，试装。

②安装：就位，找平，找正，连接，固定，表面清理。

2）挡水板：

①制作：放样，下料，制作曲板、框架、底座、零件，钻孔，焊接，成型。

②安装：找平，找正，上螺栓，固定。

3）滤水器、溢水盘

①制作：放样，下料，配制零件，钻孔，焊接，上网，组合成型。

②安装、找平，找正，焊接管道，固定。

4）密闭门

①制作：放样，下料，制作门框、零件、开视孔，填料，铆焊，组装。

②安装：找正，固定。

5）设备支架

①制作：放样，下料，调直，钻孔，焊接，成型。

②安装：测位，上螺栓，固定，打洞，埋支架。

（2）清洗槽、浸油槽、晾干架、LWP滤尘器支架制作安装，执行设备支架项目。

（3）风机减振台座执行设备支架项目，定额中不包括减振器用量，应依设计图纸按实计算。

（4）玻璃挡水板执行钢板挡水板相应项目，其材料、机械均乘以系数 0.45，人工不变。

（5）保温钢板密闭门执行钢板密闭门项目，其材料乘以系数 0.5，机械乘以系数 0.45，人工不变。

5.5.2 定额工程量计算规则

（1）标准部件的制作，按其成品质量，以"kg"为计量单位，根据设计型号、规格，按《全国统一安装工程预算定额 第九册 通风空调工程》（GYD—209—2000）附录的"国际通风部件标准质量表"计算质量，非标准部件按图示成品质量计算。部件的安装按图示规格尺寸（周长或直径），以"个"为计量单位，分别执行相应定额。

（2）钢百叶窗及活动金属百叶风口的制作，以"m²"为计量单位，安装按规格尺寸以"个"为计量单位。

（3）风帽筝绳制作安装，按图示规格、长度，以"kg"为计量单位。

（4）风帽泛水制作安装，按图示展开面积以"m²"为计量单位。

（5）挡水板制作安装，按空调器断面面积计算。

（6）钢板密闭门制作安装，以"个"为计量单位。

（7）设备支架制作安装，按图示尺寸以"kg"为计量单位，执行《静置设备与工艺金属结构制作安装工程》（GYD—205—2000）定额相应项目和工程量计算规则。

（8）电加热器外壳制作安装，按图示尺寸以"kg"为计量单位。

（9）风机减震台座制作安装执行设备支架定额，定额内不包括减震器，应按设计规定另行计算。

（10）高、中、低效过滤器、净化工作台安装，以"台"为计量单位；风淋室安装按不同质量以"台"为计量单位。

（11）洁净室安装按质量计算，执行《全国统一安装工程预算定额 第九册 通风空调工程》（GYD—209—2000）中"分段组装式空调器"安装定额。

5.5.3 清单工程量计算规则

工程量清单项目设置及工程量计算规则，应按表5-5的规定执行。

表5-5 通风管道部件制作安装（编码：030703）

项目编码	项目名称	项目特征	计量单位	工程量计算规则	工程内容
030703001	碳钢调节阀	1. 名称 2. 型号 3. 规格 4. 质量 5. 类型 6. 支架形式、材质	个	按设计图示数量计算	1. 阀体制作 2. 阀体安装 3. 支架制作、安装
030703002	柔性软风管阀门	1. 名称 2. 规格 3. 材质 4. 类型			阀体安装
030703003	铝蝶阀	1. 名称 2. 规格 3. 质量 4. 类型			
030703004	不锈钢蝶阀				
030703005	塑料阀门	1. 名称 2. 型号 3. 规格 4. 类型			
030703006	玻璃钢蝶阀				

项目编码	项目名称	项目特征	计量单位	工程量计算规则	工程内容
030703007	碳钢风口、散流器、百叶窗	1. 名称 2. 型号 3. 规格 4. 质量 5. 类型 6. 形式	个	按设计图示数量计算	1. 风口制作、安装 2. 散流器制作、安装 3. 百叶窗安装
030703008	不锈钢风口、散流器、百叶窗	1. 名称 2. 型号 3. 规格 4. 质量 5. 类型 6. 形式			
030703009	塑料风口、散流器、百叶窗				
030703010	玻璃钢风口	1. 名称 2. 型号 3. 规格 4. 类型 5. 形式			风口安装
030703011	铝及铝合金风口、散流器				1. 风口制作、安装 2. 散流器制作、安装
030703012	碳钢风帽	1. 名称 2. 规格 3. 质量 4. 类型 5. 形式 6. 风帽筝绳、泛水设计要求			1. 风帽制作、安装 2. 筒形风帽滴水盘制作、安装 3. 风帽筝绳制作、安装 4. 风帽泛水制作、安装
030703013	不锈钢风帽				
030703014	塑料风帽				
030703015	铝板伞形风帽				1. 板伞形风帽制作安装 2. 风帽筝绳制作、安装 3. 风帽泛水制作、安装
030703016	玻璃钢风帽				1. 玻璃钢风帽安装 2. 筒形风帽滴水盘安装 3. 风帽筝绳安装 4. 风帽泛水安装
030703017	碳钢罩类	1. 名称 2. 型号 3. 规格 4. 质量 5. 类型 6. 形式			1. 罩类制作 2. 罩类安装
030703018	塑料罩类				
030703019	柔性接口	1. 名称 2. 规格 3. 材质 4. 类型 5. 形式	m²	按设计图示尺寸以展开面积计算	1. 柔性接口制作 2. 柔性接口安装
030703020	消声器	1. 名称 2. 规格 3. 材质 4. 形式 5. 质量 6. 支架形式、材质	个	按设计图示数量计算	1. 消声器制作 2. 消声器安装 3. 支架制作安装

项目编码	项目名称	项目特征	计量单位	工程量计算规则	工程内容
030703021	静压箱	1. 名称 2. 规格 3. 形式 4. 材质 5. 支架形式、材质	1. 个 2. m²	1. 以个计量，按设计图示数量计算 2. 以平方米计量，按设计图示尺寸展开面积计算	1. 静压箱制作、安装 2. 支架制作、安装
030703022	人防超压自动排气阀	1. 名称 2. 型号 3. 规格 4. 类型	个	按设计图示数量计算	安装
030703023	人防手动密闭阀	1. 名称 2. 型号 3. 规格 4. 支架形式、材质			1. 密闭阀安装 2. 支架制作、安装
030703024	人防其他部件	1. 名称 2. 型号 3. 规格 4. 类型	个（套）		安装

注：1. 碳钢阀门包括：空气加热器上通阀、空气加热器旁通阀、圆形瓣式启动阀、风管蝶阀、风管止回阀、密闭式斜插板阀、矩形风管三通调节阀、对开多叶调节阀、风管防火阀、各型风罩调节阀、人防工程密闭阀、自动排气活门等。

2. 塑料阀门包括：塑料蝶阀、塑料插板阀、各型风罩塑料调节阀。

3. 碳钢风口、散流器、百叶窗包括：百叶风口、矩形送风口、矩形空气分布器、风管插板风口、旋转吹风口、圆形散流器、方形散流器、流线型散流器、送吸风口、活动算式风口、网式风口、钢百叶窗等。

4. 碳钢罩类包括：皮带防护罩、电动机防雨罩、侧吸罩、中小型零件焊接台排气罩、整体分组式槽边侧吸罩、吹吸式槽边通风罩、条缝槽边抽风罩、泥心烘炉排气罩、升降式回转排气罩、上下吸式圆形回转罩、升降式排气罩、手锻炉排气罩。

5. 塑料罩类包括：塑料槽边侧吸罩、塑料槽边风罩、塑料条缝槽边抽风罩。

6. 柔性接口指：金属、非金属软接口及伸缩节。

7. 消声器包括：片式消声器、矿棉管式消声器、聚酯泡沫管式消声器、卡普隆纤维管式消声器、弧形声流式消声器、阻抗复合式消声器、微穿孔板消声器、消声弯头。

8. 通风部件图纸要求制作安装、要求用成品部件只安装不制作，这类特征在项目特征中应明确描述。

9. 静压箱的面积计算：按设计图示尺寸以展开面积计算，不扣除开口的面积。

【例 5-5】 如图 5-2 所示一单叶片风管导流叶片，计算其制作安装工程量。

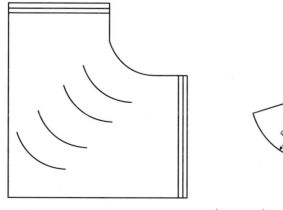

图 5-2 单叶片导流片示意图（30°即$\frac{\pi}{6}$）

【解】 工程量：$0.2 \times \dfrac{\pi}{6} \times 0.3 = 0.03 (\text{m}^2)$

【例 5-6】 已知一活动百叶风口，尺寸为 350mm×175mm，共 8 个，风口带调节板，如图 5-3 所示，试计算其工程量。

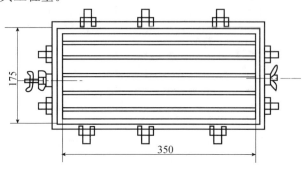

图 5-3 带调节板活动百叶风口平面图

【解】 （1）清单工程量（表 5-6）：带调节板活动百叶风口：8 个

表 5-6 清单工程量计算表

项目编码	项目名称	项目特征描述	单位	数量
030703008001	百叶风口	不锈钢，350mm×175mm，带调节板	个	8

（2）定额工程量：

1）带调节板活动百叶风口制作：

查国际通风部件标准重量表：350×175，1.79kg/个

$$1.79 \times 8 = 14.32 \ (\text{kg})$$

①人工费：14.32/100×1719.91=246.29（元）

②材料费：14.32/100×635.86=91.06（元）

③机械费：14.32/100×265.89=38.08（元）

2）带调节板活动百叶风口的安装：

①人工费：8×5.34=42.72（元）

②材料费：8×3.08=24.64（元）

③机械费：8×0.22=1.76（元）

5.6 通风工程检测、调试

工程量清单项目设置及工程量计算规则，应按表 5-7 的规定执行。

表 5-7 通风工程检测、调试（编码：030704）

项目编码	项目名称	项目特征	计量单位	工程量计算规则	工程内容
030704001	通风工程检测、调试	风管工程量	系统	按由通风设备、管道及部件等组成的通风系统计算	1. 通风管道风量测定 2. 风压测定 3. 温度测定 4. 各系统风口、阀门调整
030704002	风管漏光试验、漏风试验	漏光试验、漏风试验设计要求	m²	按设计图纸或规范要求以展开面积计算	通风管道漏光试验、漏风试验

【例 5-7】 某通风系统的检测，调试其中管道漏光试验 3 次，漏风试验 2 次，通风管道风量测定 2 次，风压测定 3 次，温度测量 2 次，各系统风口阀门调整 6 次。试计算其工程量。

【解】（1）清单工程量（表 5-8）：

表 5-8　清单工程量计算表

项目编码	项目名称	项目特征描述	计量单位	工程量
030704001001	通风工程检测、调试	检测调试	系统	1

（2）定额工程量：

	单位	数量
1）管道漏光试验	次	3
2）漏风试验	次	2
3）通风管道风量测定	次	2
4）风压测定	次	3
5）温度测定	次	2
6）各系统风口阀门调整	次	6

上岗工作要点

1. 了解通风空调工程的定额在实际工作中的应用。

2. 在实际工作中，掌握通风及空调设备及部件制作安装、通风管道制作安装、通风管道部件制作安装、通风工程检测和调试的工程量计算规则与计算方法，做到熟练应用。

思 考 题

5-1　通风空调工程定额由哪些分项目工程组成？

5-2　通风空调设备安装工程的工作内容包括哪些？

5-3　风口的制作与安装工程的工作内容包括哪些？

5-4　简述通风机空调设备及部件制作安装工程的定额工程量计算规则。

5-5　简述通风管道部件制作安装工程的定额工程量计算规则。

5-6　简述通风管道制作安装工程的清单工程量计算规则。

5-7　简述通风工程检测、调试工程的清单工程量计算规则。

习 题

5-8　某管道尺寸如图 5-4 所示，试计算其工程量。（δ＝2mm，不含主材费）

5-9　某矩形风管尺寸如图 5-5 所示，风管材料采用优质碳素钢，镀锌钢板厚为 0.75mm，风管保温材料采用厚度 60mm 的玻璃棉毯，防潮层采用油毡纸，保护层采用玻璃布，试计算其工程量。（δ＝2mm，不含主材费）

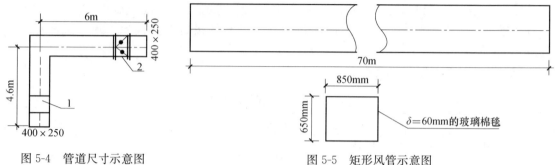

图 5-4 管道尺寸示意图

1—帆布软连接，长 320mm；

2—对开式多叶调节阀，长 240mm

图 5-5 矩形风管示意图

5-10 不锈钢板风管如图 5-6 所示，断面尺寸为 800×630，两处吊托支架，试计算其工程量。（δ=2mm，不含主材费）

5-11 已知一段柔性软风管，如图 5-7 所示，试计算此柔性软风管（无保温套）的工程量。（不含主材费）

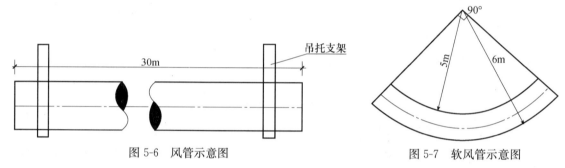

图 5-6 风管示意图

图 5-7 软风管示意图

5-12 某塑料通风管道如图 5-8 所示，断面尺寸为 300×300，壁厚 δ=4mm，总长度为 100m，其上有两个方形塑料插板阀（300×300），试计算其工程量。

图 5-8 通风管道示意图

5-13 某碳钢通风管道尺寸如图 5-9 所示，试计算其工程量。

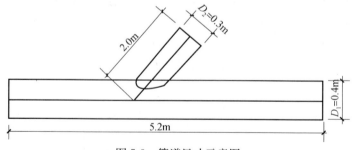

图 5-9 管道尺寸示意图

注：通风管道主管与支管从其中心线交点处划分以确定其中心线长度。

第 6 章　刷油、绝热、防腐工程工程量计算

重 点 提 示

1. 了解刷油、绝热、防腐工程的定额说明
2. 掌握除锈、刷油、防腐、绝热、通风管道保温工程定额工程量计算与清单工程量计算。

6.1　定额说明

6.1.1　除锈工程

（1）除锈工程定额适用于金属表面的手工、动力工具，干喷射除锈及化学除锈工程。

（2）各种管件、阀件及设备上人孔、管口凸凹部分的除锈已综合考虑在定额内。

（3）喷射除锈按 Sa2.5 级标准确定。若变更级别标准，如按 Sa3 级别，则人工、材料、机械乘以系数 1.1，按 Sa2 或 Sa1 级别，则人工、材料、机械乘以系数 0.9。

（4）手工、动力工具除锈分轻、中、重三种，区分标准为：

轻锈：部分氧化皮开始破裂脱落，红锈开始发生。

中锈：部分氧化皮破裂脱落，呈堆粉状，除锈后用肉眼能见到腐蚀小凹点。

重锈：大部分氧化皮脱落，呈片状锈层或凸起的锈斑，除锈后出现麻点或麻坑。

（5）喷射除锈标准：

Sa3 级：除净金属表面上油脂、氧化皮、锈蚀产物等一切杂物，呈现均一的金属本色，并有一定的粗糙度。

Sa2.5 级：完全除去金属表面的油脂、氧化皮、锈蚀产物等一切杂物，可见的阴影条纹、斑痕等残留物不得超过单位面积的 5%。

Sa2 级：除去金属表面的油脂、锈皮、疏松氧化皮、浮锈等杂物，允许有附紧的氧化皮。

（6）除锈工程定额不包括除微锈（标准：氧化皮完全附紧，仅有少量锈点），发生时执行轻锈定额乘以系数 0.2。

（7）因施工需要发生的二次除锈，应另行计算。

6.1.2　刷油工程

（1）刷油工程定额适用于金属面、管道、设备、通风管道、金属结构与玻璃布面、石棉布面、玛琋脂面、抹灰面等刷（喷）油漆工程。

（2）金属面刷油不包括除锈工作内容。

（3）各种管件、阀件和设备上人孔、管口凸凹部分的刷油已综合考虑在定额内，不得另行计算。

153

（4）刷油工程定额按安装地点就地刷（喷）油漆考虑，如安装前管道集中刷油，人工乘以系数 0.7（暖气片除外）。

（5）刷油工程定额主材与稀干料可以换算，但人工与材料消耗量不变。

（6）标志色环等零星刷油，执行刷油工程定额相应项目，其人工乘以系数 2.0。

6.1.3 防腐蚀涂料工程

（1）防腐蚀涂料工程定额适用于设备、管道、金属结构等各种防腐涂料工程。

（2）防腐蚀涂料工程定额不包括除锈工程内容。

（3）涂料配合比与实际设计配合比不同时，可根据设计要求进行换算，其人工、机械消耗量不变。

（4）防腐蚀涂料工程定额聚合热固化是采用蒸汽及红外间接聚合固化考虑的，如采用其他方法，应按施工方案另行计算。

（5）如采用防腐蚀涂料工程定额为包括的新品种涂料，应按相近定额项目执行，其人工、机械消耗量不变。

6.1.4 手工糊衬玻璃钢工程

（1）手工糊衬玻璃钢工程定额适用于碳钢设备手工糊衬玻璃钢和塑料管道玻璃钢增强工程。

（2）施工工序：材料运输，填料干燥过筛，设备表面清洗，塑料管道表面打毛、清洗，胶液配制、刷涂，腻子配制、刮涂，玻璃纤维布脱脂、下料、贴衬。

（3）手工糊衬玻璃钢工程定额施工工序不包括金属表面除锈。发生时应根据其工程量执行"除锈工程"相应项目。

（4）如因设计要求或施工条件不同，所用胶液配合比、材料品种与手工糊衬玻璃钢工程定额不同时，可以手工糊衬玻璃钢工程定额各种胶液中树脂用量为基数进行换算。

（5）塑料管道玻璃钢增强所用玻璃布幅宽是按 $200\sim250mm$ 考虑的。

（6）玻璃钢聚合是按间接聚合法考虑的，如因需要采用其他方法聚合时，应按施工方案另行计算。

6.1.5 橡胶板及塑料板衬里工程

（1）橡胶板及塑料板衬里工程定额适用于金属管道、管件、阀门、多孔板、设备的橡胶板衬里和金属表面的软聚氯乙烯塑料板衬里工程。

（2）橡胶板及塑料板衬里工程定额橡胶板及塑料板用量包括：

1）有效面积需用量（不扣除人孔）。

2）搭接面积需用量。

3）法兰翻边及下料的合理损耗量。

（3）热硫化橡胶板的硫化方法，按间接硫化处理考虑，需要直接硫化处理时，其人工乘以系数 1.25，所需材料和机械费用按施工方案另行计算。

（4）带有超过总面积 15% 衬里零件的贮槽、塔类设备，其人工乘以系数 1.4。

（5）橡胶板及塑料板衬里工程定额中塑料板衬里工程，搭接缝均按胶接考虑，若采用焊接时，其人工乘以系数 1.8，胶浆用量乘以系数 0.5，聚氯乙烯塑料焊条用量为 $5.19kg/10m^2$。

6.1.6 衬铅及搪铅工程

（1）衬铅及搪铅工程定额适用于金属设备、型钢等表面衬铅、搪铅工程。

（2）铅板焊接采用氢氧焊；搪铅采用氧乙炔焰。

（3）设备衬铅不分直径大小，均按卧放在滚动器上施工，对已经安装好的设备进行衬铅板施工时，其人工乘以系数1.39，材料、机械消耗量不得调整。

（4）设备、型钢表面衬铅，铅板厚度按3mm考虑，若铅板厚度大于3mm时，其人工乘以系数1.29，材料按实际进行计算。

（5）衬铅及搪铅工程定额不包括金属表面除锈，发生时按"除锈工程"相应项目计算。

6.1.7 喷镀（涂）工程

（1）喷镀（涂）工程定额适用于金属管道、设备、型钢等表面气喷镀工程及塑料和水泥砂浆的喷涂工程。

（2）施工工具：喷镀采用国产SQP-1（高速、中速）气喷枪；喷塑采用塑料粉末喷枪。

（3）喷镀和喷塑采用氧乙炔焰。

（4）喷镀（涂）工程定额不包括除锈工作内容。

6.1.8 耐酸砖、板衬里工程

（1）耐酸砖、板衬里工程定额适用于各种金属设备的耐酸砖、板衬里工程。

（2）树脂耐酸胶泥包括环氧树脂、酚醛树脂、呋喃树脂、环氧酚醛树脂、环氧呋喃树脂耐酸胶泥等。

（3）硅质耐酸胶泥衬砌块材需要勾缝时，其勾缝材料按相应项目树脂胶泥消耗量的10%计算，人工按相应项目人工消耗量的10%计算。

（4）调制胶泥不分机械和手工操作，均执行《全国统一安装工程预算定额　第十一册刷油、绝热、防腐》（GYD—211—2000）的规定。

（5）定额工序中不包括金属设备表面除锈，发生时应执行GYD—211—2000第一章相应项目。

（6）衬砌砖、板按规范进行自然养护考虑，若采用其他方法养护，其工程量应按施工方案另行计算。

（7）立式设备人孔等部位发生旋拱施工时，每10m²应增加木材0.01m³、铁钉0.20kg。

6.1.9 绝热工程

（1）绝热工程定额适用于设备、管道、通风管道的绝热工程。

（2）伴热管道、设备绝热工程量计算方法是：主绝热管道或设备的直径加伴热管道的直径、再加10～20mm的间隙作为计算的直径，即：$D=D_{主}+D_{伴}+(10\sim20\text{mm})$。

（3）依据《工业设备及管道绝热工程施工规范》（GB 50126—2008）要求，保温厚度大于100mm、保冷厚度大于80mm时应分层施工，工程量分层计算。但是如果设计要求保温厚度小于100mm、保冷厚度小于80mm也需分层施工时，也应分层计算工程量。

（4）仪表管道绝热工程，应执行绝热工程定额相应项目。

（5）管道绝热工程，除法兰、阀门外，其他管件均已考虑在内；设备绝热工程，除法兰、人孔外，其封头已考虑在内。

（6）保护层：

1）镀锌铁皮的规格按1000mm×2000mm和900mm×1800mm、厚度0.8mm以下综合考虑，若采用其他规格铁皮时，可按实际调整。厚度大于0.8mm时，其人工乘以系数1.2；卧式设备保护层安装，其人工乘以系数1.05。

2）此项也适用于铝皮保护层，主材可以换算。

（7）采用不锈钢薄钢板作保护层安装，执行绝热工程定额金属保护层相应项目，其人工乘以系数1.25，钻头消耗量乘以系数2.0，机械乘以系数1.15。

（8）聚氨酯泡沫塑料发泡工程，是按现场直喷无模具考虑的，若采用有模具浇注法施工，其模具制造安装应依据施工方案另行计算。

（9）矩形管道绝热需要加防雨坡度时，其人工、材料、机械应另行计算。

（10）管道绝热均按现场安装后绝热施工考虑，若先绝热后安装时，其人工乘以系数0.9。

（11）卷材安装应执行相同材质的板材安装项目，其人工、铁线消耗量不变，但卷材用量损耗率按3.1%考虑。

（12）复合成品材料安装应执行相同材质瓦块（或管壳）安装项目。复合材料分别安装时应按分层计算。

6.1.10 管道补口、补伤工程

（1）管道补口、补伤工程适用于金属管道的补口、补伤单位防腐工程。

（2）管道补口、补伤防腐涂料有环氧煤沥青漆、氯磺化聚乙烯漆、聚氨酯漆、无机富锌漆。

（3）管道补口、补伤工程定额项目均采用手工操作。

（4）管道补口每个口取定为：ϕ426mm以下（含ϕ426mm）管道每个补口长度为400mm；ϕ426mm以上管道每个补口长度为600mm。

（5）各类涂料涂层厚度：

1）氯磺化聚乙烯漆为0.3～0.4mm厚。

2）聚氨酯漆为0.3～0.4mm厚。

3）环氧煤沥青漆涂层厚度：

普通级0.3mm厚，包括底漆一遍、面漆两遍。

加强级0.5mm厚，包括底漆一遍、面漆三遍及玻璃布一层。

特加强级0.8mm厚，包括底漆一遍、面漆四遍及玻璃布两层。

（6）管道补口、补伤工程定额施工工序包括了补伤，但不含表面除锈，发生时执行"除锈工程"相应项目。

6.1.11 阴极保护及牺牲阳极

（1）阴极保护及牺牲阳极定额适用于长输管道工程阴极保护、牺牲阳极工程。

（2）阴极保护恒电位仪安装包括本身设备安装、设备之间的电器连接线路安装。至于通电点、均压线塑料电缆长度如超出定额用量的10%时，可以按实调整。牺牲阳极和接地装置安装，已综合考虑了立式和平埋式，不得因埋设方式不同而进行调整。

（3）牺牲阳极定额中，每袋装入镁合金、铝合金、锌合金的数量按设计图纸确定。

6.2 定额工程量计算

6.2.1 除锈工程量计算

6.2.1.1 设备筒体、管道除锈工程量计算

设备筒体、管道除锈工程量按表面积以"m²"计量。其计算式：

$$S = \pi \times D \times L \tag{6-1}$$

式中　D——设备或管道直径，m；

　　　L——设备筒体高或管道延长米，m。

6.2.1.2　金属结构除锈工程量计算

一般金属结构人工或喷砂除锈时，按结构质量以"kg"为单位计量。若用化学或电动工具除锈，按表面积以"m²"计量，一般金属结构也可以面积套用定额，其方法是将金属结构100kg换算成5.8m²后套相应定额即可。大于400mm的型钢及H型钢制结构以"m²"为计量单位。

6.2.2　刷油工程量计算

6.2.2.1　管道刷油工程量

1. 非绝热管道刷油工程量的计算

非绝热管道刷油工程量按管道外表面积以"m²"为单位计算，计算式：

$$S = \pi \times D \times L \tag{6-2}$$

式中　D——管道外径，m。

其余符号含义同前。

2. 绝热管道刷油工程量计算

管道绝热后刷油工程量按绝热层外表面积计算，计算式：

$$
\begin{aligned}
S &= \pi \times L \times (D + 2\delta + 2\delta \times 5\% + 2d_1 + 3d_2) \\
&= \pi \times L \times (D + 2.1\delta + 0.0082)
\end{aligned}
\tag{6-3}
$$

式中　S——刷油面积，m²；

　　　L——管道长度，m；

　　　D——管道外径，m；

　　　δ——绝热层厚度，m；

　　$2d_1$——捆扎线直径或钢带厚度，取 0.0032m；

　　$3d_2$——防潮层及接搭厚度，取 0.005m；

$2\delta \times 5\%$——绝热层厚度允许偏差系数。

6.2.2.2　设备刷油工程量计算

设备按图示几何尺寸计算刷油面积，见图6-1～图6-4。设备裙座按其表面积视同相应设备本体计算，设备支座或支架按金属结构计算。

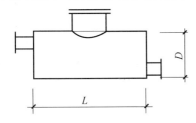

图6-1　平封头非绝热表面示意图

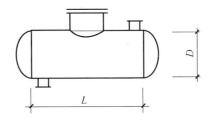

图6-2　圆封头非绝热表面示意图

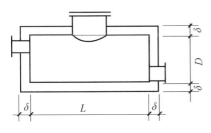

图6-3　平封头绝热表面示意图

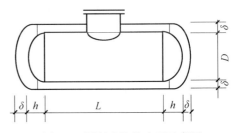

图6-4　圆封头绝热表面示意图

1. 非绝热设备刷油工程量的计算

（1）圆筒形设备筒体刷油工程量计算同式（6-2）。

（2）圆筒形设备平封头刷油工程量计算式：

$$S = \pi \times \left(\frac{D}{2}\right)^2 \times N \tag{6-4}$$

式中　S—— 一个设备平封头刷油面积，m^2；

　　　D—— 平封头直径；

　　　N—— 封头个数。

（3）设备圆封头刷油工程量计算式：

$$S = \pi \times \left(\frac{D}{2}\right)^2 \times 1.5 \times N \tag{6-5}$$

2. 绝热设备刷油工程量计算

（1）绝热设备筒体刷油工程量计算式：

$$\begin{aligned}S &= \pi \times L \times (D + 2\delta + 2\delta \times 5\% + 2d_1 + 3d_2) \\ &= \pi \times L \times (D + 2.1\delta + 0.0082)\end{aligned} \tag{6-6}$$

式中　L——筒体长度，m；

　　　D——筒体直径，m；

　　　δ——筒体绝热层厚度，m。

其余符号含义同式（6-3）。

（2）设备平封头刷油工程量计算式：

$$S = \pi \times \left(\frac{D + 2.1\delta}{2}\right)^2 \times N \tag{6-7}$$

（3）设备圆封头刷油工程量计算式：

$$S = \pi \times \left(\frac{D + 2.1\delta}{2}\right)^2 \times 1.5 \times N \tag{6-8}$$

公式中的符号含义同前，式中的1.5是圆形封头的调整系数。

6.2.3　防腐工程量计算

防腐工程量的计算与刷油相同，防腐与刷油的区别只是涂刷的材料不同而已。防腐涂料不是油漆，而是聚氨酯漆、环氧树脂漆、环氧呋喃树脂漆、无机富锌漆、环氧银粉漆等，按面积以"m^2"计算。

6.2.3.1　设备筒体、管道表面积计算公式

设备筒体、管道表面积计算公式同刷油工程量计算式。

6.2.3.2　阀门、弯头、法兰表面积计算式

1. 阀门表面积

$$S = \pi \times D \times 2.5D \times K \times N \tag{6-9}$$

式中　D——阀门直径，m；

　　　K——调整系数，$K=1.05$；

　　　N——阀门个数。

2. 弯头表面积

$$S = \pi \times D \times 1.5D \times K \times 2\pi \times \left(\frac{N}{B}\right) \qquad (6\text{-}10)$$

式中　D——弯头直径，m；

　　　N——弯头个数；

　　　B——由弯头角度确定的系数，当为90°弯头时，$B=4$；当为45°弯头时，$B=8$。

3. 法兰表面积

$$S = \pi \times D \times 1.5D \times K \times N \qquad (6\text{-}11)$$

式中　D——法兰公称直径，m；

　　　K——调整系数，$K=1.05$；

　　　N——法兰个数。

6.2.3.3 设备和管道法兰翻边防腐蚀工程量计算式

$$S = \pi \times (D + A) \times A \qquad (6\text{-}12)$$

式中　D——法兰公称直径，m；

　　　A——法兰翻边宽，m。

6.2.4 绝热工程量计算

6.2.4.1 设备筒体或管道绝热、防潮和保护层工程量计算式

$$V = \pi \times (D + 1.033\delta) + 1.033\delta \times L \qquad (6\text{-}13)$$

$$S = \pi \times (D + 2.1\delta) + 0.0082 \times L \qquad (6\text{-}14)$$

式中　　　　L——设备筒体或管道长度，m；

　　　　　　D——设备筒体或管道直径，m；

　　　　　　δ——绝热层厚度，m；

1.033、2.1——考虑绝热层厚度允许偏差的调整系数。

6.2.4.2 伴热管道绝热工程量计算式

伴热管道、设备绝热工程量计算方法是：主绝热管道或设备的直径加伴热管道的直径，再加10~20mm的间隙作为计算直径，具体计算方法如下：

1. 单管伴热或双管伴热（管径相同，夹角小于90°时）

$$D' = D_1 + D_2 + (0.01 \sim 0.02) \qquad (6\text{-}15)$$

式中　D'——伴热管道计算直径，m；

　　　D_1——主管道直径，m；

　　　D_2——伴热管道直径，m。

2. 双管伴热（管径相同，夹角大于90°时）

$$D' = D_1 + 1.5D_2 + (0.01 \sim 0.02) \qquad (6\text{-}16)$$

3. 双管伴热（管径不同，夹角小于90°）

$$D' = D_1 + D_{伴大} + (0.01 \sim 0.02) \qquad (6\text{-}17)$$

式中　$D_{伴大}$——大伴热管道直径，m。

其余符号含义同前。

将上述 D' 计算结果分别代入式（6-13）和式（6-14）计算出伴热管道的绝热、防潮层和保护层的工程量。

6.2.4.3 设备封头绝热、防潮和保护层工程量计算式

$$V = [(D + 1.033\delta)/2]^2 \pi \times 1.033\delta \times 1.05N \tag{6-18}$$

$$S = [(D + 2.1\delta)/2]^2 \pi \times 1.05N \tag{6-19}$$

6.2.4.4 阀门绝热、防潮和保护层工程量计算式

$$V = \pi(D + 1.033\delta) \times 2.5D \times 1.033\delta \times 1.05N \tag{6-20}$$

$$S = \pi(D + 2.1\delta) \times 2.5D \times 1.05N \tag{6-21}$$

6.2.4.5 法兰绝热、防潮和保护层工程量计算式

$$V = \pi(D + 1.033\delta) \times 1.5D \times 1.033\delta \times 1.05N \tag{6-22}$$

$$S = \pi(D + 2.1\delta) \times 1.5D \times 1.05N \tag{6-23}$$

6.2.4.6 弯头绝热、防潮和保护层工程量计算式

$$V = \pi(D + 1.033\delta) \times 1.5D \times 2\pi \times 1.033\delta \times (N/B) \tag{6-24}$$

$$S = \pi(D + 2.1\delta) \times 1.5D \times 2\pi \times (N/B) \tag{6-25}$$

6.2.4.7 拱顶罐封头绝热、防潮和保护层工程量计算式

$$V = 2\pi r \times (h + 1.033\delta) \times 1.033\delta \tag{6-26}$$

$$S = 2\pi r \times (h + 2.1\delta) \tag{6-27}$$

式中 r——拱油罐拱顶半径，m；

h——拱顶高，m。

6.2.4.8 依据规范要求，保温厚度大于100mm、保冷厚度大于80mm时应分层安装，工程量应分层计算。设计要求保温厚度小于100mm、保冷厚度小于80mm，但需分层施工的，也要分层计算工程量。

6.2.5 通风管道保温工程量计算

6.2.5.1 风管保温层工程量计算

风管保温层工程量以"m³"计量，按式（6-28）计算。

$$V = 2\delta_1 l(A + B + 2\delta_1) \tag{6-28}$$

式中 l——风管长度，m；

δ_1——保温层厚度，m；

A——矩形风管大边长，m；

B——矩形风管小边长，m。

6.2.5.2 风管保温层保护壳工程量计算

风管保温层保护壳工程量以"m³"计量。抹石棉水泥壳时按式（6-29）计算。

$$F = 2L(A + B + 4\delta_1 + 2\delta_2 + 2\delta_1 + 3.3\%) \tag{6-29}$$

石棉水泥消耗100%。用玻璃纤维布或塑料布时按式（6-30）计算。

$$F = 2L(A + B + 4\delta_1) \tag{6-30}$$

缠两层时乘以2，两种布损耗均为15%。

160

6.2.5.3　保温壳油漆工程量计算

保温壳油漆工程量以"m³"计量，按式（6-31）计算。

$$F = 2L(A + B + 4\delta_1 + 2\delta_2 + 4\delta_2 + 3.3\%)\qquad(6\text{-}31)$$

【例6-1】　已知一圆形管道，直径为700mm，长度为5000mm，试计算其刷油工程量。

【解】　内外壁刷油工程量：$S_1 = 2\pi DL = 2 \times 3.14 \times 0.7 \times 5 = 21.98(\text{m}^2)$

外壁刷油工程量：$S_2 = \dfrac{S_1}{2} = \dfrac{21.98}{2} = 10.99(\text{m}^2)$

【例6-2】　已知一矩形管道，尺寸为700mm×500mm，长度为6000mm，试计算其刷油工程量。

【解】　内外壁刷油工程量：
$$\begin{aligned}S_1 &= L \times 2\,(a+b) \times 2\\&= 6 \times 2 \times (0.7 + 0.5) \times 2\\&= 28.8(\text{m}^2)\end{aligned}$$

外壁刷油工程量：$S_2 = \dfrac{S_1}{2} = \dfrac{28.8}{2} = 14.4(\text{m}^2)$

【例6-3】　已知一圆矩形风管，圆形薄钢板风管直径为500mm，长4000mm，矩形风管尺寸为500mm×300mm，长度为5000mm，试计算其除锈工程量。

【解】　圆矩形风管的除锈工程量：
$$\begin{aligned}2\pi DL + 2L \times 2 \times (a+b) &= 2 \times 3.14 \times 0.5 \times 4 + 2 \times 5 \times 2 \times (0.5 + 0.3)\\&= 28.56(\text{m}^2)\end{aligned}$$

【例6-4】　已知一通风空调工程，安装一直径为600mm、长25m的通风管，采用$\delta=70$mm的超细玻璃棉保温层，试计算风管保温的工程量。

【解】　风管保温工程量：
$$\begin{aligned}V &= \pi(D + 1.033\delta) \times 1.033\delta \times L\\&= 3.14 \times (0.6 + 1.033 \times 0.07) \times 1.033 \times 0.07 \times 25\\&= 3.82(\text{m}^3)\end{aligned}$$

【例6-5】　已知一小区采用管道供暖，管道直径为70mm，此小区管网共长75m，管道外壁除锈，保温用岩棉，保温层厚40mm，外缠玻璃布一道，试计算此管道的除锈及防腐保温工程量。

【解】　（1）除锈工程量：$S = \pi DL = 3.14 \times 0.07 \times 75 = 16.49\ (\text{m}^2)$

（2）防腐保温工程量：
$$\begin{aligned}V &= \pi(D + 1.033\delta) \times 1.033\delta \times L\\&= 3.14 \times (0.07 + 1.033 \times 0.04) \times 1.033 \times 0.04 \times 75\\&= 1.08(\text{m}^3)\end{aligned}$$

【例6-6】　已知一圆形管道，此管道管径有两种规格，一种是直径为60mm，长度为25m，另一种是直径为40mm，长度为17m，试计算其除锈工程量。

【解】　管道除锈工程量：$\phi 60$：$S_1 = \pi D_1 L_1 = 3.14 \times 0.06 \times 25 = 4.71(\text{m}^2)$

$\phi 40$：$S_2 = \pi D_2 L_2 = 3.14 \times 0.04 \times 17 = 2.14(\text{m}^2)$

总除锈工程量：$S = S_1 + S_2 = 4.71 + 2.14 = 6.85(\text{m}^2)$

【例6-7】　已知一供热锅炉，管道直径为300mm，全长65m，保温层厚60mm，试计算其除锈、刷油、保温工程量。

【解】 （1）除锈工程量：$S=\pi DL=3.14\times0.3\times65=61.23(\text{m}^2)$

（2）刷油工程量：$S=\pi DL=3.14\times0.3\times65=61.23(\text{m}^2)$

（3）保温工程量：$V=\pi(D+1.033\delta)\times1.033\delta\times L$
$$=3.14\times(0.3+1.033\times0.06)\times1.033\times0.06\times65$$
$$=4.58(\text{m}^3)$$

【例 6-8】 已知一阀门，其直径为 50mm，共 10 个，试计算其防腐工程量。

【解】 阀门防腐工程量：$S=\pi\times D\times2.5D\times K\times N$
$$=3.14\times0.05\times2.5\times0.05\times1.05\times10$$
$$=0.21(\text{m}^2)$$

【例 6-9】 已知一法兰，其直径为 60mm，共 10 个，保温层厚度为 40mm，试计算其绝热工程量。

【解】 法兰绝热工程量：$V=\pi(D+1.033\delta)\times1.5D\times1.033\delta\times1.05N$
$$=3.14\times(0.06+1.033\times0.04)\times1.5\times0.06\times$$
$$1.033\times0.04\times1.05\times10$$
$$=0.012(\text{m}^3)$$

【例 6-10】 已知一双管伴热管道，主管道直径为 90mm，大伴热管直径为 70mm，小伴热管直径为 50mm，夹角为 36°，间隙为 0.015m，试计算其绝热工程量。

【解】 绝热工程量：$D'=D_1+D_{伴大}+0.015=0.09+0.07+0.015=0.175(\text{m})$

6.3 清单工程量计算

6.3.1 刷油工程

工程量清单项目设置及工程量计算规则，应按表 6-1 的规定执行。

表 6-1 刷油工程（编码：031201）

项目编码	项目名称	项目特征	计量单位	工程量计算规则	工作内容
031201001	管道刷油	1. 除锈级别 2. 油漆品种 3. 涂刷遍数、漆膜厚度 4. 标志色方式、品种	1. m² 2. m	1. 以平方米计量，按设计图示表面积尺寸以面积计算 2. 以米计量，按设计图示尺寸以长度计算	1. 除锈 2. 调配、涂刷
031201002	设备与矩形管道刷油				
031201003	金属结构刷油	1. 除锈级别 2. 油漆品种 3. 结构类型 4. 涂刷遍数、漆膜厚度	1. m² 2. kg	1. 以平方米计量，按设计图示表面积尺寸以面积计算 2. 以千克计量，按金属结构的理论质量计算	
031201004	铸铁管、暖气片刷油	1. 除锈级别 2. 油漆品种 3. 涂刷遍数、漆膜厚度	1. m² 2. m	1. 以平方米计量，按设计图示表面积尺寸以面积计算 2. 以米计量，按设计图示尺寸以长度计算	

项目编码	项目名称	项目特征	计量单位	工程量计算规则	工作内容
031201005	灰面刷油	1. 油漆品种 2. 涂刷遍数、漆膜厚度 3. 涂刷部位	m²	按设计图示表面积计算	调配、涂刷
031201006	布面刷油	1. 布面品种 2. 油漆品种 3. 涂刷遍数、漆膜厚度 4. 涂刷部位			调配、涂刷
031201007	气柜刷油	1. 除锈级别 2. 油漆品种 3. 涂刷遍数、漆膜厚度 4. 涂刷部位			1. 除锈 2. 调配、涂刷
031201008	玛琋脂 面刷油	1. 除锈级别 2. 油漆品种 3. 涂刷遍数、漆膜厚度			调配、涂刷
031201009	喷漆	1. 除锈级别 2. 油漆品种 3. 喷涂遍数、漆膜厚度 4. 喷涂部位			1. 除锈 2. 调配、涂刷

注：1. 管道刷油以米计算，按图示中心线以延长米计算，不扣除附属构筑物、管件及阀门等所占长度。

2. 涂刷部位：指涂刷表面的部位，如设备、管道等部位。

3. 结构类型：指涂刷金属结构的类型，如一般钢结构、管廊钢结构、H 型钢钢结构等类型。

4. 设备筒体、管道表面积：$S = \pi \cdot D \cdot L$，π—圆周率，D—直径，L—设备筒体高或管道延长米。

5. 设备筒体、管道表面积包括管件、阀门、法兰、人孔、管口凹凸部分。

6. 带封头的设备面积：$S = L \cdot \pi \cdot D + (d/2) \cdot \pi \cdot K \cdot N$，$K$—1.05，$N$—封头个数。

6.3.2 防腐蚀涂料工程

工程量清单项目设置及工程量计算规则，应按表 6-2 的规定执行。

表 6-2 防腐蚀涂料工程（编码：031202）

项目编码	项目名称	项目特征	计量单位	工程量计算规则	工作内容
031202001	设备防腐蚀	1. 除锈级别 2. 涂刷（喷）品种 3. 分层内容 4. 涂刷（喷）遍数、漆膜厚度	m²	按设计图示表面积计算	1. 除锈 2. 调配、涂刷（喷）
031202002	管道 防腐蚀		1. m² 2. m	1. 以平方米计量，按设计图示表面积尺寸以面积计算 2. 以米计量，按设计图示尺寸以长度计算	
031202003	一般钢结构 防腐蚀		kg	按一般钢结构的理论质量计算	
031202004	管廊钢结构 防腐蚀			按管廊钢结构的理论质量计算	

项目编码	项目名称	项目特征	计量单位	工程量计算规则	工作内容
031202005	防火涂料	1. 除锈级别 2. 涂刷（喷）品种 3. 涂刷（喷）遍数、漆膜厚度 4. 耐火极限（h） 5. 耐火厚度（mm）	m²	按设计图示表面积计算	1. 除锈 2. 调配、涂刷（喷）
031202006	H型钢制钢结构防腐蚀	1. 除锈级别 2. 涂刷（喷）品种 3. 分层内容 4. 涂刷（喷）遍数、漆膜厚度	m²	按设计图示表面积计算	
031202007	金属油罐内壁防静电				
031202008	埋地管道防腐蚀	1. 除锈级别 2. 刷缠品种 3. 分层内容 4. 刷缠遍数	1. m² 2. m	1. 以平方米计量，按设计图示表面积尺寸以面积计算 2. 以米计量，按设计图示尺寸以长度计算	1. 除锈 2. 刷油 3. 防腐蚀 4. 缠保护层
031202009	环氧煤沥青防腐蚀				1. 除锈 2. 涂刷、缠玻璃布
031202010	涂料聚合一次	1. 聚合类型 2. 聚合部位	m²	按设计图示表面积计算	聚合

注：1. 分层内容：指应注明每一层的内容，如底漆、中间漆、面漆及玻璃丝布等内容。
  2. 如设计要求热固化需注明。
  3. 设备筒体、管道表面积：$S=\pi \cdot D \cdot L$，π—圆周率，D—直径 L—设备筒体高或管道延长米。
  4. 阀门表面积：$S=\pi \cdot D \cdot 2.5D \cdot K \cdot N$，$K$—1.05，$N$—阀门个数。
  5. 弯头表面积：$S=\pi \cdot D \cdot 1.5D \cdot 2\pi \cdot (N/B)$，$N$—弯头个数，$B$值取定：90°弯头 $B=4$；45°弯头 $B=8$。
  6. 法兰表面积：$S=\pi \cdot D \cdot 1.5D \cdot K \cdot N$，$K$—1.05 N—法兰个数。
  7. 设备、管道法兰翻边面积：$S=\pi \cdot (D+A) \cdot A$，$A$—法兰翻边宽。
  8. 带封头的设备面积：$S=L \cdot \pi \cdot D+(D^2/2) \cdot \pi \cdot K \cdot N$，$K$—1.5，$N$—封头个数。
  9. 计算设备、管道内壁防腐蚀工程量，当壁厚大于10mm时，按其内径计算；当壁厚小于10mm时，按其外径计算。

6.3.3 手工糊衬玻璃钢工程

工程量清单项目设置及工程量计算规则，应按表6-3的规定执行。

表6-3 手工糊衬玻璃钢工程（编码：031203）

项目编码	项目名称	项目特征	计量单位	工程量计算规则	工作内容
031203001	碳钢设备糊衬	1. 除锈级别 2. 糊衬玻璃钢品种 3. 分层内容 4. 糊衬玻璃钢遍数	m²	按设计图示表面积计算	1. 除锈 2. 糊衬
031203002	塑料管道增强糊衬	1. 糊衬玻璃钢品种 2. 分层内容 3. 糊衬玻璃钢遍数			糊衬
031203003	各种玻璃钢聚合	聚合次数			聚合

注：1. 如设计对胶液配合比、材料品种有特殊要求需说明。
  2. 遍数指底漆、面漆、涂刮腻子、缠布层数。

6.3.4 橡胶板及塑料板衬里工程

工程量清单项目设置及工程量计算规则，应按表6-4的规定执行。

表6-4 橡胶板及塑料板衬里工程（编码：031204）

项目编码	项目名称	项目特征	计量单位	工程量计算规则	工作内容
031204001	塔、槽类设备衬里	1. 除锈级别 2. 衬里品种 3. 衬里层数 4. 设备直径	m²	按图示表面积计算	1. 除锈 2. 刷浆贴衬、硫化、硬度检查
031204002	锥形设备衬里				
031204003	多孔板衬里	1. 除锈级别 2. 衬里品种 3. 衬里层数			
031204004	管道衬里	1. 除锈级别 2. 衬里品种 3. 衬里层数 4. 管道规格			
031204005	阀门衬里	1. 除锈级别 2. 衬里品种 3. 衬里层数 4. 阀门规格			
031204006	管件衬里	1. 除锈级别 2. 衬里品种 3. 衬里层数 4. 名称、规格			
031204007	金属表面衬里	1. 除锈级别 2. 衬里品种 3. 衬里层数			1. 除锈 2. 刷浆贴衬

注：1. 热硫化橡胶板如设计要求采取特殊硫化处理需注明。
2. 塑料板搭接如设计要求采取焊接需注明。
3. 带有超过总面积15%衬里零件的贮槽、塔类设备需说明。

6.3.5 衬铅及搪铅工程

工程量清单项目设置及工程量计算规则，应按表6-5的规定执行。

表6-5 衬铅及搪铅工程（编码：031205）

项目编码	项目名称	项目特征	计量单位	工程量计算规则	工作内容
031205001	设备衬铅	1. 除锈级别 2. 衬铅方法 3. 铅板厚度	m²	按图示表面积计算	1. 除锈 2. 衬铅
031205002	型钢及支架包铅	1. 除锈级别 2. 铅板厚度			1. 除锈 2. 包铅
031205003	设备封头、底搪铅	1. 除锈级别 2. 搪层厚度			1. 除锈 2. 焊铅
031205004	搅拌叶轮、轴类搪铅				

注：设备衬铅如设计要求安装后再衬铅需说明。

6.3.6 喷镀（涂）工程

工程量清单项目设置及工程量计算规则，应按表 6-6 的规定执行。

表 6-6 喷镀（涂）工程（编码：031206）

项目编码	项目名称	项目特征	计量单位	工程量计算规则	工作内容
031206001	设备喷镀（涂）	1. 除锈级别 2. 喷镀（涂）品种 3. 喷镀（涂）厚度 4. 喷镀（涂）层数	1. m² 2. kg	1. 以平方米计量，按设备图示表面积计算 2. 以千克计量，按设备零部件质量计量	1. 除锈 2. 喷（涂）
031206002	管道喷镀（涂）		m²	按图示表面积计算	
031206003	型钢喷镀（涂）				
031206004	一般钢结构喷（涂）塑	1. 除锈级别 2. 喷（涂）塑品种	kg	按图示金属结构质量计算	1. 除锈 2. 喷（涂）塑

6.3.7 耐酸砖、板衬里工程

工程量清单项目设置及工程量计算规则，应按表 6-7 的规定执行。

表 6-7 耐酸砖、板衬里工程（编码：031207）

项目编码	项目名称	项目特征	计量单位	工程量计算规则	工作内容
031207001	圆形设备耐酸砖、板衬里	1. 除锈级别 2. 衬里品种 3. 砖厚度、规格 4. 板材规格 5. 设备形式 6. 设备规格 7. 抹面厚度 8. 涂刮面材质	m²	按图示表面积计算	1. 除锈 2. 衬砌 3. 抹面 4. 表面涂刮
031207002	矩形设备耐酸砖、板衬里	1. 除锈级别 2. 衬里品种 3. 砖厚度、规格 4. 板材规格 5. 设备规格 6. 抹面厚度 7. 涂刮面材质			
031207003	锥（塔）形设备耐酸砖、板衬里				
031207004	供水管内衬	1. 衬里品种 2. 材料材质 3. 管道规格型号 4. 衬里厚度			1. 衬里 2. 养护
031207005	衬石墨管接	规格	个	按图示数量计算	安装

项目编码	项目名称	项目特征	计量单位	工程量计算规则	工作内容
031207006	铺衬石棉板	部位	m²	按图示表面积计算	铺衬
031207007	耐酸砖板衬砌体热处理				1. 安装电炉 2. 热处理

注：1. 圆形设备形式指立式或卧式。

2. 硅质耐酸胶泥衬砌块材如设计要求勾缝需注明。

3. 衬砌砖、板如设计要求采用特殊养护需注明。

4. 胶板、金属面如设计要求脱脂需注明。

5. 设备拱砌筑需注明。

6.3.8 绝热工程

工程量清单项目设置及工程量计算规则，应按表 6-8 的规定执行。

表 6-8 绝热工程（编码：031208）

项目编码	项目名称	项目特征	计量单位	工程量计算规则	工作内容
031208001	设备绝热	1. 绝热材料品种 2. 绝热厚度 3. 设备形式 4. 软木品种	m³	按图示表面积加绝热层厚度及调整系数计算	1. 安装 2. 软木制品安装
031208002	管道绝热	1. 绝热材料品种 2. 绝热厚度 3. 管道外径 4. 软木品种			
031208003	通风管道绝热	1. 绝热材料品种 2. 绝热厚度 3. 软木品种	1. m³ 2. m²	1. 以立方米计量，按图示表面积加绝热层厚度及调整系数计算 2. 以平方米计量，按图示表面积及调整系数计算	
031208004	阀门绝热	1. 绝热材料 2. 绝热厚度 3. 阀门规格	m³	按图示表面积加绝热层厚度及调整系数计算	安装
0301208005	法兰绝热	1. 绝热材料 2. 绝热厚度 3. 法兰规格			
031208006	喷涂、涂抹	1. 材料 2. 厚度 3. 对象	m²	按图示表面积计算	喷涂、涂抹安装

项目编码	项目名称	项目特征	计量单位	工程量计算规则	工作内容
031208007	防潮层、保护层	1. 材料 2. 厚度 3. 层数 4. 对象 5. 结构形式	1. m² 2. kg	1. 以平方米计量，按图示表面积加绝热层厚度及调整系数计算 2. 以千克计量，按图示金属结构质量计算	安装
031208008	保温盒、保温托盘	名称	1. m² 2. kg	1. 以平方米计量，按图示表面积计算 2. 以千克计量，按图示金属结构质量计算	制作、安装

注：1. 设备形式指立式、卧式或球形。

2. 层数指一布二油、两布三油等。

3. 对象指设备、管道、通风管道、阀门、法兰、钢结构。

4. 结构形式指钢结构：一般钢结构、H 型钢制结构、管廊钢结构。

5. 如设计要求保温、保冷分层施工需注明。

6. 设备筒体、管道绝热工程量 $V = \pi \cdot (D + 1.033\delta) \cdot 1.033\delta \cdot L$，$\pi$— 圆周率，$D$— 直径，1.033— 调整系数，$\delta$— 绝热层厚度，$L$— 设备筒体高或管道延长米。

7. 设备筒体、管道防潮和保护层工程量 $S = \pi \cdot (D + 2.1\delta + 0.0082) \cdot L$，2.1— 调整系数，0.0082— 捆扎线直径或钢带厚。

8. 单管伴热管、双管伴热管（管径相同，夹角小于 90°时）工程量：$D' = D_1 + D_2 + (10 \sim 20mm)$，$D'$— 伴热管道综合值，$D_1$— 主管道直径，$D_2$— 伴热管道直径，（10～20mm）— 主管道与伴热管道之间的间隙。

9. 双管伴热（管径相同，夹角大于 90°时）工程量：$D' = D_1 + 1.5D_2 + (10 \sim 20mm)$。

10. 双管伴热（管径不同，夹角小于 90°时）工程量：$D' = D_1 + D_{伴大} + (10 \sim 20mm)$。

   将注 8、9、10 的 D' 带入注 6、7 公式即是伴热管道的绝热层、防潮层和保护层工程量。

11. 设备封头绝热工程量：$V = [(D + 1.033\delta)/2]^2 \pi \cdot 1.033\delta \cdot 1.5 \cdot N$，$N$— 设备封头个数。

12. 设备封头防潮和保护层工程量：$S = [(D + 2.1\delta)/2]^2 \cdot \pi \cdot 1.5 \cdot N$，$N$— 设备封头个数。

13. 阀门绝热工程量：$V = \pi \cdot (D + 1.033\delta) \cdot 2.5D \cdot 1.033\delta \cdot 1.05 \cdot N$，$N$— 阀门个数。

14. 阀门防潮和保护层工程量：$S = \pi \cdot (D + 2.1\delta) \cdot 2.5D \cdot 1.05 \cdot N$，$N$— 阀门个数。

15. 法兰绝热工程量：$V = \pi \cdot (D + 1.033\delta) \cdot 1.5D \cdot 1.033\delta \cdot 1.05 \cdot N$，1.05— 调整系数，$N$— 法兰个数。

16. 法兰防潮和保护层工程量 $S = \pi \cdot (D + 2.1\delta) \cdot 1.5D \cdot 1.05 \cdot N$，$N$— 法兰个数。

17. 弯头绝热工程量：$V = \pi \cdot (D + 1.033\delta) \cdot 1.5D \cdot 2\pi \cdot 1.033\delta \cdot (N/B)$，$N$— 弯头个数；$B$ 值：90° 弯头 $B = 4$；45° 弯头 $B = 8$。

18. 弯头防潮和保护层工程量：$S = \pi \cdot (D + 2.1\delta) \cdot 1.5D \cdot 2\pi \cdot (N/B)$，$N$— 弯头个数；$B$ 值：90° 弯头 $B = 4$；45° 弯头 $B = 8$。

19. 拱顶罐封头绝热工程量：$V = 2\pi r \cdot (h + 1.033\delta) \cdot 1.033\delta$。

20. 拱顶罐封头防潮和保护层工程量：$S = 2\pi r \cdot (h + 2.1\delta)$。

21. 绝热工程第二层（直径）工程量：$D = (D + 2.1\delta) + 0.0082$，以此类推。

22. 计算规则中调整系数按注中的系数执行。

6.3.9　管道补口补伤工程

工程量清单项目设置及工程量计算规则，应按表 6-9 的规定执行。

表 6-9　管道补口补伤工程（编码：031209）

项目编码	项目名称	项目特征	计量单位	工程量计算规则	工作内容
031209001	刷油	1. 除锈级别 2. 油漆品种 3. 涂刷遍数 4. 管外径	1. m² 2. 口	1. 以平方米计量，按设计图示表面积尺寸以面积计算 2. 以口计量，按设计图示数量计算	1. 除锈、除油污 2. 涂刷
031209002	防腐蚀	1. 除锈级别 2. 材料 3. 管外径			
031209003	绝热	1. 绝热材料品种 2. 绝热厚度 3. 管道外径			安装
031209004	管道热缩套管	1. 除锈级别 2. 热缩管品种 3. 热缩管规格	m²	按图示表面积计算	1. 除锈 2. 涂刷

6.3.10　阴极保护及牺牲阳极

工程量清单项目设置及工程量计算规则，应按表 6-10 的规定执行。

表 6-10　阴极保护及牺牲阳极（编码：031210）

项目编码	项目名称	项目特征	计量单位	工程量计算规则	工作内容
031210001	阴极保护	1. 仪表名称、型号 2. 检查头数量 3. 通电点数量 4. 电缆材质、规格、数量 5. 调试类别	站	按图示数量计算	1. 电气仪表安装 2. 检查头、通电点制作安装 3. 焊点绝缘防腐 4. 电缆敷设 5. 系统调试
031210002	阳极保护	1. 废钻杆规格、数量 2. 均压线材质、数量 3. 阳极材质、规格	个		1. 挖、填土 2. 废钻杆敷设 3. 均压线敷设 4. 阳极安装
031210003	牺牲阳极	材质、袋装数量			1. 挖、填土 2. 合金棒安装 3. 焊点绝缘防腐

上岗工作要点

1. 了解刷油、绝热、防腐工程的定额在实际工程中的应用。

2. 在实际工作中，掌握除锈、刷油、防腐、绝热、通风管道保温定额工程量计算与清单工程量计算，能够熟练使用。

思 考 题

6-1 刷油、绝热、防腐工程由哪些分项工程组成？

6-2 简述除锈工程的定额工程量计算规则。

6-3 简述刷油工程的定额工程量计算规则。

6-4 简述防腐蚀涂料工程的定额工程量计算规则。

6-5 伴热管道、设备绝热工程量计算方法是什么？

习 题

6-6 已知某 300mm×300mm 的复合型风管 $\delta=3$mm，长为 50m，表面除锈刷油处理，有两处吊托支架支撑，试计算其除锈刷油工程量。

6-7 如图 6-5 所示为某住宅排水系统图，排水立管采用承插铸铁管，规格为 $DN75$，分三层，横管、出户管为铸铁管法兰连接，规格 $DN75$、$DN100$。承插铸铁管需刷沥青油两道，试计算该住宅排水系统刷沥青油的定额工程量。

6-8 某排水系统中排水铸铁管的局部剖面图如图 6-6 所示，地上管道刷一遍红丹防锈漆，两道银粉，埋地管道刷沥青漆两道，试计算其工程量。

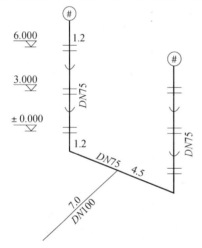

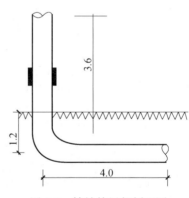

图 6-5 排水用承插铸铁管系统图（单位：m）　　　图 6-6 铸铁管局部剖面图

6-9 如图 6-7 所示，为某室外给水系统中埋地管道的一部分，长度为 8m，刷两遍沥青，试计算其工程量。

6-10 如图 6-8 所示为一室外长度为 36m 的钢管，焊接钢管除轻锈，刷一遍红丹防锈漆，刷银粉漆两遍，试计算其工程量。

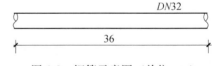

图 6-7 埋地管道示意图（单位：m）　　　图 6-8 钢管示意图（单位：m）

第7章 安装工程施工图预算的编制

重 点 提 示

1. 熟悉安装工程施工图预算书的组成。
2. 掌握安装工程施工图预算的编制方法。
3. 掌握安装工程施工图预算审查的方法与步骤。

7.1 概述

7.1.1 安装工程施工图预算与预算书的概念

1. 安装工程施工图预算的概念

安装工程施工图预算指工程开工之前，根据设计好的施工图、预算定额、施工现场的条件及工程计费的有关规定所编制的确定工程造价的技术经济文件。安装工程施工图预算的编制，最终要通过施工图预算书表达出来，所以，施工图预算书是具体确定建筑安装工程预算造价的文件，是工程预算的最终表现形式。

2. 安装工程施工图预算书的组成

（1）封面：见表7-1。

表7-1 建设工程造价预（结）算书

建设工程造价预（结）算书

建设单位：_____	单位工程名称：_____	建设地点：_____
施工单位：_____	施工单位取费等级：_____	工程类别：_____
工程规模：_____	工程造价：_____	单位造价：_____
建设（监理）单位：_____		施工（编制）单位：_____
技术负责人：_____		技术负责人：_____
审核人：_____		编制人：_____
资格证章：		资格证章：
		年　月　日

（2）编制说明：见表7-2。

表7-2 编制说明

	施工图号	
编制依据	合同	
	使用定额	
	材料价格	
	其他	
说明		

（3）费用计算程序表（略）。

（4）价差调整表（可自行设计）。

（5）工程计价表，亦称工、料分析表，它是施工图预算表格中的核心内容，见表7-3。

表 7-3　工程计价表

定额编号	项目名称	单位	工程量	计价工程费						未计价材料					
				单位价值			合计价值			名称及规格	单位	定额量	计算数量	单价	合价
				基价	人工费	机械费	合价	人工费	机械费						

（6）材料、设备数量汇总表（可自行设计）。

（7）工程量计算表，它是施工图预算书的最原始数据、基础资料，预算人员要留底，以便备查，见表7-4。

表 7-4　工程量计算表

序号	分项工程名称	单位	数量	计算式

7.1.2　安装工程施工图预算的作用

1. 根据施工图预算调整建设投资

施工图预算是根据施工图和现行预算定额等规定编制，确定的工程造价是该单位工程的计划成本，投资方或业主按照施工图预算调整筹集建设资金，并且控制资金的合理使用。

2. 根据施工图预算确定招标的标底

对于实行施工招标的工程，施工图预算是编制标底的依据，也是承包企业投标报价的基础。

3. 根据施工图预算拨付和结算工程价款

业主向银行进行贷款、银行拨款、业主同承包商签定承包合同，双方进行结算、决算等均依据施工图预算。

172

4. 根据施工图预算施工企业进行运营和经济核算

施工企业进行施工准备，编制施工计划和建安工作量统计，从而进行技术经济内部核算，其主要依据就是施工图预算。

7.2 安装工程施工图预算的编制

7.2.1 安装工程施工图预算的编制依据

1. 施工图纸和设计说明书

由建设单位、设计单位、监理单位及施工单位共同会审过的施工图纸以及相应的设计说明书，是计算分部分项工程量和编制施工图预算的重要依据。完整的施工图纸一般包括平面布置图、系统图、施工大样图及详细的设计说明。编制预算时，应将其结合起来考虑。

2. 现行安装工程预算定额

国家颁发的现行《全国统一安装工程预算定额》或者各省市在此基础上编制的当地安装工程综合定额、安装工程单位估价表等，编制预算时应选定其中的一种定额，以及与定额配套使用的工程量计算规则。建筑电气工程预算主要使用第二册和第七册。

3. 工程所在地的材料、设备预算价格

材料和设备在安装工程造价中占有比较大的比重，准确确定材料、设备的预算价格，可提高预算造价的准确程度。各地工程造价管理部门会定期发布各种材料、设备的预算价格，编制者应注意收集，以供编制预算时参考。

4. 工程所在地的费用计算标准及计费程序

费用定额是计算工程间接费、利润、税金等各项费用的依据。各地的工程造价管理部门会根据政策以及市场变化情况，及时颁发与工程造价计算有关的文件和规定，这些文件和规定是计算价差和其他费用的依据，在编制预算时，应查阅当地近期的相关文件和规定，按规定的计费程序计算工程预算造价。

5. 施工组织设计或施工方案

经过批准的施工组织设计，包含了各分部分项工程的施工进度计划、施工方法、技术措施、施工机械以及设备材料的进场计划等内容，是计算工程量、计算措施项目费不可缺少的依据。所以，编制施工图预算时要熟悉施工组织设计的内容，保证预算的合理。

6. 电气工程施工技术、标准图

7. 工程施工合同或协议

7.2.2 安装工程施工图预算的编制方法

一般情况下，编制施工图预算可按如下步骤进行：

1. 准备编制预算的依据资料、熟悉图纸

（1）在编制预算前，要准备好整套施工图纸，通过阅读设计说明书，熟悉图例符号，阅读平面图、系统图、大样图，熟悉图纸所涉及的电气安装工艺流程，全面了解施工设计的意图和工程全貌。

（2）如果该工程已经签订了施工合同，那么在编制预算时，必须依据施工合同条款中有关承包、发包的工程范围、施工期限、内容、材料设备的采购供应办法、工程价款结算办法等合同内容，按照定额以及有关的规定进行编制。

（3）如果该工程已经编制了施工组织设计或施工方案，那么应依据施工组织设计或施工方案中所确定的施工方法、施工现场平面、施工进度计划、工种工序的穿插配合、采用的技术措施等内容，合理地进行选用定额、工程量计算、计算工程费用。

如果没有（2）、（3）所述的资料，那么按照《建筑电气工程施工质量验收规范》中的规定及正常情况下的施工工艺流程进行编制。

（4）准备好与工程内容相符的预算定额，工程所在地的有关部门公布的材料设备预算价格及计费程序、计费办法等资料，熟悉以上资料的内容。

2. 计算工程量

工程量是编制施工图预算的主要数据，工程量计算是一项繁琐、细致、量大的工作，工程量计算的准确与否，直接关系到预算结果的准确性。所以，计算时要力求做到：依据充分、不漏不重、计算准确。计算工程量的要求和步骤如下：

（1）严格遵守定额规定的工程项目划分以及工程量计算规则，依据施工图纸列出的分部分项工程项目、工程量的单位应与定额一致。列项时应分清该项定额所包含的工作内容，对于定额中已经包含的内容，不得另列项目重复计算。

（2）在计算电气工程的设备工程量时，一般按照先系统图、后平面图，先底层、后顶层的顺序进行。在系统图中，从电源进线开始，计算配电箱的数量，计算箱内计量仪表以及其他电器的数量。在平面图中，从底层到顶层，分别计算各层所包含的灯具、风扇、开关、插座以及其他电器装置的数量，再与图纸所列的设备材料表核对规格、型号和数量。核对无误后，编制设备工程量汇总表。

（3）配管、配线工程量的计算比较繁杂，计算时，可以根据系统图和平面图按照进户线、总配电箱、各分配电箱直至用电设备或照明灯具的顺序，逐项进行电气管线工程量的计算。各分配电箱以及其配电回路可按编号顺序进行计算，每计算完一分配电箱或一条配电回路后，做一个明显的标记，以防漏算或重复计算。

工程量计算的过程，要填写在工程量计算表中，便于整理和汇总。

3. 整理和汇总工程量

工程量计算完成后，要进行整理和汇总，便于套用定额计算工、料、机费。整理、汇总的工作一般按以下方法进行：

（1）把套用相同定额子目的分项工程量合并。例如，电线管敷设中，应把规格相同的工程量合并；电气安装工程中的管内穿线，应把导线规格相同的工程量合并。

（2）尽量按照定额顺序进行整理。先按照定额分部（章）进行整理，例如：配电装置、电气安装工程可按变压器、母线及控制继电保护屏、蓄电池、配管配线、动力与照明控制设备、防雷与接地保护装置等部分进行分部，各部分中的工程项目，尽量按照定额的顺序进行整理，便于套用定额。

在整理、汇总工程量的过程中，若发现漏算、重复及计算错误等，应及时进行调整，以保证工程量计算的准确性。最后把整理结果填入工程预算表中。

4. 套定额，计算工程实体项目费

（1）根据整理好的工程项目，在定额中查找与其相对应的子目，把该定额子目的定额编号、基价，其中的人工费、材料费、机械费等数据填入预算表中相应栏目。套定额时要依据定额说明及各子目的工作内容准确套用，避免高套、乱套。

（2）对于定额中没有的工程项目，应按照定额管理制度以及有关规定进行补充。实际工作内容与定额不符的工程项目，应在定额相应项目基础上进行换算。补充或换算后的子目，应填写补充子目单位估价表，通过有关部门审查确认后方有效。

（3）定额套完之后，把各工程项目的工程量乘以单位价值各栏数据，得到该项目的合计价值，填在预算表的相应栏目。最后进行汇总，得到该工程的实体项目费。

5. 计算其他费用，汇总得工程预算造价

（1）按照工程所在地的有关规定，进行人工费、材料费、机械费的价差调整。计算公式和调整方法必须按当地的有关规定进行。

（2）根据工程实际发生情况以及工程所在地的有关规定，计算超高增加费、脚手架搭拆费、高层建筑增加费、系统调试费等技术措施费用；计算文明施工费、临时设施费、预算包干费等其他措施费用。计算过程及结果填入相应表格中。

（3）按照安装工程总价表的费用项目及计算顺序，分别计算利润、其他项目费（独立费）、税金、行政事业性收费等费用。最后合计得到工程预算总造价。

6. 撰写编制说明，填写封面

按照编制说明以及封面的要求，分别填写相应内容。最后按顺序装订，把所有资料送有关部门审查定案。

7.3 安装工程施工图预算的校核与审查

7.3.1 校核与审查的概念

1. 预算书的校核

"校核"是针对预算书的编制单位而言，当预算书编制完毕时，经过认真自审，确定无误，称之为"自校"。自校完成后交本单位负责人或经验丰富、能力较强者查实核对，或两算人员（施工预算和施工图预算）互相核对项目，称为"校对"。然后交上级主管负责人查核，称为"审核"。经过这"三关"，可将错误减少到最低限度，达到正确反映工程造价的目的。

2. 预算书的审查

"审查"仍是对预算核实、查证，但却是针对业主或建设银行而言，也称为"审核"。其目的在于层层把关，避免失误。

7.3.2 校核与审查的必要性

施工图预算编制之后，要进行细致、认真的校核与审查，从而提高工程预算的准确性，进一步降低工程造价，确保建设投资的合理使用。

（1）校核与审查施工图预算，有利于控制工程的造价，预防预算超概算。

（2）校核与审查施工图预算，有利于加强固定资产的投资管理，节约建设资金。

（3）校核与审查施工图预算，有利于施工承包合同价合理的确定。

（4）校核与审查施工图预算，有利于分析和积累各项技术经济资料，通过各项相关指标的比较，找出工作存在的问题，便于改进。

7.3.3 审查工作的原则与要求

1. 审查工作的原则

施工图预算书的审查是一项政策性、专业性很强的工作。就预算人员而言，不仅应具备相当的专业技术、经济知识、技能和经验，而且要有良好的职业道德。我国目前审查工作大多由业主或建设银行完成，这是计划经济体制下的产物。随着建筑市场的行业管理和我国加入WTO以后，审查工作会逐渐走入社会化、专业化、规范化，即由业主与承包方之间的中介机构进行，例如工程预算咨询公司、审计所、监理工程师以及工程造价事物所等。还要求我国的预算人员或造价工程师不断适应同国际接轨以后出现的新问题。但无论由谁审查，都应遵守以下原则：

（1）应严格按照国家有关方针、政策、法律规定核查；

（2）实事求是，公平合理，维护承包方和发包方的合法权益；

（3）以理服人，大账算清，小账不过分计较，遇事协商解决。

2. 审查工作的要求

（1）审查工作应该由职业道德好、信誉高、业务精、坚持原则的单位和个人主持；

（2）审查者应根据搜集到的技术经济文件、资料、数据等做好预期准备工作，以确保效率和时间；

（3）如为建设银行等审查，承包方和发包方应主动配合审查单位完成此项工作。审查中，应确定审查重点、难点，逐项核实、减少漏项，来保证终审定案。

7.3.4 审查的形式与内容

1. 审查的形式

根据目前我国的预算制度，预算书的审查主要有三种形式：

（1）单独审查。适用于工程规模不大的工程，可由发包方（业主）或建设银行单独审查，同承包方协商修正，调整定案后便可。

（2）联合审查。适用于大、中型或重点工程，可由发包方（业主）会同设计方、建行、承包方联合会审。这种形式的审查，对决策性问题可决断，由于涉及单位多，需要协调。

（3）专门审查。就是由专门机构，如工程建设监理公司、委托投资评估公司、工程预算咨询公司等机构审查。但是上述机构属中介组织，从业人员业务水准较高，委托单位需支付适当的咨询费。

2. 审查的内容

（1）协议或合同规定的工程范围是否属实。

（2）工程量计算和定额换算、套用是否准确，计算口径和计量单位是否一致。

（3）价差调整是否合理。

（4）取费标准和计算方法、计费程序是否正确。

（5）取费以外的内容，补充定额或协商价是否合理等。

7.3.5 审查的方法与步骤

7.3.5.1 审查的方法

（1）逐项审查法。逐项审查法也称全面审查法，即按定额顺序或施工顺序，对各分项工程中的工程细目逐项全面详细审查的一种方法。优点是全面、细致，审查质量高、效果好。缺点是工作量大，时间较长。这种方法适用于一些工程量较小、工艺比较简单的工程。

（2）标准预算审查法。标准预算审查法就是对利用标准图纸或通用图纸施工的工程，先集中力量编制标准预算，以此为标准来审查工程预算的一种方法。按通用图纸或标准设计图纸施工的工程，一般上部结构和做法相同，只是根据现场地质或施工条件情况不同，仅对基础部分做局部改变。凡这样的工程，以标准预算为准，对局部修改部分单独审查便可，不需逐一详细审查。该方法的优点是时间短、效果好、易定案。缺点是适用范围小，仅适用于采用标准图纸的工程。

（3）分组计算审查法。分组计算审查法就是把预算中的有关项目按类别划分若干组，利用同组中的一组数据审查分项工程量的一种方法。该方法首先将若干分部分项工程按相邻并且有一定内在联系的项目进行编组，利用同组分项工程间具有相近或相同计算基数的关系，审查一个分项工程数量，由此判断同组中其他几个分项工程的准确程度。此方法特点是审查速度快、工作量小。

（4）对比审查法。对比审查法是当工程条件相同时，用已完工程的预算或未完但已经过审查修正的工程预算对比审查拟建工程的同类工程预算的一种方法。

（5）"筛选"审查法。"筛选法"是能较快发现问题的一种方法。建筑工程虽然面积和高度不同，但其各分部分项工程的单位建筑面积指标变化却不大。将这样的分部分项工程加以汇集、优选，找出其单位建筑面积单价、工程量、用工的基本数值，归纳为价格、工程量、用工三个单方基本指标，并注明基本指标的适用范围。这些基本指标用来筛分各分部分项工程，对于不符合条件的应进行详细审查，若审查对象的预算标准与基本指标的标准不相符，就应对其进行调整。"筛选法"的优点是简单易懂，便于掌握，审查速度快，便于发现问题。但是问题出现的原因尚需继续审查。此方法适用于审查住宅工程或不具备全面审查条件的工程。

（6）重点审查法。重点审查法是抓住工程预算中的重点进行审核的方法。审查的重点一般是造价较高或者工程量大的各种工程、补充定额、计取的各项费用（计取基础、取费标准）等。其优点是突出重点、审查时间短、效果好。

7.3.5.2　审查的步骤

（1）做好审查前的准备工作。

1）熟悉施工图纸。施工图纸是编制预算分项工程数量的重要依据，必须进行全面熟悉了解。一是核对所有图纸，清点无误后，依次识读；二是参加技术交底，解决图纸中的疑难问题，直到完全掌握图纸。

2）了解预算包括的范围。根据预算编制说明，了解预算包括的工程内容。例如，室外管线，配套设施，道路以及会审图纸后的设计变更等。

3）弄清编制预算采用的单位工程估价表。任何预算定额或单位估价表都有一定的适用范围。根据工程性质，搜集熟悉相应的单价、定额资料。尤其是市场材料取费标准和单价等。

（2）选择合适的审查方法，按相应内容审查。因为工程规模、繁简程度不同，施工企业情况也不同，所编工程预算繁简和质量也不同，所以需针对情况选择相应的审查方法进行审核。

（3）综合整理审查资料，编制调整预算。经过审查，如果发现有差错，需要进行增加或核减的，与编制单位逐项核实，统一意见后，修正原施工图预算，汇总核减量。

7.4　安装工程施工图预算编制实例

1. 电气照明工程施工图预算编制实例

（1）工程概况：

1）工程地址：该工程位于××省××市××区。

2）结构类型：该工程结构为现浇混凝土楼板，一楼一底建筑，层高 3m，女儿墙 0.7m 高。

3）进线方式：电源采用三相五线制，进户线管为 G50 钢管，从 −0.6m 处暗敷至底层配电箱，钢管长 10m。

4）配电箱安装在距地面 1.6m 处，开关插座安装在距地面 1.2m 处。配电箱的外形尺寸（高＋宽）为（700＋500）mm，型号为 XMR-10。

5）平面线路走向：均采用 BLV−500−2.5mm²。两层建筑的平面图一样，详细尺寸如图 7-1 所示。

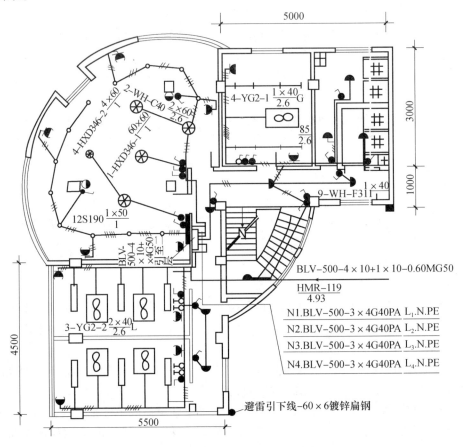

图 7-1　一、二层电气照明平面图（单位：mm）

6）避雷引下线安装：−60×6 镀锌扁钢暗敷在抹灰层内，上端高出女儿墙 0.13m。下端引出墙边 1.3m，埋深 0.6m。

（2）编制依据：

施工单位为××建筑公司，工程类别为一类。采用《全国统一安装工程预算工程量计算规则》（GYD$_{GZ}$—201—2000），以及××省现行间接费用定额和××市现行材料预算价格或部分双方认定的市场采购价格。

（3）编制方法：

1）在熟读图纸、施工组织设计以及有关技术、经济文件的基础上，计算工程量，见表 7-5。

表 7-5　工程量计算表

工程名称：××建筑电气照明工程　　　　　　　　　　　　　　　　　　第　页　共　页

序号	分项工程名称	单位	数量	计算式
1	进户管 G50	m	15.1	$10+0.6+1.6+(3-1.6-0.5+1.6)$
2	N_1 回路 G40	m	86.6	$1+(4.5+3+2+7+8+3+2+2)+(3-1.2)\times6=43.3\times2$
3	管内穿线 BLV10mm²	m	79	$(10+0.6+1.6+0.7+0.5)\times5+(3-1.6-0.5+1.6)\times4$
	4mm²	m	5.5	$3-1.6-0.5+1.6+1\times3$
	2.5mm²	m	279.8	$(4.5+3+7+(3-1.2)\times6)\times3+(2+7+3+2+2)\times4=139.9\times2$
4	N_2 回路 G40	m	61.6	$1+(4+2+2+3+2+2+2+2)+(3-1.2)\times6=30.8\times2$
5	管内穿线 4mm²	m	6	$1\times3\times2$
	2.5mm²	m	198.8	$(2+2)\times4.5+(2+2)\times4+[4+3+2+2+(3-1.2)\times6]\times3=99.4\times2$
6	N_3 回路 G40	m	134.6	$1+(2+4+4+2+5.5+1+7+4.5+4+4+2.5+4+2)+(3-1.2)\times11=67.3\times2$
7	管内穿线 4mm²	m	6	$1\times3\times2$
	2.5mm²	m	397.8	$[2+4+4+2+5.5+1+7+4.5+4+4+2.5+4+2+(3-1.2)\times11]\times3=198.9\times2$
8	N_4 回路 G40	m	264.7	$1+(8+6+5.5+2)\times4.5+2\times4.5+4+(3-1.2)\times12=132.35\times2$
9	管内穿线 4mm²	m	6	$1\times3\times2$
	2.5mm²	m	437.6	$(8+6+5.5+4)\times4+[(2\times5+2\times5)+(3-1.2)\times12]\times3=218.8\times2$
10	接线盒 146H50	个	144	$(11+36+25)\times2=144$
11	配电箱 XMR-10	台	2	1×2
12	吊风扇安装	台	10	5×2
13	双管日光灯	套	12	6×2
14	单管日光灯	套	8	4×2
15	半圆球吸顶灯	套	18	9×2
16	艺术灯安装（HXD846）	套	10	5×2
17	牛眼灯安装	套	24	12×2
18	双联暗开关	套	40	20×2
19	暗装插座	套	22	11×2
20	壁灯安装	套	4	2×2
21	调速开关安装	个	10	5×2
22	避雷引下线—60×6	m	16	8×2
23	预留线 BLV4mm²	m	4.8	$(0.7+0.5)\times4$

2）汇总工程量，见表 7-6。

表 7-6　工程量汇总表

工程名称：××建筑电气照明工程

序号	分项工程名称	单位	数量	备注
1	照明配电箱安装	台	2	$700\times500\times160$
2	吊风扇安装	台	10	$L=1200$
3	调速开关安装	套	10	—

序号	分项工程名称	单位	数量	备注
4	成套双管日光灯安装	套	12	YG2-2
5	成套单管日光灯安装	套	8	YG2-1
6	半圆球吸顶灯安装	套	18	WH-F311
7	艺术吸顶花灯安装	套	10	HXD_{346}-1
8	壁灯安装	套	4	WH-C40
9	牛眼灯安装	套	24	S-190
10	双联暗开关安装	套	40	YA86-DK11
11	接线盒、开关盒安装	个	144	$146H_{50}$
12	钢管暗敷 G50	m	15.1	—
13	钢管暗敷 G40	m	547.5	—
14	管内穿线 BLV-10mm²	m	79	—
	管内穿线 BLV-4mm²	m	23.5	—
	管内穿线 BLV-2.5mm²	m	1314	—
15	接地引下线扁钢—60×6	m	16	—
16	接地系统试验	系统	1	—
17	低压配电系统调试	系统	1	—

3）套用现行《全国统一安装工程预算定额》进行工料分析，见表7-7。

表 7-7　工程量计价表

工程名称：××建筑电气照明工程

定额编号	分析工程项目	单位	工程数量	单位价值			合计价值		
				人工费	材料费	机械费	人工费	材料费	机械费
2-265	照明配电箱安装	台	2	53.41	36.84	—	106.82	73.68	—
2-1702	吊风扇安装	台	10	9.98	3.75	—	99.8	37.5	—
2-1705	调速开关安装	10套	1	69.66	11.11	—	69.66	11.11	—
2-1589	成套双管日光灯安装	10套	1.2	63.39	74.84	—	76.1	89.8	—
2-1591	成套单管日光灯安装	10套	0.8	50.39	70.41	—	40.31	56.33	—
—	40W日光灯管	只	—	—	—	—	—	—	—
—	法兰式吊链	m		—	—	—	—	—	—
2-1384	半圆球吸顶灯安装	10套	1.8	50.16	119.84	—	90.29	215.7	—
2-1436	艺术吸顶花灯安装	10套	1	400.95	321.70	4.28	400.95	321.70	4.28
2-1393	壁灯安装	10套	0.4	46.90	107.77	—	18.76	43.1	—
2-1389	牛眼灯安装	10套	2.4	21.83	58.83	—	52.39	141.19	—
2-1638	双联暗开关安装	10套	4	20.67	6.18	—	82.68	24.72	—
2-1675	暗插座1.5A以下安装	10套	2.2	41.10	18.32	—	90.42	40.3	—
2-1378	暗装开关盒、插座盒	10个	7.2	11.15	9.97	—	80.28	71.78	—

定额编号	分析工程项目	单位	工程数量	单位价值			合计价值		
				人工费	材料费	机械费	人工费	材料费	机械费
2-1377	接线盒安装	10 个	7.2	10.45	21.54	—	75.24	155.09	
2-1013	钢管暗敷 G50	100m	0.151	369.20	154.35	29.68	55.75	23.3	4.48
2-1012	钢管暗敷 G40	100m	5.475	346.21	124.20	29.68	1895.5	680	162.5
2-1177	管内穿线 BLV-10mm²	100m	0.79	22.99	12.90	—	18.1	10.2	
2-1070	管内穿线 BLV-4mm²	100m	0.235	16.25	5.51	—	3.82	1.29	
2-1169	管内穿线 BLV-2.5mm²	100m	13.14	23.22	6.83	—	305.11	89.75	
2-744	接地引下线扁钢—60×6	10m	1.6	4.18	3.57	2.85	6.69	5.71	4.56
2-866	接地装置调试	系统	1	232.2	4.64	252.0	232.2	4.64	252
	交流低压配电系统调试	系统	1	232.2	4.64	166.2	232.2	4.64	166.2
2-849	白炽灯泡 60W	—	—	—	—	—	—	—	—
	白炽灯泡 40W	—	—	—	—	—	—	—	—
合　计		—	—	—	—	—	4033.07	2100.53	594.02

4）其他费用表见表 7-8。

表 7-8　其他费用表

工程名称：××建筑电气照明工程

系统调整费	人工费×15%，其中工资占 20%	604.96	120.99
脚手架搭拆费	人工费×8%，其中工资占 25%	322.65	80.66
直接费	人工费＋材料费＋机械费＋系统调试费＋脚手架搭拆费	7655.23	—
现场经费	人工费×29.05%	1171.61	—
其他直接费	人工费×11.38%	458.96	—
直接工程费	直接费＋现场经费＋其他直接费	9285.8	—
综合间接费	人工费×20.29%	818.31	—
贷款利润	人工费×15.39%	620.69	—
差别利润	人工费×19.45%	784.43	—
不含税工程造价	直接工程费＋综合间接费＋贷款利润＋差别利润	11509.23	—
税金	不含税工程造价×3.51%	403.97	—
含税金工程造价	不含税工程造价＋税金	11913.2	—

2. 给排水工程施工图预算编制实例

（1）工程概况：

1）工程地址：本工程位于××省××市××区。

2）工程结构：本工程为砖混结构。室内给排水工程。

（2）编制依据：

施工单位为××建筑公司，工程类别为一类。采用《全国统一安装工程预算工程量计算规则》（GYD$_{GZ}$—201—2000），以及××省现行间接费用定额和××市现行材料预算价格或部分双方认定的市场采购价格。

（3）编制方法：

1）在熟读图纸、施工组织设计以及有关技术、经济文件的基础上，计算工程量，见表7-9。

表7-9 工程量计算表

工程名称：××楼给排水工程

共 页 第 页

序号	分项工程名称	单位	数量
1	PP-R 热熔塑料给水管 De50	m	6.83
2	PP-R 热熔塑料给水管 De40	m	8.34
3	PP-R 热熔塑料给水管 De32	m	5.25
4	PP-R 热熔塑料给水管 De25	m	2.47
5	PP-R 热熔塑料给水管 De20	m	105.38
6	建筑排水塑料管热熔连接 De160	m	0.99
7	建筑排水塑料管热熔连接 De110	m	33.76
8	建筑排水塑料管热熔连接 De75	m	26.07
9	建筑排水塑料管热熔连接 De50	m	5.8
10	洗涤盆陶瓷单嘴水	组	5
11	洗脸盆陶瓷单嘴冷水	组	5
12	低水箱坐式大便器	套	5
13	塑料地漏 DN50	个	5
14	塑料立管检查口 DN100	个	2
15	截止阀 DN15	个	60
16	水表 DN15	组	60
17	截止阀 DN32	个	9
18	截止阀 DN40	个	4
19	止回阀 DN40	个	4
20	排水检查井	座	8
21	锁闭阀（控制阀）DN25	个	60
22	手提式干粉灭火器	具	60

2）套用现行《全国统一安装工程预算定额》进行工料分析，见表7-10。

表7-10 工程计价表

工程名称：××楼给排水工程

定额编号	分析工程项目	单位	工程数量	单位价值			合计价值		
				人工费	材料费	机械费	人工费	材料费	机械费
8-294	PP-R 热熔塑料给水管 De50	10m	6.83	60.91	15.25	1.03	416	104.16	7.03
8-293	PP-R 热熔塑料给水管 De40	10m	8.34	60.91	12.7	1.03	507.99	105.92	8.59
8-292	PP-R 热熔塑料给水管 De32	10m	5.25	51.21	11.9	0.59	268.85	62.48	3.1
8-291	PP-R 热熔塑料给水管 De25	10m	2.47	51.21	11.9	0.59	126.49	29.39	1.46

定额编号	分析工程项目	单位	工程数量	单位价值			合计价值		
				人工费	材料费	机械费	人工费	材料费	机械费
8-290	PP-R 热熔塑料给水管 De20	10m	105.38	44.99	6.12	0.59	4741.05	644.93	62.17
9-158	建筑排水塑料管热熔连接 De160	10m	0.99	75.9	35.9	0.25	75.14	35.54	0.248
8-158	建筑排水塑料管热熔连接 De110	10m	33.76	75.9	35.9	0.25	2562.38	1211.98	8.44
8-157	建筑排水塑料管热熔连接 De75	10m	26.07	53.87	38.81	0.25	1404.39	1011.78	6.52
8-156	建筑排水塑料管热熔连接 De50	10m	5.8	48.3	23.15	0.25	280.14	134.27	1.45
8-978	洗涤盆陶瓷单嘴热水	10组	5	100.54	496.02	—	502.25	2480.1	—
8-963	洗脸盆陶瓷单嘴冷水	10组	5	109.6	466.63	—	548	2333.15	—
8-1029	低水箱坐式大便器	10套	5	311.64	223.92	—	1558.2	1119.6	
8-1133	塑料地漏 DN50	10个	5	49.68	4.66	—	248.4	23.3	
8-1144	塑料立管检查口 DN100	10个	2	30.14	8.52	—	60.28	17.04	
8-662	截止阀 DN15	个	60	3.92	2.56	—	235.2	153.6	
	水表 DN15	组	60	13.23	0.69	—	793.8	41.4	
8-661	截止阀 DN32	个	9	5.83	2.17	—	52.47	19.53	
8-662	截止阀 DN40	个	4	9.7	2.68	—	38.8	10.72	
8-662	止回阀 DN40	个	4	9.7	2.68	—	38.8	10.72	
—	排水检查井	座	8	300	1125	75	2400	9000	600
—	锁闭阀（控制阀）DN25	个	60	—	45.72	—		2743.2	
—	手提式干粉灭火器	具	60		70			4200	
合计		—	—	—	—	—	16858.63	25354.27	699.088

3）其他费用表见表 7-11。

表 7-11　其他费用表

工程名称：××楼给排水工程

系统调整费	人工费×15%，其中工资占 20%	2528.79	505.76
脚手架搭拆费	人工费×8%，其中工资占 25%	1348.69	337.17
直接费	人工费＋材料费＋机械费＋系统调试费＋脚手架搭拆费	46789.468	—
现场经费	人工费×29.05%	4897.43	—
其他直接费	人工费×11.38%	1918.51	—
直接工程费	直接费＋现场经费＋其他直接费	53605.408	—
综合间接费	人工费×20.29%	3420.62	—
贷款利润	人工费×15.39%	2594.54	—
差别利润	人工费×19.45%	3279	—
不含税工程造价	直接工程费＋综合间接费＋贷款利润＋差别利润	62899.568	—
税金	不含税工程造价×3.51%	2207.77	—
含税金工程造价	不含税工程造价＋税金	65107.338	—

3. 暖通工程施工图预算编制实例

（1）工程概况：

1）工程地址：本工程位于××省××市××区。

2）工程结构：办公楼为二层砖混结构。室内采暖工程。

（2）编制依据：

施工单位为××建筑公司，工程类别为一类。采用《全国统一安装工程预算工程量计算规则》（GYD$_{GZ}$—201—2000），以及××省现行间接费用定额和××市现行材料预算价格或部分双方认定的市场采购价格。

（3）编制方法：

1）在熟读图纸、施工组织设计以及有关技术、经济文件的基础上，计算工程量，见表 7-12。

表 7-12 工程量计算表

工程名称：××办公楼采暖工程 共　页　第　页

序号	分项工程名称	单位	数量
1	PP-R 热熔塑料管 DN70	m	17.6
2	PP-R 热熔塑料管 DN50	m	5.88
3	PP-R 热熔塑料管 DN40	m	16.5
4	PP-R 热熔塑料管 DN32	m	11.3
5	PP-R 热熔塑料管 DN25	m	7.6
6	PP-R 热熔塑料管 De32	m	28.5
7	灰铸铁柱翼型散热器 TY2.8/5-5	片	120
8	手动放风阀 DN10	个	360
9	立式自动放风门 DN15	个	40
10	铜质闸阀 DN20	个	14
11	铜质闸阀 DN25	个	10
12	铜质蝶阀 DN50	个	430
13	铜质蝶阀 DN70	个	4
14	平衡阀 DN70	个	18
15	过滤器 DN70Y 型	个	8
16	旋塞 DN25X13W-100	个	8
17	散热器表面刷防锈漆一遍	m²	27.3
18	散热器表面刷非金属漆二遍	m²	27.3
19	支架刷防锈漆一遍	kg	1.8
20	支架刷非金属漆两遍	kg	1.8
21	楼梯间及管道井及地沟内的采暖管道采用岩棉保温φ57 以下	m³	198.6
22	楼梯间及管道井及地沟内的采暖管道采用岩棉保温φ133 以下	m³	198.6
23	楼梯间及管道井及地沟内的采暖管道采用岩棉保温管外缠细玻璃纤维布两遍	m²	19.36
24	楼梯间及管道井地沟内采暖管道用岩棉保温管刷沥青一遍	m²	19.36
25	楼梯间及管道井地沟内采暖管道用岩棉保温管刷沥青两遍	m²	19.36

2）套用现行《全国统一安装工程预算定额》进行工料分析，见表7-13。

表7-13 工程计价表

工程名称：××办公楼采暖工程

定额编号	分析工程项目	单位	工程数量	单位价值			合计价值		
				人工费	材料费	机械费	人工费	材料费	机械费
8-297	PP-R 热熔塑料管 DN70	10m	17.6	67.13	8.64	5.42	1181.5	152.1	95.4
8-295	PP-R 热熔塑料管 DN50	10m	5.88	66.00	1.23	1.61	388.08	7.2	9.5
8-292	PP-R 热熔塑料管 DN40	10m	16.5	51.21	11.9	7.87	844.97	196.35	129.9
8-289	PP-R 热熔塑料管 DN32	10m	11.3	42.7	10.00	7.00	482.5	113	79.1
8-283	PP-R 热熔塑料管 DN25	10m	7.6	51.21	11.9	0.59	389.2	90.44	4.5
8-280	PP-R 热熔塑料管 De32	10m	28.5	33.71	7.67	7.0	960.7	219	200
8-1183	灰铸铁柱翼型散热器 TY2.8/5-5	10 片	120	75.71	59.88	—	9085.2	7185.6	—
8-753	手动放风阀 DN10	个	360	1.17	0.04	—	421.2	14.4	—
8-750	立式自动放风门 DN15	个	40	6.62	5.8	—	264.8	232	—
8-358	铜质蝶阀 DN20	个	14	9.29	13.9	—	130.06	194.6	—
8-359	铜质蝶阀 DN25	个	10	11.15	14.7	—	111.5	147	—
8-362	铜质蝶阀 DN50	个	430	18.58	33.62	—	7989.4	14456.6	—
8-363	铜质蝶阀 DN70	个	4	36.85	12.91	15.43	147.4	51.64	61.72
8-684	平衡阀 DN70	个	18	25.63	53.37	—	461.34	960.66	—
8-949	过滤器 DN70Y 型	个	8	37.24	70.21	—	397.92	561.68	—
8-865	旋塞 DN25X13W-100	个	8	4.21	70.44	—	33.68	563.52	—
11-198	散热器表面刷防锈漆一遍	10m²	27.3	12.84	15	—	350.53	409.5	—
11-199	散热器表面刷非金属漆二遍	10m²	27.3	13.61	20.85	—	371.6	569.2	—
11-119120	支架刷防锈漆一遍	100kg	1.8	9.14	25.02	17.34	16.5	45	31.2
11-122123	支架刷非金属漆两遍	100kg	1.8	8.94	13.48	17.34	16.1	24.3	31.2
14-1826	楼梯间及管道井及地沟内的采暖管道采用岩棉保温φ57 以下	m³	198.6	184.02	22.1	10.97	36546.4	4389.06	2178.6
14-1834	楼梯间及管道井及地沟内的采暖管道采用岩棉保温φ133 以下	m³	198.6	93.38	15.08	10.97	18545.3	2994.9	2178.6
14-2212	楼梯间及管道井及地沟内的采暖管道采用岩棉保温管外缠细玻璃纤维布两遍	10m²	19.36	18.51	0.16	—	358.4	3.1	—
14-250	楼梯间及管道井地沟内采暖管道用岩棉保温管刷沥青一遍	10m²	19.36	33.38	41.41	—	646.2	801.7	—
14-251	楼梯间及管道井地沟内采暖管道用岩棉保温管刷沥青两遍	10m²	19.36	28.33	30.9	—	548.5	598.2	—
	合计	—	—	—	—	—	80688.98	34980.75	4999.72

3）其他费用表见表 7-14。

表 7-14　其他费用表

工程名称：××办公楼采暖工程

系统调整费	人工费×15％，其中工资占 20％	12103.35	2420.67
脚手架搭拆费	人工费×8％，其中工资占 25％	6455.12	1613.78
直接费	人工费＋材料费＋机械费＋系统调试费＋脚手架搭拆费	139227.92	—
现场经费	人工费×29.05％	23440.15	—
其他直接费	人工费×11.38％	9182.41	—
直接工程费	直接费＋现场经费＋其他直接费	171850.48	—
综合间接费	人工费×20.29％	16371.79	—
贷款利润	人工费×15.39％	12418.03	—
差别利润	人工费×19.45％	15694	—
不含税工程造价	直接工程费＋综合间接费＋贷款利润＋差别利润	216334.3	—
税金	不含税工程造价×3.51％	7593.33	—
含税金工程造价	不含税工程造价＋税金	223927.63	—

上岗工作要点

1. 了解安装工程施工图预算在实际工程中的应用。

2. 在实际工作中，掌握安装工程施工图预算的编制依据和编制方法。

3. 在实际工作中，掌握安装工程施工图预算审查的形式、内容、方法与步骤，能够独立完成施工图预算的校核与审查工作。

思　考　题

7-1　安装工程施工图预算书由哪些内容组成？

7-2　安装工程施工图预算的作用包括哪些？

7-3　安装工程施工图预算的编制依据包括哪些？

7-4　简述安装工程施工图预算的编制方法。

7-5　简述安装工程施工图预算审查的形式和内容。

7-6　安装工程施工图预算审查的方法包括哪些？

7-7　简述安装工程施工图预算审查的步骤。

7-8　安装工程施工图预算审查工作的原则是什么，要求有哪些？

第8章　安装工程设计概算的编制

重　点　提　示

1. 熟悉设计概算的概念、内容及常用表格。
2. 掌握建设项目总概算及单项工程综合概算的编制。
3. 掌握设计概算的审查方法。

8.1　概述

8.1.1　设计概算的概念

设计概算是初步设计概算的简称，指的是在初步设计或扩大初步设计阶段，由设计单位根据初步设计图纸、定额、指标、其他工程费用定额等，对工程投资进行的概略计算，这是初步设计文件的一个重要组成部分，是确定工程设计阶段投资的依据，经过批准的设计概算是控制工程建设投资的最高限额。

8.1.2　设计概算的作用

（1）设计概算是确定建设项目、各单项工程以及各单位工程投资的依据。按照规定报请有关部门或单位批准的初步设计以及总概算，一经批准即作为建设项目静态总投资的最高限额，不得任意突破，必须突破时须报原审批部门（单位）批准。

（2）设计概算是编制投资计划的一个依据。计划部门根据批准的设计概算编制建设项目年固定资产投资计划，并严格控制投资计划的实施。若建设项目实际投资数额超过了总概算，那么就必须在原设计单位和建设单位共同提出追加投资的申请报告基础上，经上级计划部门审核批准后，方能追加投资。

（3）设计概算是进行拨款和贷款的依据。建设银行根据已批准的设计概算和年度投资计划，进行拨款和贷款，并严格实行监督控制。对超出概算的部分，未经计划部门批准，建行不得追加拨款和贷款。

（4）设计概算是实行投资包干的依据。在进行概算包干的同时，单项工程综合概算以及建设项目总概算是投资包干指标商定和确定的基础，尤其是经上级主管部门批准的设计概算或修正概算，是主管单位和包干单位签订包干合同，控制包干数额的依据。

（5）设计概算是考查设计方案的经济合理性和控制施工图预算的依据。设计单位依据设计概算进行技术经济分析和多方案评价，以提高设计质量和经济效果。同时保证施工图预算在设计概算的范围内。

（6）设计概算是进行各种施工准备、设备供应指标、加工订货以及落实各项技术经济责任制的依据。

（7）设计概算是控制项目投资，考核建设成本，提高项目实施阶段工程管理和经济核算

187

水平的必要手段。

8.1.3　设计概算的内容

设计概算分为三级概算，即单位工程概算、单项工程综合概算、建设项目总概算。其编制内容及相互关系如图 8-1 所示。

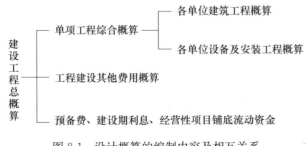

图 8-1　设计概算的编制内容及相互关系

（1）三级编制（总概算、综合概算、单位工程概算）形式设计概算文件的组成：

1）封面、签署页及目录。

2）编制说明。

3）总概算表。

4）其他费用表。

5）综合概算表。

6）单位工程概算表。

7）附件：补充单位估价表。

（2）.二级编制（总概算、单位工程概算）形式设计概算文件的组成：

1）封面、签署页及目录。

2）编制说明。

3）总概算表。

4）其他费用表。

5）单位工程概算表。

6）附件：补充单位估价表。

8.1.4　设计概算文件常用表格

（1）设计概算封面、签署页、目录、编制说明样式见表 8-1～表 8-4。

（2）概算表格格式见表 8-5～表 8-15：

1）总概算表（表 8-5）为采用三级编制形式的总概算的表格。

2）总概算表（表 8-6）为采用二级编制形式的总概算的表格。

3）其他费用表（表 8-7）。

4）其他费用计算表（表 8-8）。

5）综合概算表（表 8-9）为单项工程综合概算的表格。

6）建筑工程概算表（表 8-10）为单位工程概算的表格。

7）设备及安装工程概算表（表 8-11）为单位工程概算的表格。

8）补充单位估价表（表 4-12）。

9）主要设备、材料数量及价格表（表 8-13）。

表 8-1 设计概算封面式样

（工程名称）

设 计 概 算

档 案 号：

共 册　　第 册

（编制单位名称）
（工程造价咨询单位执业章）
年　月　日

表 8-2 设计概算签署页式样

（工程名称）

设 计 概 算

档 案 号：

共 册 第 册

编 制 人：_____ ［执业（从业）印章］_____
审 核 人：_____ ［执业（从业）印章］_____
审 定 人：_____ ［执业（从业）印章］_____
法定负责人：_____

表 8-3 设计概算目录式样

序号	编号	名称	页次
1		编制说明	
2		总概算表	
3		其他费用表	
4		预备费计算表	
5		专项费用计算表	
6		×××综合概算表	
7		×××综合概算表	
8		……	
9		×××单项工程概算表	
10		××单项工程概算表	
		……	
11		补充单位估价表	
12		主要设备材料数量及价格表	
13		概算相关资料	

表 8-4 编制说明式样

编制说明

1 工程概况；

2 主要技术经济指标；

3 编制依据；

4 工程费用计算表；

1）建筑工程工程费用计算表；

2）工艺安装工程工程费用计算表；

3）配套工程工程费用计算表；

4）其他工程工程费计算表。

5 引进设备、材料有关费率取定及依据：国外运输费、国外运输保险费、海关税费、增值税、国内运杂费、其他有关税费；

6 其他有关说明的问题；

7 引进设备、材料从属费用计算表。

表 8-5 总概算表（三级编制形式）

总概算编号：_____　　工程名称：_____　　　　（单位：　万元）　共　页　第　页

序号	概算编号	工程项目或费用名称	建筑工程费	设备购置费	安装工程费	其他费用	合计	其中：引进部分		占总投资比例（%）
								美元	折合人民币	
一		工程费用								
1		主要工程								
		××××××								
		××××××								
2		辅助工程								
		××××××								
3		配套工程								
		××××××								
二		其他费用								
1		××××××								
2		××××××								
三		预备费								
四		专项费用								
1		××××××								
2		××××××								
		建设项目概算总投资								

编制人：　　　　　　　　审核人：　　　　　　　　审定人：

表 8-6 总概算表（二级编制形式）

总概算编号：_____ 工程名称：_____ （单位： 万元） 共 页 第 页

序号	概算编号	工程项目或费用名称	建筑工程费	设备购置费	安装工程费	其他费用	合计	其中：引进部分		占总投资比例（%）
								美元	折合人民币	
一		工程费用								
1		主要工程								
(1)	×××	××××××								
(2)	×××	××××××								
2		辅助工程								
(1)	×××	××××××								
3		配套工程								
(1)	×××	××××××								
二		其他费用								
1		××××××								
2		××××××								
三		预备费								
四		专项费用								
1		××××××								
2		××××××								
		建设项目概算总投资								

编制人： 审核人： 审定人：

表 8-7　其他费用表

工程名称：＿＿＿＿＿＿＿＿＿＿＿＿＿＿＿＿＿＿＿＿＿＿　　　（单位：　万元）　共　页　第　页

序号	费用项目编号	费用项目名称	费用计算基数	费率（%）	金额	计算公式	备注
1							
2							

编制人：　　　　　　　　　审核人：

表 8-8　其他费用计算表

其他费用编号：＿＿＿＿＿＿　费用名称：＿＿＿＿＿＿　　　（单位：　万元）　共　页　第　页

序号	费用项目编号	费用项目名称	费用计算基数	费率（%）	金额	计算公式	备注

编制人：　　　　　　　　　审核人：

表 8-9　综合概算表

综合概算编号：＿＿＿＿＿＿　工程项目（单项工程）：＿＿＿＿＿＿　（单位：　万元）　共　页　第　页

序号	概算编号	工程项目或费用名称	设计规模或主要工程量	建筑工程费	设备购置费	安装工程费	其他费用	合计	其中：引进部分	
									美元	折合人民币
一	·	主要工程								
1	×××	××××××								
2	×××	××××××								
二		辅助工程								
1	×××	××××××								
2	×××	××××××								

序号	概算编号	工程项目或费用名称	设计规模或主要工程量	建筑工程费	设备购置费	安装工程费	其他费用	合计	其中：引进部分	
									美元	折合人民币
三		配套工程								
1	×××	××××××								
2	×××	××××××								
		单项工程概算费用合计								

编制人：　　　　　　　　　　　审核人：　　　　　　　　　　　审定人：

表 8-10　建筑工程概算表

单位工程概算编号：＿＿＿＿＿＿＿　工程名称（单项工程）：＿＿＿＿＿＿　共　页　第　页

序号	定额编号	工程项目或费用名称	单位	数量	单价（元）				合价（元）			
					定额基价	人工费	材料费	机械费	金额	人工费	材料费	机械费
一		土石方工程										
1	××	×××××										
2	××	×××××										
二		砌筑工程										
	××	×××××										
三		楼地面工程										
1	××	×××××										
		小计										
		工程综合取费										
		单位工程概算费用合计										

编制人：　　　　　　　　　　　审核人：

表 8-11 设备及安装工程概算表

单位工程概算编号：＿＿＿＿＿＿＿＿　　工程名称（单项工程）：＿＿＿＿＿＿　　共 页 第 页

序号	定额编号	工程项目或费用名称	单位	数量	单价（元）					合价（元）				
					设备费	主材费	定额基价	其中：		设备费	主材费	定额费	其中：	
								人工费	机械费				人工费	机械费
一		设备安装												
1	××	×××××												
2	××	×××××												
二		管道安装												
1	××	×××××												
三		防腐保温												
1	××	×××××												
		小计												
		工程综合取费												
		合计（单位工程概算费用）												

编制人：　　　　　　　　　　　　　　审核人：

表 8-12 补充单位估价表

子目名称：＿＿＿＿＿＿＿＿　　工作内容：＿＿＿＿＿＿　　共 页 第 页

补充单位估价表编号					
定额基价					
人工费					
材料费					
机械费					
名称	单位	单价	数 量		
综合工日					
材料					
	其他材料费				
机械					

编制人：　　　　　　　　　　　　　　审核人：

表 8-13　主要设备、材料数量及价格表

序号	设备、材料	规格型号及材质	单位	数量	单价（元）	价格来源	备注

编制人：　　　　　　　　　　　　　　　审核人：

10）进口设备、材料货价及从属费用计算表（表 8-14）。

表 8-14　进口设备、材料货价及从属费用计算表

序号	设备、材料规格、名称及费用名称	单位	数量	单价（美元）	外币金额（美元）					折合人民币（元）	关税	增值税	银行财务费	外贸手续费	国内运杂费	合计	合计（元）
					货价	运输费	保险费	其他费用	合计								

编制人：　　　　　　　　　　　　　　　审核人：

11）工程费用计算程序表（表 8-15）。

表 8-15　工程费用计算程序表

序号	费用名称	取费基础	费率	计算公式

编制人：　　　　　　　　　　　　　　　审核人：

（3）调整概算对比表。

1）总概算对比表（表 8-16）。

表 8-16　总概算对比表

总概算编号：＿＿＿＿＿＿＿　　工程名称：＿＿＿＿＿＿＿　　（单位：万元）　共　页　第　页

序号	工程项目或费用名称	原批准概算					调整概算					差额（调整概算－原批准概算）	备注
		建筑工程费	设备购置费	安装工程费	其他费用	合计	建筑工程费	设备购置费	安装工程费	其他费用	合计		
一	工程费用												
1	主要工程												
（1）	×××××												
（2）	×××××												
2	辅助工程												
（1）	×××××												
3	配套工程												
（1）	×××××												
二	其他费用												
1	×××××												
2	×××××												
三	预备费												
四	专项费用												
1	×××××												
2	×××××												
	建设项目概算总投资												

编制人：　　　　　　　　　　　　审核人：

2）综合概算对比表（表 8-17）。

表 8-17 综合概算对比表

综合概算编号：＿＿＿＿＿＿＿＿ 工程名称：＿＿＿＿＿＿（单位： 万元） 共 页 第 页

序号	工程项目或费用名称	原批准概算					调整概算					差额（调整概算－原批准概算）	调整的主要原因
		建筑工程费	设备购置费	安装工程费	其他费用	合计	建筑工程费	设备购置费	安装工程费	其他费用	合计		
一	主要工程												
1	××××××												
2	××××××												
二	辅助工程												
1	××××××												
三	配套工程												
1	××××××												
2	××××××												
	单项工程概算费用合计												

编制人： 审核人：

8.2 设计概算的编制

8.2.1 设计概算的编制依据

（1）批准的可行性研究报告。

（2）设计工程量。

（3）项目涉及的概算定额或指标。

（4）国家、行业和地方政府有关法律、法规或规定。

（5）资金筹措方式。

（6）正常的施工组织设计。

（7）项目涉及的设备、材料供应以及价格。

（8）项目的管理（含监理）、施工条件。

（9）项目所在地区有关的水文、气候、地质地貌等自然条件。

（10）项目所在地区有关的经济、人文等社会条件。

（11）项目的技术复杂程度，及新技术、专利使用情况等。

（12）有关文件、合同、协议等。

8.2.2 建设项目总概算及单项工程综合概算的编制

（1）概算编制说明应包括以下主要内容：

1）项目概况：简述建设项目的建设性质（新建、扩建或改建）、建设地点、设计规模、工程类别、建设期（年限）、主要工程量、主要工程内容、主要工艺设备及数量等。

2）主要技术经济指标：项目概算总投资（有引进的给出所需外汇额度）以及主要分项投资、主要技术经济指标（主要单位工程投资指标）等。

3）资金来源：按资金来源不同渠道分别说明，发生资产租赁的说明租赁方式以及租金。

4）编制依据。

5）其他需要说明的问题。

6）总说明附表

①建筑、安装工程工程费用计算程序表。

②引进设备、材料清单以及从属费用计算表。

③具体建设项目概算要求的其他附件及附表。

（2）总概算表。概算总投资由工程费用、其他费用、预备费以及应列入项目概算总投资中的几项费用组成：

第一部分工程费用。

第二部分其他费用。

第三部分预备费。

第四部分应列入项目概算总投资中的几项费用：

1）建设期利息。

2）固定资产投资方向调节税。

3）铺底流动资金。

（3）第一部分工程费用。按单项工程综合概算组成编制，采用二级编制的按单位工程概算组成编制。

1）市政民用建设项目一般排列顺序：主体建（构）筑物、辅助建（构）筑物、配套系统。

2）工业建设项目一般排列顺序：主要工艺生产装置、辅助工艺生产装置、公用工程、生产管理服务性工程、总图运输、生活福利工程、厂外工程。

（4）第二部分其他费用。一般按其他费用概算顺序列项，具体见下述"8.2.3 其他费用、预备费、专项费用概算编制"。

（5）第三部分预备费。包括基本预备费和价差预备费，具体见下述"8.2.3 其他费用、预备费、专项费用概算编制"。

（6）第四部分应列入项目概算总投资中的几项费用。包括建设期利息、铺底流动资金、固定资产投资方向调节税（暂停征收）等，具体见下述"8.2.3 其他费用、预备费、专项费用概算编制"。

（7）综合概算以单项工程所属的单位工程概算为基础，采用"综合概算表（表8-9）"进行编制，分别按各单位工程概算汇总成若干个单项工程综合概算。

（8）对单一的、具有独立性的单项工程建设项目，按二级编制形式编制，直接编制总概算。

8.2.3 其他费用、预备费、专项费用概算编制

（1）一般建设项目其他费用包括建设用地费、勘察设计费、建设管理费、可行性研究费、环境影响评价费、场地准备及临时设施费、劳动安全卫生评价费、工程保险费、联合试运转费、特殊设备安全监督检验、生产准备及开办费、市政公用设施建设及绿化补偿费、专利及专有技术使用费、引进技术和引进设备材料其他费、研究试验费等。

1）建设管理费。

①以建设投资中的工程费用为基数乘以建设管理费费率计算。

$$建设管理费 = 工程费用 \times 建设管理费费率 \tag{8-1}$$

②工程监理是受建设单位委托的工程建设技术服务，属建设管理范畴。例如采用监理，建设单位部分管理工作量会转移至监理单位。监理费应该根据委托的监理工作范围和监理深度在监理合同中商定或按照当地或所属行业部门有关规定计算。

③如果建设管理采用工程总承包方式，其总包管理费由建设单位与总包单位根据总包工作范围在合同中商定，从建设管理费之中支出。

④改扩建项目的建设管理费费率应比新建项目适当降低。

⑤建设项目建成后，应当及时组织验收，移交生产或使用。已超过批准的试运行期，并且已符合验收条件但未及时办理竣工验收手续的建设项目，视同项目已交付生产，其费用不可以从基建投资中支付，所实现的收入作为生产经营收入，不再作为基建收入。

2）建设用地费。

①根据征用建设用地面积、临时用地面积，按照建设项目所在省、市、自治区人民政府制定颁发的土地征用补偿费、安置补助费标准和耕地占用税、城镇土地使用税标准计算。

②建设用地上的建（构）筑物如果需迁建，其迁建补偿费应按新建同类工程造价计算或按迁建补偿协议计列。

③建设项目采用"长租短付"方式租用土地使用权，在建设期间支付的租地费用计入建设用地费，在生产经营期间支付的土地使用费应当进入营运成本中核算。

3）可行性研究费。

①依据前期研究委托合同计列，或参照《国家计委关于印发〈建设项目前期工作咨询收费暂行规定〉的通知》（计投资［1999］1283号）规定计算。

②编制预可行性研究报告，参照编制项目建议书收费标准并且可适当调增。

4）研究试验费

①按照研究试验要求和内容进行编制。

②研究试验费不包括以下项目：

a. 应由科技三项费用（即新产品试制费、中间试验费和重要科学研究补助费）开支的项目。

b. 应在建筑安装费用中列支的施工企业对建筑物和建筑材料、构件进行一般鉴定、检查所发生的费用以及技术革新的研究试验费。

c. 应由勘察设计费或工程费用中开支的项目。

5）勘察设计费。根据勘察设计委托合同计列，或参照原国家计委、建设部《关于发布〈工程勘察设计收费管理规定〉的通知》（计价格［2002］10号）规定计算。

6）环境影响评价以及验收费、水土保持评价及验收费、劳动安全卫生评价及验收费。

环境影响评价以及验收费依据委托合同计列，或按照原国家计委、国家环境保护总局《关于规范环境影响咨询收费有关问题的通知》（计价格［2002］125号）规定以及建设项目所在省、市、自治区环境保护部门有关规定计算；水土保持评价以及验收费、劳动安全卫生评价以及验收费依据委托合同以及按照国家和建设项目所在省、市、自治区劳动和国土资源等行政部门规定的标准计算。

7）职业病危害评价费等。依据职业病危害评价、地质灾害评价、地震安全性评价委托合同计列，或按建设项目所在省、市、自治区有关行政部门规定的标准计算。

8）场地准备及临时设施费。

①场地准备及临时设施费应当尽量与永久性工程统一考虑。建设场地的大型土石方工程应当进入工程费用中的总图运输费用中。

②新建项目的场地准备和临时设施费应当根据实际工程量估算，或按工程费用的比例计算。改扩建项目一般只计拆除清理费。

$$场地准备和临时设施费 = 工程费用 \times 费率 + 拆除清理费 \qquad (8\text{-}2)$$

③发生拆除清理费时可以按新建同类工程造价或主材费、设备费的比例计算。凡可回收材料的拆除工程采用以料抵工的方式冲抵拆除清理费。

④此项费用不包括已列入建筑安装工程费用中的施工单位临时设施费用。

9）引进技术和引进设备其他费。

①引进项目图纸资料翻译复制费：根据引进项目的具体情况计列或按照引进货价（F.O.B）的比例估列；引进项目发生备品备件测绘费时按照具体情况估列。

②出国人员费用：依据合同或协议规定的出国人次、期限及相应的费用标准计算。生活费按照财政部、外交部规定的现行标准计算，旅费按照中国民航公布的票价计算。

③来华人员费用：依据引进合同或协议有关条款以及来华技术人员派遣计划进行计算。来华人员接待费用可按照每人次费用指标计算。引进合同价款中已包括的费用内容不可重复计算。

④银行担保及承诺费：应按担保或承诺协议计取。概算编制和投资估算时可以承诺金额或担保金额为基数乘以费率计算。

⑤引进设备材料的国外运输费、国外运输保险费、关税、增值税、外贸手续费、银行财务费、引进设备材料国内检验费、国内运杂费等，按照引进货价（F.O.B或C.I.F）计算后进入相应的设备、材料费中。

⑥单独引进软件时，不计关税只计增值税。

10）工程保险费。

①不投保的工程不计取此项费用。

②不同的建设项目可以根据工程特点选择投保险种，根据投保合同计列保险费用。编制投资概算和估算时可按工程费用的比例估算。

③不包括已列入施工企业管理费中的施工管理用车辆、财产保险费。

11）联合试运转费。

①不发生试运转或试运转收入大于（或等于）费用支出的工程，不列此项费用。

②当联合试运转收入小于试运转支出时

$$联合试运转费 = 联合试运转费用支出 - 联合试运转收入 \qquad (8\text{-}3)$$

③联合试运转费不包括应由设备安装工程费用开支的调试以及试车费用，以及在试运转中暴露出来的因设备缺陷或施工原因等发生的处理费用。

④试运行期按照以下规定确定：引进国外设备项目按照建设合同中规定的试运行期执行；国内一般性建设项目试运行期原则上按批准的设计文件所规定的期限执行。个别行业的建设项目试运行期需要超过规定试运行期的，应报项目设计文件审批机关批准。试运行期一经确定，各建设单位应当严格按规定执行，不得擅自缩短或延长。

12）特殊设备安全监督检验费。按照建设项目所在省、市、自治区安全监察部门的规定标准计算。无具体规定的，在编制投资概算和估算时可按受检设备现场安装费的比例估算。

13）市政公用设施费。按照工程所在地人民政府规定标准计列；不发生或按规定免征项目不计算。

14）专利及专有技术使用费。

①按专利使用许可协议和专有技术使用合同的规定计列；

②专有技术的界定应以省、部级鉴定批准作为依据；

③项目投资中只计算需要在建设期支付的专利及专有技术使用费。协议或合同规定在生产期支付的使用费应在生产成本中核算。

④一次性支付的商标权、商誉以及特许经营权费按协议或合同规定计列。协议或合同规定在生产期支付的商标权或特许经营权费应该在生产成本中核算。

⑤为项目配套的专用设施投资，包括专用铁路线、专用公路、专用通讯设施、变送电站、地下管道、专用码头等，如由项目建设单位负责投资但产权不归属本单位的，应作无形资产处理。

15）生产准备及开办费。

①新建项目按照设计定员为基数计算，改扩建项目按新增设计定员为基数计算：

$$生产准备费 = 设计定员 \times 生产准备费用指标(元／人) \tag{8-4}$$

②可采用综合的生产准备费用指标进行计算，也可按费用内容的分类指标计算。

（2）引进工程其他费用中的国外技术人员现场服务费、出国人员生活费和旅费折合人民币列入，用人民币支付的其他几项费用直接列入其他费用中。

（3）其他费用概算表格形式见表 8-7 和表 8-8。

（4）预备费包括基本预备费和价差预备费，基本预备费以总概算第一部分"工程费用"和第二部分"其他费用"之和为基数的百分比计算；价差预备费一般按式（8-5）计算。

$$P = \sum_{t=1}^{n} I_t \left[(1+f)^m (1+f)^{0.5} (1+f)^{t-1} - 1 \right] \tag{8-5}$$

式中　P——价差预备费；

　　　n——建设期（年）数；

　　　I_t——建设期第 t 年的投资；

　　　f——投资价格指数；

　　　t——建设期第 t 年；

　　　m——建设前年数（从编制概算到开工建设年数）。

（5）应列入项目概算总投资中的几项费用。

1）建设期利息：根据不同资金来源及利率分别计算。

$$Q = \sum_{j=1}^{n} \left(P_{j-1} + A_j/2 \right) i \qquad (8-6)$$

式中　Q——建设期利息；

P_{j-1}——建设期第 $j-1$ 年末贷款累计金额与利息累计金额之和；

A_j——建设期第 j 年贷款金额；

I——贷款年利率；

n——建设期年数。

2）铺底流动资金按国家或行业有关规定计算。

3）固定资产投资方向调节税（暂停征收）。

8.2.4　单位工程概算的编制

（1）单位工程概算是编制单项工程综合概算（或项目总概算）的依据，单位工程概算项目是根据单项工程中所属的每个单体按专业分别编制。

（2）单位工程概算一般分建筑工程、设备以及安装工程两大类，建筑工程单位工程概算按下述（3）的要求编制，设备及安装工程单位工程概算按（4）的要求编制。

（3）建筑工程单位工程概算。

1）建筑工程概算费用内容以及组成见住房和城乡建设部、财政部共同颁发的建标〔2013〕44 号《建筑安装工程费用项目组成》。

2）建筑工程概算要采用"建筑工程概算表"（表 8-10）编制，按照构成单位工程的主要分部分项工程编制，根据初步设计工程量按照工程所在省、市、自治区颁发的概算定额（指标）或行业概算定额（指标），及工程费用定额计算。

3）对于通用结构建筑可以采用"造价指标"编制概算；对于特殊或重要的建（构）筑物，必须按照构成单位工程的主要分部分项工程编制，必要时结合施工组织设计进行详细计算。

（4）设备及安装工程单位工程概算。

1）设备以及安装工程概算费用由设备购置费和安装工程费组成。

2）设备购置费

$$\text{定型或成套设备费} = \text{设备出厂价格} + \text{运输费} + \text{采购保管费} \qquad (8-7)$$

引进设备费用分人民币和外币两种支付方式，外币部分按美元或其他国际主要流通货币计算。

非标准设备原价有多种不同的计算方法，如成本计算估价法、综合单价法、系列设备插入估价法、定额估价法、分部组合估价法等。一般采用不同种类设备综合单价法计算，计算公式为

$$\text{设备费} = \sum \text{综合单价（元/吨）} \times \text{设备单重（t）} \qquad (8-8)$$

工具、器具及生产家具购置费一般以设备购置费为计算基数，按部门或行业规定的工具、器具及生产家具费率计算。

3）安装工程费。安装工程费内容组成，以及工程费用计算方法见住房和城乡建设部、财政部共同颁发的建标〔2013〕44 号《建筑安装工程费用项目组成》；其中，辅助材料费按照概算定额（指标）计算，主要材料费以消耗量按工程所在地当年预算价格（或市场价）计算。

4）引进材料费用计算方法和引进设备费用计算方法相同。

5）设备及安装工程概算采用"设备及安装工程概算表"（表8-11）形式，按照构成单位工程的主要分部分项工程编制，根据初步设计工程量按工程所在省、市、自治区颁发的概算定额（指标）或行业概算定额（指标），及工程费用定额计算。

6）概算编制深度可参照《工程量清单计价规范》执行。

（5）当概算定额或指标不能满足概算编制要求时，应编制"补充单位估价表"（表8-12）。

8.2.5 调整概算的编制

（1）设计概算批准后一般不能调整。由于特殊原因需要调整概算时，由建设单位调查分析变更原因，报主管部门审批并且同意后，由原设计单位核实编制、调整概算，并按有关审批程序报批。

（2）调整概算的原因。

1）超出原设计范围的重大变更；

2）超出基本预备费规定范围内不可抗拒的重大自然灾害引起的工程费用和变动增加；

3）超出工程造价调整预备费的国家重大政策性的调整。

（3）影响工程概算的主要因素已经清楚，工程量完成了一定量后才能进行调整，一个工程只允许调整一次概算。

（4）调整概算编制深度与要求、文件组成以及表格形式同原设计概算，调整概算还应对工程概算调整的原因做详尽分析说明，所调整的内容在调整概算总说明中要逐项与原批准概算进行对比，并编制调整前后概算对比表（表8-16、表8-17），分析主要变更原因。

（5）在上报调整概算时，应同时提供有关文件和调整依据。

8.2.6 设计概算文件的编制程序与质量控制

（1）设计概算文件编制的有关单位应一起制定编制原则、方法，以及确定合理的概算投资水平，对设计概算的编制质量、投资水平负责。

（2）项目设计负责人和概算负责人对全部设计概算的质量负责；概算文件编制人员应参与设计方案的讨论；设计人员应树立以经济效益为中心的观念，严格按照批准的工程内容以及投资额度设计，提出满足概算文件编制深度的技术资料；概算文件编制人员对投资的合理性负责。

（3）概算文件需经编制单位自审，建设单位（项目业主）复审，工程造价主管部门审批。

（4）概算文件的编制与审查人员须具有国家注册造价工程师资格，或者具有省市（行业）颁发的造价员资格证，并且根据工程项目大小按持证专业承担相应的编审工作。

（5）各造价协会（或者行业）、造价主管部门可根据所主管的工程特点制定概算编制质量的管理办法，并且对编制人员采取相应的措施进行考核。

8.3 设计概算的审查

8.3.1 设计概算审查的内容

（1）审查设计概算的编制依据。包括国家综合部门的文件，国务院主管部门和各省、市、自治区根据国家规定或授权制定的各种规定和办法，以及建设项目的设计文件等重点审查。

1）审查编制依据的合法性。采用的各种编制依据须经过国家或授权机关的批准，符合国家的编制规定，未经批准的不能够采用，也不能强调情况特殊，擅自提高概算定额、指标或费用标准。

2）审查编制依据的时效性。各种依据，例如定额、指标、价格、取费标准等，都应根据国家有关部门的现行规定进行，注意有无调整和新的规定。有的虽然颁发时间较长，但不能全部适用；有的应按有关部门作的调整系数执行。

3）审查编制依据的适用范围。各种编制依据都有规定的适用范围，例如各主管部门规定的各种专业定额和其取费标准，只适用于该部门的专业工程；各地区规定的各种定额及其取费标准，只适用于该地区的范围以内。特别是地区的材料预算价格区域性更强，例如某市有该市区的材料预算价格，又编制了郊区内一个矿区的材料预算价格，如在该市的矿区建设时，其概算采用的材料预算价格，则应用矿区的价格，而不能采用该市的价格。

（2）审查概算编制深度。

1）审查编制说明。审查编制说明可检查概算的编制方法、深度和编制依据等重大原则问题。

2）审查概算编制深度。一般大中型项目的设计概算，应有完整的编制说明和"三级概算"（即总概算表、单项工程综合概算表、单位工程概算表），并且按有关规定的深度进行编制。审查是否有符合规定的"三级概算"，各级概算的编制、校对、审核是否按规定签署。

3）审查概算的编制范围。审查概算编制范围以及具体内容是否与主管部门批准的建设项目范围及具体工程内容一致；审查分期建设项目的建筑范围以及具体工程内容有无重复交叉，是否重复计算或漏算；审查其他费用所列的项目是否符合规定，静态投资、动态投资和经营性项目铺底流动资金是否分部列出等。

（3）审查建设规模、标准。审查概算的投资规模、生产能力、设计标准、建设用地、建筑面积、主要设备、配套工程、设计定员等是否符合原批准可行性研究报告或立项批文的标准。例如概算总投资超过原批准投资估算 10% 以上，应进一步审查超估算的原因。

（4）审查设备规格、数量和配置。工业建设项目设备投资比重较大，一般占总投资的 30%～50%，要认真审查。审查所选用的设备规格、台数是否与生产规模一致，材质和自动化程度有无提高标准，引进设备是否配套、合理，备用设备台数是否适当，消防和环保设备是否计算等。还要重点审查价格是否合理、是否符合有关规定，例如国产设备应按当时询价资料或有关部门发布的出厂价、信息价，引进设备应依据询价或合同价编制概算。

（5）审查工程费。建筑安装工程投资是随着工程量增加而增加的，要认真审查。要根据初步设计图纸、概算定额以及工程量计算规则、专业设备材料表、建构筑物和总图运输一览表进行审查，有无多算、重算、漏算。

（6）审查计价指标。审查建筑工程采用工程所在地区的费用定额、计价定额、价格指数和有关人工、材料、机械台班单价是否符合现行规定；审查安装工程所采用的专业部门或地区定额是否符合工程所在地区的市场一般价格水平，概算指标调整系数、主材价格、人工、机械台班和辅材调整系数是否按当地最新的规定执行；审查引进设备安装费率或计取标准、部分行业专业设备安装费率是否按有关规定计算等。

（7）审查其他费用。工程建设其他费用投资约占项目总投资 25% 以上，须认真逐项审查。审查费用项目是否按国家统一规定计列，具体费率或计取标准、部分行业专业设备安装费率是否按有关规定计算等。

8.3.2 设计概算审查的作用

审查设计概算，有利于合理分配投资资金，加强投资计划管理。设计概算编制得偏低或偏高，都会影响投资计划的真实性，影响投资资金的合理分配。所以审查设计概算是为了准确确定工程造价，让投资更能遵循客观经济规律。

审查设计概算，可以促进概算编制单位严格执行国家有关概算的编制规定和费用标准，从而提高概算的编制质量。

审查设计概算，可以使建设项目总投资力求做到完整、准确，防止任意扩大投资规模或出现漏项，从而减少投资缺口，缩小预算与概算之间的差距，避免故意压低概算投资，搞"钓鱼"项目，最后导致实际造价大大地突破概算。

审查后的概算，对建设项目投资的落实提供了可靠的依据。打足投资，不留缺口，提高建设项目的投资效益。

8.3.3 设计概算审查的方法

（1）全面审查法。全面审查法指按照全部施工图的要求，结合有关预算定额分项工程中的工程细目，逐一、全部地进行审核的方法。它的具体计算方法和审核过程与编制预算的计算方法和编制过程基本相同。

全面审查法的优点是全面、细致，所审核过的工程预算质量高，差错较少；缺点是工作量太大。全面审查法一般适用于一些工艺比较简单、工程量较小、编制工程预算力量较薄弱的设计单位所承包的工程。

（2）重点审查法。抓住工程预算中的重点进行审查的方法，称做重点审查法，一般情况下，重点审查法的内容如下：

1）选择工程量大或造价较高的项目进行重点审查。

2）对补充单价进行重点审查。

3）对计取的各项费用的费用标准和计算方法进行重点审查。

重点审查工程预算的方法应灵活掌握。如，没有发现问题，或者发现的差错很小，应考虑适当缩小审查范围在重点审查中；反之，如发现问题较多，应扩大审查范围。

（3）经验审查法。经验审查法指监理工程师根据以前的实践经验，审查容易发生差错的那些部分工程细目的方法。如基础工程中的基础垫层，砌砖、砌石基础，钢筋混凝土组合柱，基础圈梁、室内暖沟盖板等；土方工程中的平整场地和余土外运，土壤分类等，都是较容易出错的地方，应重点加以审查。

（4）分解对比审查法。把一个单位工程，按直接费与间接费进行分解，之后再把直接费按工种工程和分部工程进行分解，分别与审定的标准图预算进行对比分析的方法，称之为分解对比审查法。

这种方法是把拟审的预算造价与同类型的定型标准施工图或复用施工图的工程预算造价相比较，如果出入不大，就可以认为本工程预算问题不大，不再审查。如果出入较大，例如超过或少于已审定的标准设计施工图预算造价的1％或3％以上（根据本地区要求），再按分部分项工程进行分解，边分解边对比，哪里出入大，就进一步审查哪一部分工程项目的预算价格。

8.3.4 设计概算审查的步骤

设计概算审查是一项复杂而细致的技术经济工作，审查人员既要懂得有关专业技术知识，又要具有熟练编制概算的能力，一般情况下可按如下步骤进行。

（1）概算审查的准备。概算审查的准备工作包括了解设计概算的内容组成编制依据和方法；了解建设规模、设计能力和工艺流程；熟悉设计图纸和说明书、掌握概算费用的构成和有关技术经济指标；明确概算各种表格的内涵；收集概算定额、概算指标、取费标准等有关规定的文件资料等。

（2）进行概算审查。依据审查的主要内容，分别对设计概算的编制依据、单位程设计概算、综合概算、总概算进行逐级审查。

（3）进行技术经济对比分析。利用规定的概算定额或指标及有关技术经济指标与设计概算进行分析对比，根据概算和设计列明的工程性质、结构类型、建设条件、投资比例、费用构成、占地面积、生产规模、设备数量、造价指标、劳动定员等与国内外同类型工程规模进行分析对比，从大的方面找出和同类型工程的距离，为审查提供线索。

（4）研究、定案、调整概算。对概算审查中出现的问题要在对比分析、找出差距的基础上深入现场进行实际调查研究。了解设计概算编制依据是否符合现行规定和施工现场实际、是否经济合理、有无扩大规模、多估投资或预留缺口等情况，并及时核实概算投资。在当地没有同类型的项目而不能进行对比分析时，可向国内同类型企业进行调查和收集资料，作为审查的参考。经过会审决定的定案问题应当及时调整概算，并经原批准单位下发文件。

上岗工作要点

1. 了解设计概算在实际工程中的应用。
2. 在实际工作中，掌握建设项目总概算及单项工程综合概算的编制。
3. 在实际工作中，掌握设计概算审查的方法与步骤。

思 考 题

8-1 简述设计概算的内容和作用。

8-2 设计概算的编制依据包括哪些？

8-3 调整概算的原因有哪些？

8-4 概算编制说明应包括哪些主要内容？

8-5 简述设计概算文件的编制程序。

8-6 简述设计概算审查的内容与作用。

8-7 设计概算审查的方法包括哪些？

8-8 简述设计概算审查的步骤。

附录 某办公楼采暖及给水排水安装工程清单计价编制实例

一、工程量清单计算

清单工程量计算是工程量清单编制的数据基础。工程量计算按设计施工图的要求，根据《建设工程工程量清单计价规范》规定计算。

本例题所涉及的工程量计算如下：

K.1 给排水、采暖、燃气管道

1. 镀锌钢管

（1）镀锌钢管 DN80

项目编码：031001001001

项目特征：DN80，室内给水，螺纹连接。

计算规则：按设计图示管道中心线以长度计算。

工程数量：4.50m

（2）镀锌钢管 DN70

项目编码：031001001002

项目特征：DN70，室内给水，螺纹连接。

计算规则：按设计图示管道中心线以长度计算。

工程数量：21.00m

2. 钢管

（1）钢管 DN15

项目编码：031001002001

项目特征：DN15，室内焊接钢管安装螺纹连接，手工除锈，刷 1 次防锈漆，2 次银粉漆，镀锌铁皮套管。

计算规则：按设计图示管道中心线以长度计算。

工程数量：1330.00m

（2）钢管 DN20

项目编码：031001002002

项目特征：DN20，室内焊接钢管安装螺纹连接，手工除锈，刷 1 次防锈漆，3 次银粉漆，镀锌铁皮套管。

计算规则：按设计图示管道中心线以长度计算。

工程数量：1860.00m

（3）钢管 $DN25$

项目编码：031001002003

项目特征：$DN25$，室内焊接钢管安装螺纹连接，手工除锈，刷 1 次防锈漆，2 次银粉漆，镀锌铁皮套管。

计算规则：按设计图示管道中心线以长度计算。

工程数量：1035.00m

（4）钢管 $DN32$

项目编码：031001002004

项目特征：$DN32$，室内焊接钢管安装螺纹连接，手工除锈，刷 1 次防锈漆，3 次银粉漆，镀锌铁皮套管。

计算规则：按设计图示管道中心线以长度计算。

工程数量：100.00m

（5）钢管 $DN40$

项目编码：031001002005

项目特征：$DN40$，室内焊接钢管安装和手工电弧焊，手工除锈，刷 2 次防锈漆，玻璃布保护层，刷 2 次调和漆，钢套管。

计算规则：按设计图示管道中心线以长度计算。

工程数量：125.00m

（6）钢管 $DN50$

项目编码：031001002006

项目特征：$DN50$，室内焊接钢管安装和手工电弧焊，手工除锈，刷 2 次防锈漆，玻璃布保护层，刷 2 次调和漆，钢套管。

计算规则：按设计图示管道中心线以长度计算。

工程数量：235.00m

（7）钢管 $DN70$

项目编码：031001002007

项目特征：$DN70$，室内焊接钢管安装和手工电弧焊，手工除锈，刷 2 次防锈漆，玻璃布保护层，刷 2 次调和漆，钢套管。

计算规则：按设计图示管道中心线以长度计算。

工程数量：185.00m

（8）钢管 $DN80$

项目编码：031001002008

项目特征：$DN80$，室内焊接钢管安装和手工电弧焊，手工除锈，刷 2 次防锈漆，玻璃布保护层，刷 2 次调和漆，钢套管。

计算规则：按设计图示管道中心线以长度计算。

工程数量：100.00m

（9）钢管 $DN100$

项目编码：031001002009

项目特征：$DN100$，室内焊接钢管安装和手工电弧焊，手工除锈，刷 2 次防锈漆，玻璃布保护层，刷 2 次调和漆，钢套管。

计算规则：按设计图示管道中心线以长度计算。

工程数量：75.00m

3. 塑料管

（1）塑料管 *DN*110

项目编码：031001006001

项目特征：*DN*110，室内排水，零件粘接。

计算规则：按设计图示管道中心线以长度计算。

工程数量：45.80m

（2）塑料管 *DN*75

项目编码：031001006002

项目特征：*DN*75，室内排水，零件粘接。

计算规则：按设计图示管道中心线以长度计算。

工程数量：0.60m

4. 塑料复合管

（1）塑料复合管 *DN*40

项目编码：031001007001

项目特征：*DN*40，室内给水，螺纹连接。

计算规则：按设计图示管道中心线以长度计算。

工程数量：23.80m

（2）塑料复合管 *DN*20

项目编码：031001007002

项目特征：*DN*20，室内给水，螺纹连接。

计算规则：按设计图示管道中心线以长度计算。

工程数量：14.80m

（3）塑料复合管 *DN*15

项目编码：031001007003

项目特征：*DN*15，室内给水，螺纹连接。

计算规则：按设计图示管道中心线以长度计算。

工程数量：4.80m

K.2 支架及其他

1. 管道支架制作安装

项目编码：031002001001

项目特征：手工除锈，1 次防锈漆，2 次调和漆。

计算规则：以千克计量，按设计图示质量计算。

工程数量：1210.00kg

2. 管道支架制作安装

项目编码：031002001002

项目特征：手工除锈，1 次防锈漆，2 次调和漆。

计算规则：以千克计量，按设计图示质量计算。

工程数量：5.00kg

K.3 管道附件

1. 螺纹阀门

（1）螺纹阀门（J11T-16-15）

项目编码：031003001001

项目特征：阀门安装，螺纹连接 J11T-16-15。

计算规则：按设计图示数量计算。

工程数量：85 个

（2）螺纹阀门（J11T-16-15）

项目编码：031003001002

项目特征：阀门安装，螺纹连接 J11T-16-20。

计算规则：按设计图示数量计算。

工程数量：78 个

（3）螺纹阀门（J11T-16-25）

项目编码：031003001003

项目特征：阀门安装，螺纹连接 J11T-16-25。

计算规则：按设计图示数量计算。

工程数量：54 个

2. 焊接法兰阀门

项目编码：031003003001

项目特征：法兰阀门安装 J11T-16-100。

计算规则：按设计图示数量计算。

工程数量：7 个

3. 水表

项目编码：031003013001

项目特征：水表安装 $DN20$

计算规则：按设计图示数量计算。

工程数量：1.00 组

K.4 卫生器具

1. 洗脸盆

项目编码：031004003001

项目特征：材质为陶瓷。

计算规则：按设计图示数量计算。

工程数量：4 组

2. 沐浴器

项目编码：031004010001

项目特征：1）材质、规格；2）组装形式；3）附件名称、数量。

计算规则：按设计图示数量计算。

工程数量：1组

3. 大便器

项目编码：031004006001

项目特征：1）材质；2）规格、类型；3）组装形式；4）附件名称、数量。

计算规则：按设计图示数量计算。

工程数量：6套

4. 给、排水附（配）件

（1）排水栓

项目编码：031004014001

项目特征：排水栓安装 $DN50$。

计算规则：按设计图示数量计算。

工程数量：1组

（2）水龙头

项目编码：031004014002

项目特征：铜 $DN15$。

计算规则：按设计图示数量计算。

工程数量：5个

（3）地漏

项目编码：031004014003

项目特征：铸铁 $DN10$。

计算规则：按设计图示数量计算。

工程数量：4个

（4）消火栓

项目编码：031004014004

项目特征：室外。

计算规则：按设计图示数量计算。

工程数量：1套

（5）消火栓

项目编码：031004014005

项目特征：室内。

计算规则：按设计图示数量计算。

工程数量：4套

K.5　供暖器具

1. 铸铁散热器

项目编码：031005001001

213

项目特征：铸铁暖气片安装柱形 813，手工除锈，刷 1 次防锈漆，2 次银粉漆。

计算规则：按设计图示数量计算。

工程数量：5390 片

K.9 采暖、空调水工程系统调试

1. 采暖系统调整

项目编码：031009001001

项目特征：1）系统形式；2）采暖（空调水）管道工程量。

计算规则：按采暖工程系统计算。

工程数量：1 系统

二、工程量清单表格编制

（1）工程量清单封面由招标人或招标人委托的工程造价咨询人编制工程量清单时填写，具体如下：

某办公楼采暖及给水排水安装 **工程**

招 标 工 程 量 清 单

招标人：__×××__

（单位盖章）

造价咨询人：__×××__

（单位盖章）

2014 年 7 月 5 日

封-1

某办公楼采暖及给水排水安装 工程

招标工程量清单

招标人：＿＿＿×××＿＿＿
（单位盖章）

造价咨询人：＿＿＿×××＿＿＿
（单位盖章）

法定代表人
或其授权人：＿＿＿×××＿＿＿
（签字或盖章）

法定代表人
或其授权人：＿＿＿×××＿＿＿
（签字或盖章）

编制人：＿＿＿×××＿＿＿
（造价人员签字盖专用章）

复核人：＿＿＿×××＿＿＿
（造价工程师签字盖专用章）

编制时间：2014 年 7 月 5 日

复核时间：2014 年 8 月 1 日

扉-1

（2）工程量清单总说明见表附-1。

表附-1　总说明

工程名称：某办公楼采暖及给水排水安装工程　　　　　　　　　　第　页　共　页

1. 工程批准文号。 2. 建设规模。 3. 计划工期。 4. 资金来源。 5. 施工现场特点。 6. 交通质量要求。 7. 交通条件。 8. 环境保护要求。 9. 主要技术特征和参数。 10. 工程量清单编制依据。 11. 其他。

（3）分部分项工程量清单填写见表附-2。

表附-2　分部分项工程量清单与计价表

工程名称：某办公楼采暖及给水排水安装工程　　　　标段：　　　　　　第　页　共　页

序号	项目编码	项目名称	项目特征描述	计量单位	工程量	金额/元		
						综合单价	合价	其中暂估价
			K.1 给排水、采暖、燃气管道					
1	031001001001	镀锌钢管 DN80	DN80，室内给水，螺纹连接	m	4.50			
2	031001001002	镀锌钢管 DN70	DN70，室内给水，螺纹连接	m	21.00			
3	031001002001	钢管 DN15	DN15，室内焊接钢管安装螺纹连接，手工除锈，刷1次防锈漆，2次银粉漆，镀锌铁皮套管	m	1330.00			
4	031001002002	钢管 DN20	DN20，室内焊接钢管安装螺纹连接，手工除锈，刷1次防锈漆，3次银粉漆，镀锌铁皮套管	m	1860.00			
5	031001002003	钢管 DN25	DN25，室内焊接钢管安装螺纹连接，手工除锈，刷1次防锈漆，2次银粉漆，镀锌铁皮套管	m	1035.00			
6	031001002004	钢管 DN32	DN32，室内焊接钢管安装螺纹连接，手工除锈，刷1次防锈漆，3次银粉漆，镀锌铁皮套管	m	100.00			
7	031001002005	钢管 DN40	DN40，室内焊接钢管安装和手工电弧焊，手工除锈，刷2次防锈漆，玻璃布保护层，刷2次调和漆，钢套管	m	125.00			

序号	项目编码	项目名称	项目特征描述	计量单位	工程量	金额/元		
						综合单价	合价	其中暂估价
8	031001002006	钢管DN50	DN50，室内焊接钢管安装和手工电弧焊，手工除锈，刷2次防锈漆，玻璃布保护层，刷2次调和漆，钢套管	m	235.00			
9	031001002007	钢管DN70	DN70，室内焊接钢管安装和手工电弧焊，手工除锈，刷2次防锈漆，玻璃布保护层，刷2次调和漆，钢套管	m	185.00			
10	031001002008	钢管DN80	DN80，室内焊接钢管安装和手工电弧焊，手工除锈，刷2次防锈漆，玻璃布保护层，刷2次调和漆，钢套管	m	100.00			
11	031001002009	钢管DN100	DN100，室内焊接钢管安装和手工电弧焊，手工除锈，刷2次防锈漆，玻璃布保护层，刷2次调和漆，钢套管	m	75.00			
12	031001006001	塑料管DN110	DN110，室内排水，零件粘接	m	45.80			
13	031001006002	塑料管DN75	DN75，室内排水，零件粘接	m	0.60			
14	031001007001	塑料复合管DN40	DN40，室内给水，螺纹连接	m	23.80			
15	031001007002	塑料复合管DN20	DN20，室内给水，螺纹连接	m	14.80			
16	031001007003	塑料复合管DN15	DN15，室内给水，螺纹连接	m	4.80			
			K.2 支架及其他					
17	031002001001	管道支架制作安装	手工除锈，1次防锈漆，2次调和漆	kg	1210.00			
18	031002001002	管道支架制作安装	手工除锈，1次防锈漆，2次调和漆	kg	5.00			
			K.3 管道附件					
19	031003001001	螺纹阀门(J11T-16-15)	阀门安装，螺纹连接 J11T-16-15	个	85			

序号	项目编码	项目名称	项目特征描述	计量单位	工程量	金额/元		
						综合单价	合价	其中 暂估价
20	031003001002	螺纹阀门（J11T-16-20）	阀门安装，螺纹连接 J11T-16-20	个	78			
21	031003001003	螺纹阀门（J11T-16-25）	阀门安装，螺纹连接 J11T-16-25	个	54			
22	031003003001	焊接法兰阀门	法兰阀门安装 J11T-16-100	个	7			
23	031003013001	水表	水表安装 DN20	组	1.00			
			K.4 卫生器具					
24	031004003001	洗脸盆	陶瓷	组	4			
25	031004010001	沐浴器	1）材质、规格；2）组装形式；3）附件名称、数量	组	1			
26	031004006001	大便器	1）材质；2）规格、类型；3）组装形式；4）附件名称、数量	套	6			
27	031004014001	排水栓	排水栓安装 DN50	组	1			
28	031004014002	水龙头	铜 DN15	个	5			
29	031004014003	地漏	铸铁 DN10	个	4			
30	031004014004	消火栓	室外	套	1			
			K.5 供暖器具					
31	031005001001	铸铁散热器	铸铁暖气片安装柱形 813，手工除锈，刷 1 次防锈漆，2 次银粉漆	片	5390			
			K.9 采暖、空调水工程系统调试					
32	031009001001	采暖系统调整	1）系统形式；2）采暖（空调水）管道工程量	系统	1			

（4）通用措施项目一览表见表附-3。

表附-3 通用措施项目一览表

序号	项目名称
1	安全文明施工（含环境保护、文明施工、安全施工、临时设施）
2	夜间施工
3	二次搬运
4	冬雨期施工
5	大型机械设备进出场及安拆
6	施工排水
7	施工降水
8	地上、地下设施，建筑物的临时保护设施
9	已完工程及设备保护

（5）措施项目清单与计价表填写见表附-4和表附-5。

表附-4　措施项目清单与计价表（一）

工程名称：某办公楼采暖及给水排水安装工程　　　标段：　　　　　　第　页　共　页

序号	项目编码	项目名称	计算基础	费率（%）	金额/元	调整费率（%）	调整后金额/元	备注
1		安全文明施工费						
2		夜间施工增加费						
3		二次搬运费						
4		冬雨季施工增加费						
5		已完工程及设备保护						
		合计						

编制人（造价人员）：　　　　　　　　　　　　　　　　复核人（造价工程师）：

表附-5　措施项目清单与计价表（二）

工程名称：某办公楼采暖及给水排水安装工程　　　标段：　　　　　　第　页　共　页

序号	项目编码	项目名称	项目特征描述	计算单位	工程量	金额/元 综合单价	金额/元 合价	金额/元 其中 暂估价
1	CH001	脚手架搭拆费		m^2	40.00			
		（其他略）						
		本页小计						
		合计						

（6）其他项目清单填写见表附-6～表附-9。

表附-6　其他项目清单与计价汇总表

工程名称：某办公楼采暖及给水排水安装工程　　　标段：　　　　　　第　页　共　页

序号	项目名称	金额/元	结算金额/元	备注
1	暂列金额	12000.00		明细见表附-7
2	暂估价			
2.1	材料（工程设备）暂估价/结算价			明细见表附-8
2.2	专业工程暂估价/结算价			
3	计日工			明细见表附-9
4	总承包服务费			
5	索赔与现场签证			
	合计			—

表附-7　暂列金额明细表

工程名称：某办公楼采暖及给水排水安装工程　　　标段：　　　　　第　页　共　页

序号	项目名称	计量单位	暂列金额/元	备注
1	政策性调整和材料价格风险	项	8000.00	
2	其他	项	4000.00	
	合计		12000.00	

表附-8　材料（工程设备）暂估单价及调整表

工程名称：某办公楼采暖及给水排水安装工程　　　标段：　　　　　第　页　共　页

序号	材料（工程设备）名称、规格、型号	计量单位	数量		暂估/元		确认/元		差额±/元		备注
			暂估	确认	单价	合价	单价	合价	单价	合价	
1	焊接钢管	t			3680.00						
2	散热器813	片			10.65						
	其他：（略）										
	合计										

工程名称：某办公楼采暖及给水排水安装工程 标段： 第 页 共 页

编号	项目名称	单位	暂定数量	实际数量	综合单价/元	合价/元	
						暂定	实际
一	人工						
1	管道工	工时	110				
2	电焊工	工时	50				
3	其他工种	工时	50				
人工小计							
二	材料						
1	电焊条	kg	13.00				
2	氧气	m³	20.00				
3	乙炔条	kg	95.00				
材料小计							
三	施工机械						
1	直流电焊机 20kW	台班	45				
2	汽车起重机	台班	40				
3	载重汽车 8t	台班	40				
施工机械小计							
四、企业管理费和利润							
总计							

（7）规费、税金项目清单填写见表附-10。

表附-10 规费、税金项目清单与计价表

工程名称：某办公楼采暖及给水排水安装工程 标段： 第 页 共 页

序号	项目名称	计算基础	计算基数	计算费率（%）	金额/元
1	规费	定额人工费			
1.1	社会保险费	定额人工费			
(1)	养老保险费	定额人工费			
(2)	失业保险费	定额人工费			
(3)	医疗保险费	定额人工费			
(4)	工伤保险费	定额人工费			
(5)	生育保险费	定额人工费			
1.2	住房公积金	定额人工费			

序号	项目名称	计算基础	计算基数	计算费率（%）	金额/元
1.3	工程排污费	按工程所在地环境保护部门收取标准，按实计入			
2	税金	分部分项工程费＋措施项目费＋其他项目费＋规费－按规定不计税的工程设备金额			
合计					

编制人（造价人员）：　　　　　　　　　　　　　　　　　　　　复核人（造价工程师）：

222

参 考 文 献

［1］中华人民共和国住房和城乡建设部．建设工程工程量清单计价规范 GB 50500—2013［S］．北京：中国计划出版社，2013.

［2］建设部标准定额研究所．《建设工程工程量清单计价规范 GB 50500—2013》宣贯辅导教材［M］．北京：中国计划出版社，2013.

［3］中华人民共和国建设部标准定额司．全国统一安装工程预算工程量计算规则 GYDGZ—201—2000［S］．北京：中国计划出版社，2001.

［4］原电力工业部，黑龙江省建设委员会．全国统一安装工程预算定额．第二册，电气设备安装工程．GYD—202—2000［S］．北京：中国计划出版社，2001.

［5］吉林省建设厅．全国统一安装工程预算定额．第八册，给排水、采暖、燃气工程．GYD—208—2000［S］．北京：中国计划出版社，2001.

［6］天津市建设委员会．全国统一安装工程预算定额．第九册，通风空调工程．GYD—209—2000［S］．北京：中国计划出版社，2001.

［7］原化学工业部．全国统一安装工程预算定额．第十一册，刷油、防腐蚀、绝热工程．GYD—211—2000［S］．北京：中国计划出版社，2001.

［8］丁云飞等．安装工程预算与工程量清单计价［M］．北京：化学出版社，2005.

［9］张贻，方林梅．安装工程定额与预算［M］．北京：中国水利水电出版社，2003.

［10］韩永学．建筑电气工程概预算［M］．哈尔滨：哈尔滨工业大学出版社，2002.